普通高等教育智慧海洋技术系列教材

# 海洋信息场基础及应用

陈文剑　郭企嘉　主编

科学出版社

北京

## 内 容 简 介

本书围绕海洋中的水声学、电磁学和光学等内容展开，首先介绍了各信息载体的基本概念、理论、方法和特性，并以实现水下目标探测和识别作为项目式教学的目标。在此基础上，本书详细阐述了各信息载体的应用技术，其中着重探讨了水声学和光学的相关应用。具体而言，本书通过对声呐图像和水下光学相机图像的处理技术，实现了对水下目标的检测和识别。

本书可作为高等院校智慧海洋技术、海洋信息工程等相关专业高年级本科生和研究生的教材，同时也适合相关领域科技人员参考阅读。

---

#### 图书在版编目（CIP）数据

海洋信息场基础及应用 / 陈文剑, 郭企嘉主编. -- 北京：科学出版社, 2024.12. -- （普通高等教育智慧海洋技术系列教材）-- ISBN 978-7-03-080832-5

Ⅰ. P71

中国国家版本馆 CIP 数据核字第 2024RA2612 号

责任编辑：王喜军　孟宸羽 / 责任校对：韩　杨
责任印制：徐晓晨 / 封面设计：马晓敏

---

科 学 出 版 社 出版
北京东黄城根北街 16 号
邮政编码：100717
http://www.sciencep.com
北京建宏印刷有限公司印刷
科学出版社发行　各地新华书店经销
\*
2024 年 12 月第 一 版　开本：787×1092　1/16
2024 年 12 月第一次印刷　印张：16 1/4
字数：385 000
**定价：85.00 元**
（如有印装质量问题，我社负责调换）

# 作者名单

**主　编**　陈文剑　郭企嘉

**副主编**　于　歌　邢向磊　刘子耕

　　　　　齐　滨　唐　锐　张海刚

# 前　言

本书是根据战略性新兴领域"十四五"高等教育教材体系建设工作，为满足智慧海洋技术专业本科生的教学需要而编写、出版的。

"海洋信息场基础及应用"是智慧海洋技术专业的专业基础课。智慧海洋技术专业旨在培养学生海洋探测、海洋调查、海洋开发等方面的技能，使其具有海洋数据和海洋信息采集与分析处理能力，掌握海洋学基本原理、电子电路设计技术及应用、智慧海洋与信号处理、声学探测、海洋遥感等方面的技能，因此是一个综合性、跨学科的专业。"海洋信息场基础及应用"作为专业基础课，要求学生掌握众多学科的基础知识，这些基础知识分布在已出版的多部专著或教材中，因此需要对基础知识进行梳理和整合。为此，作者编写《海洋信息场基础及应用》教材，以满足教学的需要。

本书共 5 章。第 1 章是水声学理论基础，介绍了理想流体中的小振幅波、声呐系统、海洋的声学特性及传播理论、水中目标强度及其测量、海洋中的干扰、水动力噪声；第 2 章是图像声呐技术，首先对图像声呐技术进行了概述，然后分别介绍了声呐基阵技术、声呐信号分析、图像声呐系统结构与信号处理方法；第 3 章是海洋电磁学理论与技术，介绍了海洋电磁波的传播、海洋电磁波的界面反射、海洋电磁波的测量原理；第 4 章是海洋光学理论与技术，介绍了光在海水中的传播特性、海水中光学特性的测量；第 5 章是海洋智能感知与识别，主要针对声呐图像和光学图像进行海洋中目标探测识别所涉及的技术问题进行介绍，包括水下成像模型及测距原理、水下图像处理基础、水下光学图像增强与复原、水下光学图像的多目标检测与识别、水下声呐图像的目标识别。另外，作者依托智慧树平台构建"海洋信息场基础及应用"AI 课程（免登录网址：http://t.zhihuishu.com/DqK50PkG），提供课程图谱、问题图谱与能力图谱等，帮助读者从多维度、多层面理解知识点。

课程图谱
学习演示

本书由哈尔滨工程大学水声工程学院和智能科学与工程学院相关教师合作编写，其中，第 1 章由陈文剑、于歌、唐锐编写，第 2 章由郭企嘉编写，第 3 章由齐滨编写，第 4 章由刘子耕编写，第 5 章由邢向磊编写。全书由陈文剑、郭企嘉和张海刚完成统稿。

作者深感水平有限，书中难免有不当之处，敬请广大读者批评指正！

作　者

2024 年 9 月

# 目 录

前言

## 第1章 水声学理论基础 ... 1

### 1.1 理想流体中的小振幅波 ... 1
- 1.1.1 基本声学量 ... 1
- 1.1.2 理想流体中小振幅波的三个基本方程 ... 3
- 1.1.3 理想流体中小振幅波的波动方程 ... 9
- 1.1.4 速度势函数 ... 11
- 1.1.5 声场中的能量关系 ... 12
- 1.1.6 平面波 ... 16
- 1.1.7 球面波 ... 25
- 1.1.8 柱面波 ... 29

### 1.2 声呐系统 ... 31
- 1.2.1 声呐参数 ... 32
- 1.2.2 声呐方程 ... 36

### 1.3 海洋的声学特性及传播理论 ... 38
- 1.3.1 海水中的声速 ... 38
- 1.3.2 海水中的声吸收 ... 44
- 1.3.3 射线声学基础 ... 50

### 1.4 水中目标强度及其测量 ... 62
- 1.4.1 水中目标强度 ... 62
- 1.4.2 目标强度的实验测量 ... 65

### 1.5 海洋中的干扰 ... 68
- 1.5.1 海洋混响 ... 69
- 1.5.2 水下噪声 ... 73

### 1.6 水动力噪声 ... 80
- 1.6.1 湍流的类型 ... 80
- 1.6.2 流致噪声的机理 ... 81
- 1.6.3 流体运动方程 ... 82
- 1.6.4 声类比理论 ... 83
- 1.6.5 等效声源的特征 ... 84
- 1.6.6 伪声 ... 86

1.6.7　舰船螺旋桨噪声 ································································· 87
　　1.6.8　流噪声的应用 ····································································· 90

# 第2章　图像声呐技术 ················································································· 92
## 2.1　图像声呐技术概述 ············································································· 92
　　2.1.1　声呐分类 ············································································· 92
　　2.1.2　图像声呐应用 ····································································· 99
　　2.1.3　声呐技术指标 ··································································· 101
## 2.2　声呐基阵技术 ··················································································· 105
## 2.3　声呐信号分析 ··················································································· 110
　　2.3.1　常用信号波形的时域、频域分析 ···································· 110
　　2.3.2　信号的多普勒频移 ··························································· 112
## 2.4　图像声呐系统结构与信号处理方法 ················································ 115
　　2.4.1　声呐发射机、接收机技术指标 ········································ 116
　　2.4.2　声呐接收机工作特性 ······················································· 117
　　2.4.3　波束形成基础 ··································································· 125
　　2.4.4　声呐发射机原理 ······························································· 135

# 第3章　海洋电磁学理论与技术 ······························································· 142
## 3.1　海洋电磁波的传播 ··········································································· 142
　　3.1.1　麦克斯韦方程组 ······························································· 142
　　3.1.2　海洋电磁波特性 ······························································· 146
　　3.1.3　海洋电磁波的数学与物理模型 ········································ 146
　　3.1.4　海洋电磁波的传播原理 ··················································· 149
　　3.1.5　海洋电磁波传播的应用 ··················································· 151
## 3.2　海洋电磁波的界面反射 ··································································· 151
## 3.3　海洋电磁波的测量原理 ··································································· 153

# 第4章　海洋光学理论与技术 ··································································· 159
## 4.1　光在海水中的传播特性 ··································································· 159
　　4.1.1　海水固有光学性质 ··························································· 159
　　4.1.2　海水对光的吸收 ······························································· 160
　　4.1.3　散射的具体分类 ······························································· 162
　　4.1.4　海水对光的散射 ······························································· 167
## 4.2　海水中光学特性的测量 ··································································· 170
　　4.2.1　吸收系数的测量 ······························································· 170
　　4.2.2　散射系数的测量 ······························································· 173
　　4.2.3　体散射函数的测量 ··························································· 173

## 第5章 海洋智能感知与识别技术 ································································· 175

### 5.1 水下成像模型及测距原理 ··········································································· 175
- 5.1.1 光学相机与水下成像模型 ····································································· 175
- 5.1.2 水下成像模型 ······················································································ 179
- 5.1.3 水下相机标定 ······················································································ 182
- 5.1.4 水下目标视差与深度测量 ····································································· 184

### 5.2 水下图像处理基础 ····················································································· 187
- 5.2.1 灰度变换与图像增强 ············································································ 188
- 5.2.2 图像分割 ····························································································· 204

### 5.3 水下光学图像增强与复原 ··········································································· 217
- 5.3.1 暗通道先验图像去雾模型 ····································································· 217
- 5.3.2 基于暗通道先验的水下图像增强 ··························································· 221
- 5.3.3 基于物理先验的深度特征融合水下图像复原 ·········································· 223

### 5.4 水下光学图像的多目标检测与识别 ····························································· 229
- 5.4.1 基于深度神经网络的多目标检测基础 ···················································· 230
- 5.4.2 基于迁移学习与模型精调的水下多目标检测与识别 ································ 234
- 5.4.3 基于 Transformer 的水下多目标检测与识别 ·········································· 237

### 5.5 水下声呐图像的目标识别 ··········································································· 240
- 5.5.1 主动声呐目标感兴趣区域检测 ······························································ 240
- 5.5.2 基于深度神经网络的主动声呐单目标分类识别 ······································· 244

## 参考文献 ································································································· 248

# 第1章 水声学理论基础

## 1.1 理想流体中的小振幅波

### 1.1.1 基本声学量

声波在连续流体介质中传播时,会形成压缩和稀疏交替出现的现象,一方面介质中某一位置而压强和密度会随时间发生周期性变化;另一方面介质中的质点也会围绕其平衡位置往复振动,其位移和瞬时速度也随时间变化[1,2]。因此,可以用上述随时间和空间变化的物理量来描述声波过程。

#### 1.1.1.1 声压

在理想流体(液体和气体)中,没有切向力,所以内应力 $\mathrm{d}f$ 与任意截面面积 $\mathrm{d}s$ 垂直,如图 1.1 所示,压力强度只用一个标量函数即可。假设介质中没有声波扰动时的静压强为 $P_0(x,y,z,t)$,有声波扰动后,同一点的压强变为 $P(x,y,z,t)$,介质压强的变化量为 $p(x,y,z,t)$,称为声压,即

$$p(x,y,z,t) = P(x,y,z,t) - P_0(x,y,z,t) \tag{1.1}$$

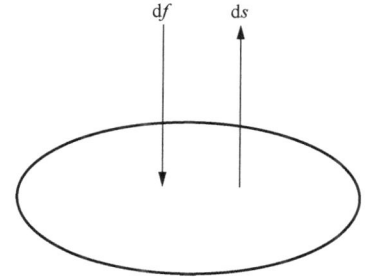

图 1.1 内应力与任意截面的方向关系

声波的作用引起各点介质压缩或稀疏,因此有声波时的压强比静压强可能大也可能小,即声压有正负,并且同一位置处的声压随着时间的变化有正有负地交替变化。

在米-千克-秒(meter-kilogram-second,MKS)单位制中,声压的单位是 $\mathrm{N/m^2}$,简称帕(Pa);在厘米-克-秒(centimeter-gram-second,CGS)单位制中,声压的单位是 $\mathrm{dyne/cm^2}$,简

称微巴（μbar）。现在国际标准要求采用 MKS 单位制，1Pa=10μbar。

在空气中，人耳对 1kHz 纯音的可听阈（刚刚能觉察到它存在的声压）约为 $2\times10^{-5}$Pa，微风轻吹树叶的声音约为 $2\times10^{-4}$Pa，靠近飞机发动机几米处的声音可达几百帕；在水中，水声设备接收声音的声压最低不及 1Pa，靠近强功率发射源的声压可达几十万帕。

在声学中，常用对数标度即声压级来度量声压大小，定义声压级 SPL 为

$$\text{SPL} = 20\lg\frac{p_e}{p_{\text{ref}}} \tag{1.2}$$

式中，$p_e$ 为声压有效值；$p_{\text{ref}}$ 为参考声压，声压级的单位为 dB。用声压级表示声压大小时，需要标明参考声压的数值，空气声学和水声学中参考声压的取值不同。空气声学中 $p_{\text{ref}}$ 取值为 20μPa，此值是人耳对 1kHz 纯音的可听阈声压；水声学中 $p_{\text{ref}}$ 取值为 1μPa。

#### 1.1.1.2 质点振速

声场中，各处振速不仅随时间而变，同时各处振速的方向也不同，即振速分布是向量场。因此，在理想流体中用振速表达声场的分布不如用声压方便，因为声压是标量，但振速作为矢量，不仅有大小还有方向，包含了更多的声场信息。理想流体中，通过运动方程可由声压函数求得振速函数。

假设没有声波扰动，介质中的质点运动速度为 $\boldsymbol{U}_0(x,y,z,t)$，在声波作用下变为 $\boldsymbol{U}(x,y,z,t)$，其变化量为 $\boldsymbol{u}(x,y,z,t)$，称为质点振速，单位为 m/s，写成

$$\boldsymbol{u}(x,y,z,t) = \boldsymbol{U}(x,y,z,t) - \boldsymbol{U}_0(x,y,z,t) \tag{1.3}$$

在空气中，声压振幅为 1Pa，其质点振速幅值约为 $2.3\times10^{-3}$m/s，对应频率 1kHz 声波的质点位移振幅约为 $3.7\times10^{-7}$m；在水中，若声压振幅同样为 1Pa，其质点振速幅值约为 $7\times10^{-7}$m/s，对应频率 1kHz 声波的质点位移振幅约为 $10^{-10}$m。

声场中质点振速与声波传播速度是两个不同的概念，小振幅波的传播速度取决于介质本身的物理常数。空气中的声速约为 340m/s，海水中的声速约为 1500m/s。

#### 1.1.1.3 密度逾量

假设没有声波扰动，介质中的密度为 $\rho_0(x,y,z,t)$，在声波作用下变为 $\rho(x,y,z,t)$，其变化量为 $\rho_1(x,y,z,t)$，称为密度逾量，单位为 kg/m³，写成

$$\rho_1(x,y,z,t) = \rho(x,y,z,t) - \rho_0(x,y,z,t) \tag{1.4}$$

取介质密度的相对变化量，称为压缩量 $s$，压缩量为无量纲量，写成

$$s(x,y,z,t) = \frac{\rho(x,y,z,t) - \rho_0(x,y,z,t)}{\rho_0(x,y,z,t)} \tag{1.5}$$

## 1.1.2 理想流体中小振幅波的三个基本方程

流体介质是由气体和液体抽象出来的介质模型，其力学特征是：介质中相互接触的质团间有相互作用力，接触面面元上的相互作用力大小正比于面元面积，方向垂直于接触面面元，面元上的受力 $\mathrm{d}f$ 与面元面积 $\mathrm{d}s$ 之间可以用标量 $P$ 联系，$\mathrm{d}f = -P\mathrm{d}s$，标量 $P$ 是流体中的压强。流体的另一个特征是物质空间分布的连续性，即介质中质团连续分布无间隙。此外，流体介质需具有可压缩性，即质团在压力作用下会引起质团内质量密度的变化。

所谓"理想"是认为介质运动过程中没有能量损耗，即质团间无耗散作用力。

所谓"小振幅波"是指波长中的介质质点的振动位移远小于波长，质点振速远小于声速，声压幅值小于介质的静压力，密度逾量远小于静态密度或压缩量远小于1。在小振幅波条件下，声场中 $p$、$u$、$\rho_1$ 存在线性关系。

假设介质是静态且均匀的，即认为介质本身的流动速度与声波传播速度相比非常小，可忽略不计；均匀性是指介质在几个波长范围内，其有关声学的力学参数基本不变。

在声波传播过程中，声压 $p$、质点振速 $u$ 和密度逾量 $\rho_1$ 等量的变化是互相关联的，根据质量守恒定律，描述压强、温度与体积等状态参数关系的物态方程和牛顿第二定律，可以分别推导出介质的连续性方程（$u$ 和 $\rho_1$ 的关系）、状态方程（$p$ 和 $\rho_1$ 的关系）和运动方程（$p$ 和 $u$ 的关系）。

### 1.1.2.1 连续性方程

根据质量守恒定律，连续介质中，如果流进与流出某一空间体积的流体质量不等，则必将引起该体积中介质密度变化。

如图1.2所示，在介质中取一点 $M(x,y,z)$，以 $M(x,y,z)$ 为中心作一个立方体框 $ABCDEFGH$，其边长分别为 $\mathrm{d}x$、$\mathrm{d}y$、$\mathrm{d}z$，体积为 $\mathrm{d}V = \mathrm{d}x\mathrm{d}y\mathrm{d}z$。

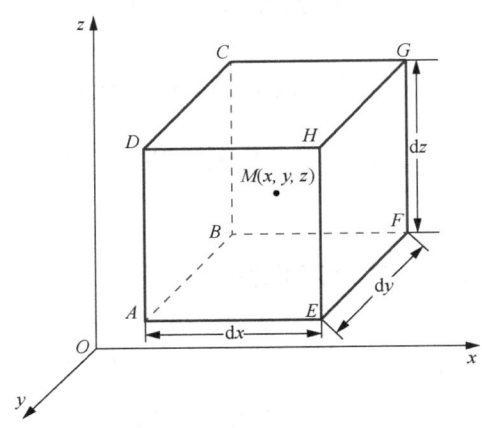

图 1.2 流体介质中空间体积

设某一瞬时 $t$，介质质点流过 $M$ 点的速度向量为 $U(x,y,z,t)$，$U$ 的坐标分量为 $U_x(x,y,z,t)$、$U_y(x,y,z,t)$、$U_z(x,y,z,t)$，$M$ 点的密度为 $\rho(x,y,z,t)$，则单位时间通过 $M$ 点单位面积的介质质量为 $\rho U$，其沿坐标轴方向的分量为 $\rho U_x$、$\rho U_y$、$\rho U_z$。单位时间沿 $ox$ 方向流入 $ABCD$ 面的流量为

$$\left(\rho U_x + \frac{\partial(\rho U_x)}{\partial x} \cdot \left(-\frac{\mathrm{d}x}{2}\right)\right)\mathrm{d}y\mathrm{d}z + \cdots + 高阶小量 \tag{1.6}$$

流出 $EFGH$ 面的流量为

$$\left(\rho U_x + \frac{\partial(\rho U_x)}{\partial x} \cdot \left(\frac{\mathrm{d}x}{2}\right)\right)\mathrm{d}y\mathrm{d}z + \cdots + 高阶小量 \tag{1.7}$$

则沿 $ox$ 方向的流量在 $\mathrm{d}V$ 中净余量为两式之差，忽略高阶小量后可得

$$-\frac{\partial(\rho U_x)}{\partial x}\mathrm{d}x\mathrm{d}y\mathrm{d}z \tag{1.8}$$

同理可得，沿 $oy$、$oz$ 方向流量在 $\mathrm{d}V$ 中的净余量为

$$-\frac{\partial(\rho U_y)}{\partial y}\mathrm{d}x\mathrm{d}y\mathrm{d}z \tag{1.9}$$

$$-\frac{\partial(\rho U_z)}{\partial z}\mathrm{d}x\mathrm{d}y\mathrm{d}z \tag{1.10}$$

三式相加，得到单位时间元体积中净余量：

$$-\left(\frac{\partial(\rho U_x)}{\partial x}+\frac{\partial(\rho U_y)}{\partial y}+\frac{\partial(\rho U_z)}{\partial z}\right)\mathrm{d}x\mathrm{d}y\mathrm{d}z \tag{1.11}$$

在体积 $\mathrm{d}V$ 中，质量增减引起密度随时间变化，单位时间 $\mathrm{d}V$ 中密度变化量引起的质量增量为

$$\frac{\partial \rho}{\partial t}\mathrm{d}V=\frac{\partial \rho}{\partial t}\mathrm{d}x\mathrm{d}y\mathrm{d}z \tag{1.12}$$

式（1.11）与式（1.12）相等，即得连续性方程：

$$\frac{\partial \rho}{\partial t}=-\left(\frac{\partial(\rho U_x)}{\partial x}+\frac{\partial(\rho U_y)}{\partial y}+\frac{\partial(\rho U_z)}{\partial z}\right)=-\nabla\cdot(\rho\boldsymbol{U}) \tag{1.13}$$

式中，符号 $\nabla$ 为哈密顿算符，$\nabla=\frac{\partial}{\partial x}\boldsymbol{i}+\frac{\partial}{\partial y}\boldsymbol{j}+\frac{\partial}{\partial z}\boldsymbol{k}$，其中，$\boldsymbol{i}$、$\boldsymbol{j}$、$\boldsymbol{k}$ 分别为直角坐标系中 $x$、$y$、$z$ 的单位方向矢量。

由于 $\rho\boldsymbol{U}$ 表示单位时间内通过与流速方向垂直的单位面积的流量，因此可称为流通密度。式（1.13）表示流体密度在某一点散度的负值等于该点介质密度的时间变化率。

密度 $\rho$ 和振速 $\boldsymbol{U}$ 包括两部分：

$$\rho(x,y,z,t)=\rho_0(x,y,z,t)+\rho_1(x,y,z,t) \tag{1.14}$$

$$\boldsymbol{U}(x,y,z,t)=\boldsymbol{U}_0(x,y,z,t)+\boldsymbol{u}(x,y,z,t) \tag{1.15}$$

对于均匀介质，$\rho_0$ 为常数；对于静止介质，$\boldsymbol{U}_0=0$。因此连续性方程可写为

$$\frac{\partial(\rho_0+\rho_1)}{\partial t}=-\nabla\cdot\left((\rho_0+\rho_1)(\boldsymbol{U}_0+\boldsymbol{u})\right)$$
$$\Rightarrow \frac{\partial \rho_1}{\partial t}=-(\rho_0\nabla\cdot\boldsymbol{u}+\boldsymbol{u}\cdot\nabla\rho_1+\rho_1\nabla\cdot\boldsymbol{u}) \tag{1.16}$$

式中，$\boldsymbol{u}\cdot\nabla\rho_1$ 和 $\rho_1\nabla\cdot\boldsymbol{u}$ 均为二阶小量，远比 $\rho_0\nabla\cdot\boldsymbol{u}$ 小，可略去。于是得均匀、静止理想流体介质中小振幅波的连续性方程

$$\frac{\partial \rho_1}{\partial t}+\rho_0\nabla\cdot\boldsymbol{u}=0 \tag{1.17}$$

### 1.1.2.2 状态方程

利用热力学中描述状态变化过程的关系式,可描述声波作用下密度和压强等热力学参量变化的关系。

根据热力学关系,对于一定质量的介质,其状态方程表示压强 $P$、密度 $\rho$ 和系统的熵 $S$ 的函数关系为 $P = f(\rho, S)$。由于压力和密度变化较小,函数关系可用泰勒级数在平衡点展开:

$$P - P_0 = \left(\frac{\partial f}{\partial \rho}\right)_{S_0} (\rho - \rho_0) + \cdots + 高阶小量$$
$$p = \left(\frac{\partial f}{\partial \rho}\right)_{S_0} \rho_1 + \cdots + 高阶小量 \tag{1.18}$$

在忽略介质热传导作用的条件下,介质质团状态的变化视为等熵绝热过程,此时忽略了高阶小量,式(1.18)可写为

$$p = \left(\frac{\partial f}{\partial \rho}\right)_{S_0} \rho_1 \tag{1.19}$$

式中,$\left(\frac{\partial f}{\partial \rho}\right)_{S_0}$ 是等熵情况下,密度增量 $\mathrm{d}\rho$ 和相应的压强增量 $\mathrm{d}P$ 之间的比例常数,定义:

$$c = \sqrt{\left(\frac{\partial f}{\partial \rho}\right)_{S_0}} \tag{1.20}$$

其中,$c$ 为介质的等熵波速,它是介质的固有性质。

所以,理想流体中小振幅波的状态方程可表示为

$$p = c^2 \rho_1 \tag{1.21}$$

对于理想气体:

$$c^2 = \frac{\gamma P_0}{\rho_0} \tag{1.22}$$

即
$$c = \sqrt{\frac{\gamma P_0}{\rho_0}} \qquad (1.23)$$

式中，$\gamma$ 为气体等压比热与等容比热的比值，空气和其他双原子气体 $\gamma = 1.4$。在标准大气压时，$P_0 = 1.014 \times 10^5 \text{Pa}$，$\rho_0 = 1.23 \text{kg/m}^3$，由上式可得空气的等熵波速约为 340m/s。在非均匀介质中，由于 $P_0$ 和 $\rho_0$ 是坐标的函数，因此一般情况下 $c$ 也是坐标的函数。

对于液体，$c$ 与其绝热压缩系数 $\beta_s$ 有关：

$$c = \frac{1}{\sqrt{\beta_s \rho_0}} \qquad (1.24)$$

$c$ 取决于介质的初始密度和绝热压缩系数。10℃的水，密度 $\rho_0 = 1000 \text{kg/m}^3$，绝热压缩系数 $\beta_s = 4.75 \times 10^{-10} \text{s} \cdot \text{m/kg}$，由式（1.24）可得水的等熵波速约为 1450m/s。海水中的声速与海水的温度、盐度和静压力有关，因此很难得到它们的理论关系，一般是根据海水中实测值得到经验公式。

式（1.23）和式（1.24）计算出的气体和液体中声速值与一般条件下的实验测量值非常接近，实验结果间接证明了一般条件下声波传播过程中介质质团的热力学过程是等熵绝热过程。但在次声频，声波传播过程中介质质团的热力学过程是等温过程。

### 1.1.2.3 运动方程

根据牛顿第二定律，可以导出介质中压强和质点振速的关系。

推导连续性方程时，选择空间确定的体积元 $\text{d}V$ 并分析其密度变化。这里推导运动方程，则是分析确定的微小质团在声波作用下的运动情况。

如图 1.3 所示，取声场中微小流体介质，其中心坐标为 $M(x,y,z)$，体积为 $\text{d}V = \text{d}x\text{d}y\text{d}z$。当声波通过时，介质质点的振速分布函数为 $\boldsymbol{U}(x,y,z,t)$，压强分布函数为 $P(x,y,z,t)$，则作用在 $ABCD$ 和 $EFGH$ 面上的总压力分别为

$$P_{x-\frac{\text{d}x}{2}}\text{d}y\text{d}z \approx P_x \text{d}y\text{d}z - \frac{\partial P}{\partial x}\bigg|_{(x,y,z)} \frac{\text{d}x}{2}\text{d}y\text{d}z \qquad (1.25)$$

$$P_{x+\frac{\text{d}x}{2}}\text{d}y\text{d}z \approx P_x \text{d}y\text{d}z + \frac{\partial P}{\partial x}\bigg|_{(x,y,z)} \frac{\text{d}x}{2}\text{d}y\text{d}z \qquad (1.26)$$

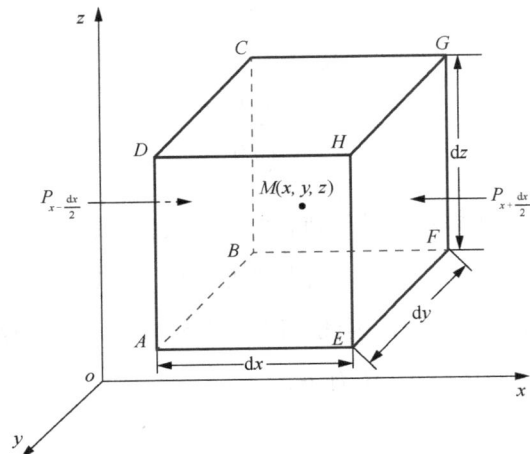

图 1.3 流体介质中质量微团

沿 $x$ 方向的合力为

$$F_x = \left(P_{x-\frac{\mathrm{d}x}{2}} - P_{x+\frac{\mathrm{d}x}{2}}\right)\mathrm{d}y\mathrm{d}z = -\left.\frac{\partial P}{\partial x}\right|_{(x,y,z)}\mathrm{d}x\mathrm{d}y\mathrm{d}z \quad (1.27)$$

同理,沿 $y$ 方向、$z$ 方向的合力为

$$F_y = -\left.\frac{\partial P}{\partial y}\right|_{(x,y,z)}\mathrm{d}x\mathrm{d}y\mathrm{d}z \quad (1.28)$$

$$F_z = -\left.\frac{\partial P}{\partial z}\right|_{(x,y,z)}\mathrm{d}x\mathrm{d}y\mathrm{d}z \quad (1.29)$$

用 $\nabla = \frac{\partial}{\partial x}\boldsymbol{i} + \frac{\partial}{\partial y}\boldsymbol{j} + \frac{\partial}{\partial z}\boldsymbol{k}$ 表示质量微团 $\mathrm{d}V$ 受到的合力为

$$F = -\nabla P(x,y,z,t)\mathrm{d}x\mathrm{d}y\mathrm{d}z \quad (1.30)$$

根据牛顿第二定律,得

$$(\rho\mathrm{d}x\mathrm{d}y\mathrm{d}z)\frac{\mathrm{d}U}{\mathrm{d}t} = -\nabla P \cdot \mathrm{d}x\mathrm{d}y\mathrm{d}z \quad (1.31)$$

进一步可得

$$\rho \frac{\mathrm{d}U}{\mathrm{d}t} = -\nabla P \tag{1.32}$$

对于均匀、静止理想流体，$U_0 = 0$，$P_0$ 为常数，则有 $\nabla P \equiv \nabla p$，$\dfrac{\mathrm{d}U}{\mathrm{d}t} = \dfrac{\mathrm{d}u}{\mathrm{d}t}$。所以式（1.32）可写为

$$\rho \frac{\mathrm{d}u}{\mathrm{d}t} = -\nabla p \tag{1.33}$$

它表示介质中质点的加速度与密度的乘积等于沿加速度方向的压力梯度负值。式中 $\dfrac{\mathrm{d}u}{\mathrm{d}t}$ 是质点 $M(x,y,z)$ 的加速度，它是速度 $u$ 对时间 $t$ 的全微分：

$$\frac{\mathrm{d}u}{\mathrm{d}t} = \frac{\partial u}{\partial t} + (\boldsymbol{u} \cdot \nabla)\boldsymbol{u} \tag{1.34}$$

式中，第一项表示质点在 $M$ 点由于该点速度随时间变化所取得的加速度，称为本地加速度；第二项表示质点移动一定空间距离后所取得速度的空间变化增量，称为迁移加速度。

小振幅声场中，振速值比声速甚小，$(\boldsymbol{u} \cdot \nabla)\boldsymbol{u}$ 相比 $\dfrac{\partial u}{\partial t}$ 为高阶小量，可略去。于是得到均匀静止理想流体中小振幅波的运动方程：

$$\rho \frac{\partial u}{\partial t} = -\nabla p \tag{1.35}$$

小振幅波的运动方程又称为欧拉方程。

## 1.1.3 理想流体中小振幅波的波动方程

声学量 $p$、$\boldsymbol{u}$、$\rho_1$ 之间关系的三个基本方程相互独立，利用它们消去其中任意两个量，可得某一个量的时空关系。

对三个基本方程分别做如下变换：

$$\begin{cases} \dfrac{\partial^2 \rho_1}{\partial t^2} + \rho_0 \dfrac{\partial}{\partial t} \nabla \cdot \boldsymbol{u} = 0 \\ \dfrac{\partial^2 p}{\partial t^2} = c_0^2 \dfrac{\partial^2 \rho_1}{\partial t^2} \\ \rho_0 \nabla \cdot \dfrac{\partial}{\partial t} \boldsymbol{u} = -\nabla \cdot (\nabla p) = -(\nabla \cdot \nabla) p = -\nabla^2 p \end{cases} \quad (1.36)$$

前两式消去 $\rho_1$ 可得

$$\frac{1}{c_0^2} \frac{\partial^2 p}{\partial t^2} + \rho_0 \frac{\partial}{\partial t} \nabla \cdot \boldsymbol{u} = 0 \quad (1.37)$$

对于物理可实现函数，有 $\nabla \cdot \dfrac{\partial}{\partial t} \boldsymbol{u} = \dfrac{\partial}{\partial t} \nabla \cdot \boldsymbol{u}$，则进一步消去 $\boldsymbol{u}$ 可得

$$\frac{1}{c_0^2} \cdot \frac{\partial^2 p}{\partial t^2} - \nabla^2 p = 0 \quad (1.38)$$

即为均匀静止理想流体中小振幅波的波动方程。式中 $\nabla^2$ 为拉普拉斯算子，对不同坐标系具有不同形式。

在直角坐标系中，

$$\nabla^2 = \frac{\partial^2}{\partial x^2} + \frac{\partial^2}{\partial y^2} + \frac{\partial^2}{\partial z^2} \quad (1.39)$$

在球坐标系中，

$$\nabla^2 = \frac{1}{r^2} \cdot \frac{\partial}{\partial r}\left(r^2 \frac{\partial}{\partial r}\right) + \frac{1}{r^2 \sin\theta} \cdot \frac{\partial}{\partial \theta}\left(\sin\theta \frac{\partial}{\partial \theta}\right) + \frac{1}{r^2 \sin^2\theta} \cdot \frac{\partial^2}{\partial \varphi^2} \quad (1.40)$$

式中，$r$ 为半径；$\varphi$ 为方向角；$\theta$ 为极角。

在柱坐标系中，

$$\nabla^2 = \frac{1}{r} \cdot \frac{\partial}{\partial r}\left(r \frac{\partial}{\partial r}\right) + \frac{1}{r^2} \cdot \frac{\partial^2}{\partial \varphi^2} + \frac{\partial^2}{\partial z^2} \quad (1.41)$$

式中，$r$ 为圆柱半径；$z$ 为轴向坐标；$\varphi$ 为方向角。

波动方程反映了声压 $p$ 随空间 $(x,y,z)$ 和时间 $t$ 变化的联系,物理量的这种时空变化的关系反映其波动性质。

在推导方程式的过程中只利用介质属性的基本关系式,并不涉及具体的波形和发射形式,因而波动方程只反映介质中声波传播物理过程的共同特征,而不论声波产生原因和具体波形。声压波动方程只能给出关于声压函数普遍解的形式,即解是不确定的函数形式。要求得具体声压函数,必须根据初始条件和边界条件来决定。初始条件取决于介质中初始振动或激发的分布情况,边界条件取决于特定界面上特定点处的声压和振速。

## 1.1.4 速度势函数

根据欧拉方程,可由声压求得振速:

$$u = -\frac{1}{\rho}\int \nabla p \cdot \mathrm{d}t \tag{1.42}$$

上式对时间积分往往不方便,因此引入速度势函数 $\Phi$。

如果运动是无旋的,则质点振速可用无向量函数的负梯度表示:

$$u = -\nabla \Phi \tag{1.43}$$

在不同坐标系中,其分速度为

直角坐标系:

$$u_x = -\frac{\partial \Phi}{\partial x}, \quad u_y = -\frac{\partial \Phi}{\partial y}, \quad u_z = -\frac{\partial \Phi}{\partial z}$$

球坐标系:

$$u_r = -\frac{\partial \Phi}{\partial r}, \quad u_\theta = -\frac{1}{r}\frac{\partial \Phi}{\partial \theta}, \quad u_\varphi = -\frac{1}{r\sin\theta}\frac{\partial \Phi}{\partial \varphi}$$

柱坐标系:

$$u_r = -\frac{\partial \Phi}{\partial r}, \quad u_\varphi = -\frac{1}{r}\frac{\partial \Phi}{\partial \varphi}, \quad u_z = -\frac{\partial \Phi}{\partial z}$$

将欧拉方程得到的振速表达式对时间微分,可得到

$$p = \rho \frac{\partial \Phi}{\partial t} \tag{1.44}$$

由 1.1.2 节中三个基本方程的关系可得

$$\frac{1}{c^2} \cdot \frac{\partial p}{\partial t} = -\nabla \cdot (\rho_0 \boldsymbol{u}) \tag{1.45}$$

将声压表达式（1.44）和振速表达式（1.43）代入式（1.45），得

$$\frac{1}{c^2} \cdot \frac{\partial^2 \Phi}{\partial t^2} = \nabla^2 \Phi \tag{1.46}$$

或，

$$\nabla^2 \Phi - \frac{1}{c^2} \cdot \frac{\partial^2 \Phi}{\partial t^2} = 0 \tag{1.47}$$

可见，只要求出满足初始和边界条件的波动方程式的解 $\Phi(x,y,z,t)$，就可以利用式（1.44）和式（1.43）通过微分过程求得声场中的声压 $p(x,y,z,t)$ 和质点振速 $\boldsymbol{u}(x,y,z,t)$。

### 1.1.5 声场中的能量关系

声场中质点随着声波的传播而振动，同时，介质的密度也发生变化，因此在声波传播过程中，介质中各点的能量也发生变化。振动引起动能变化，形变引起势能变化。这种由于声波传播而引起的介质能量的增加称为声能。显然，声能是介质运动的机械能。

#### 1.1.5.1 声能密度

声场中任意体积为 $V_0$ 的质团，在静止状态时介质的压强为 $P_0$，密度为 $\rho_0$，声波作用时压强、密度和振速为 $(P_0 + p)$、$(\rho_0 + \rho_1)$ 和 $u$。静止状态时质团的质量 $m_0 = \rho_0 V_0$，声波作用下质团振速由 $u(t_0) = 0$ 变为 $u(t) = u$。因此，质团获得动能 $E_k$：

$$E_k = \int_{u(t_0)=0}^{u(t)=u} \mathrm{d}W = \int_0^u m_0 \frac{\mathrm{d}u(t)}{\mathrm{d}t} \mathrm{d}W = \frac{1}{2} m_0 u^2 = \frac{1}{2} \rho_0 u^2 V_0 \tag{1.48}$$

质团的体积在声波作用下由 $V_0$ 变为 $V$，获得势能 $E_p$：

$$E_p = -\int_{V_0}^{V} \Delta P \mathrm{d}V \tag{1.49}$$

对于小振幅波（即 $\rho = \rho_0 + \rho_1, \rho_1 \ll \rho_0$），$\mathrm{d}V = -\dfrac{\mathrm{d}\rho}{\rho_0}V_0, \Delta P = c^2(\rho - \rho_0)$，所以

$$E_p = -\int_{V_0}^{V} \Delta P \mathrm{d}V \approx \int_{\rho_0}^{\rho} c^2(\rho - \rho_0)\mathrm{d}\rho \frac{V_0}{\rho_0} = \frac{V_0}{2\rho_0}c^2(\rho - \rho_0)^2 \tag{1.50}$$

由于 $p_0 = c^2(\rho - \rho_0)$，所以

$$E_p \approx \frac{p_0^2}{2\rho_0 c^2}V_0 \tag{1.51}$$

质团在声波作用下获得的总能量为 $E_k + E_p$。定义介质由于声波作用而得到的能量为声场中的声能，单位体积的声能称为声能密度 $E$，则声场中的声能密度 $E$ 为

$$E = \frac{E_k + E_p}{V_0} = \frac{1}{2}\rho_0 u^2 + \frac{1}{2}\frac{p_0}{\rho_0 c^2} \tag{1.52}$$

声场中各点 $p$、$u$ 值不同，因而各点声能密度不等。又因为 $p$、$u$ 是时间的函数，因此声能密度 $E$ 也随时间变化。

#### 1.1.5.2　声能流密度

波在介质中传播时，能量随着振动状态沿波的传播方向传输。因此，介质中引入能流的概念。定义单位时间内通过与能量传播方向垂直的单位面积的声能为声能流密度 $\omega$，它是一个向量，方向为声波能量的传播方向。

根据质量守恒定律可以得到质量流通密度与质量密度的关系，即连续性方程。类似地，可以根据能量守恒定律得到声能密度与声能流密度的关系。

在声场中，取以点 $M(x, y, z)$ 为中心，边长为 $\mathrm{d}x$、$\mathrm{d}y$、$\mathrm{d}z$ 的微元，如图 1.2 所示。声波传播时，声能量流入流出该微元。根据能量守恒定律，该微元内的净流入能量等于该体积内声能量的增加量，这个增加量改变了微元内的声能密度。

令声场中声能流密度为

$$\omega(x, y, z) = \omega_x(x, y, z)\boldsymbol{i} + \omega_y(x, y, z)\boldsymbol{j} + \omega_z(x, y, z)\boldsymbol{k} \tag{1.53}$$

在 d$t$ 时间段，通过 $ABCD$ 面流出 d$x$d$y$d$z$ 微元内的声能量为

$$-\left(\omega_x + \frac{\partial \omega_x}{\partial x}\left(-\frac{1}{2}\mathrm{d}x\right)\right)\mathrm{d}y\mathrm{d}z\mathrm{d}t \tag{1.54}$$

在 d$t$ 时间段，通过 $EFGH$ 面流出 d$x$d$y$d$z$ 微元内的声能量为

$$\left(\omega_x + \frac{\partial \omega_x}{\partial x}\left(\frac{1}{2}\mathrm{d}x\right)\right)\mathrm{d}y\mathrm{d}z\mathrm{d}t \tag{1.55}$$

因此，在 d$t$ 时间段，声能流密度 $\boldsymbol{\omega}(\boldsymbol{r},t)$ 通过 $ABCD$ 面与 $EFGH$ 面流入 d$x$d$y$d$z$ 微元内的声能量为

$$-\frac{\partial \omega_x}{\partial x}\mathrm{d}x\mathrm{d}y\mathrm{d}z\mathrm{d}t \tag{1.56}$$

同理，在 d$t$ 时间段，声能流密度 $\boldsymbol{\omega}(\boldsymbol{r},t)$ 通过 $AEHD$ 面与 $BFGC$ 面流入 d$x$d$y$d$z$ 微元内的声能量为

$$-\frac{\partial \omega_y}{\partial y}\mathrm{d}x\mathrm{d}y\mathrm{d}z\mathrm{d}t \tag{1.57}$$

通过 $AEFB$ 面与 $DHGC$ 面流入 d$x$d$y$d$z$ 微元内的声能量为

$$-\frac{\partial \omega_z}{\partial z}\mathrm{d}x\mathrm{d}y\mathrm{d}z\mathrm{d}t \tag{1.58}$$

所以在 d$t$ 时间段，声能流密度 $\boldsymbol{\omega}(\boldsymbol{r},t)$ 引起的在 d$x$d$y$d$z$ 微元内能量的增加为

$$-\left(\frac{\partial \omega_x}{\partial x} + \frac{\partial \omega_y}{\partial y} + \frac{\partial \omega_z}{\partial z}\right)\mathrm{d}x\mathrm{d}y\mathrm{d}z\mathrm{d}t \tag{1.59}$$

因为 d$x$d$y$d$z$ 微元体积没有变化，所以能量的变化改变了微元内的声能密度，根据质量守恒定律，有

$$\left(E(x,y,z,t+\mathrm{d}t) - E(x,y,z,t)\right)\mathrm{d}x\mathrm{d}y\mathrm{d}z = -\left(\frac{\partial \omega_x}{\partial x} + \frac{\partial \omega_y}{\partial y} + \frac{\partial \omega_z}{\partial z}\right)\mathrm{d}x\mathrm{d}y\mathrm{d}z\mathrm{d}t \tag{1.60}$$

进一步可得

$$\frac{\partial E(x,y,z,t)}{\partial t} = -\left(\frac{\partial \omega_x}{\partial x} + \frac{\partial \omega_y}{\partial y} + \frac{\partial \omega_z}{\partial z}\right) \tag{1.61}$$

可写为

$$\frac{\partial E(\boldsymbol{r},t)}{\partial t} = -\nabla \cdot \boldsymbol{\omega} \tag{1.62}$$

把声能密度表达式代入式（1.62）左边，有

$$\frac{\partial E}{\partial t} = \rho_0 \boldsymbol{u} \cdot \frac{\partial \boldsymbol{u}}{\partial t} + \frac{1}{\rho_0 c^2} p \frac{\partial p}{\partial t} \tag{1.63}$$

利用三个基本方程，可得

$$\frac{\partial p}{\partial t} = -\rho_0 c^2 \nabla \cdot \boldsymbol{u} \tag{1.64}$$

代入式（1.63）中，有

$$\frac{\partial E}{\partial t} = -\boldsymbol{u} \cdot \nabla p - p \nabla \cdot \boldsymbol{u} = -\nabla \cdot (p\boldsymbol{u}) \tag{1.65}$$

因此，声能流密度向量为

$$\boldsymbol{\omega} = p\boldsymbol{u} \tag{1.66}$$

可见，声能通过单位面积的声能流瞬时值在数值上等于该点声压和质点振速的乘积。在简谐振动情况时，声场中各点 $p$ 和 $\boldsymbol{u}$ 频率相同，但相位不一定相同，因此 $p\boldsymbol{u}$ 可正可负。当它为正值时，表示能流沿波传播方向流出；当它为负值时，表示能流向波传播方向的反方向流动。当振源表面声流为正值时，表示振源对介质做正功，即振源辐射声能；当为负值时，表示振源做负功，即声场把能量交还给振源。

### 1.1.5.3 声波强度

取声能流密度的时间均值（周期 $T$ 中的平均）表示声波能量的强度，简称声波强度或声强，通常用 $I$ 表示：

$$I = \left| \frac{1}{T} \int_0^T \omega(r,t) \mathrm{d}t \right| = \left| \frac{1}{T} \int_0^T p(r,t) u(r,t) \mathrm{d}t \right| \tag{1.67}$$

即声场中任意一点的声强是通过与声能流方向垂直的单位面积的声能量的平均值，单位为 $\mathrm{W/m^2}$。在简谐声场中，声强决定于声压和振速的幅值以及它们之间的相位差。

$$I = \frac{1}{2} p_0 u_0 \cos \varphi_0 \tag{1.68}$$

式中，$p_0$、$u_0$ 表示声场中某点声压和振速的幅值，一般为空间坐标的函数；$\varphi_0$ 为声压和振速之间的相位差，也可能是空间坐标的函数。

在行波场中，因为有能量的传播，所以必定有 $I>0$，即声压和振速之间的相位差小于 $\pi/2$，且随着声波传播和扩散，声强将衰减。但在平面纯驻波场中，声压和振速之间的相位差等于 $\pi/2$，于是通过任意波面的声强为 0，然而这并不意味着声场中没有能量，只是能量有时集中在这一区域，有时移至另一区域，使各点的声能流密度值时大时小，甚至为 0。如果介质和边界没有能量吸收，则一旦建立起驻波场，其能量就在驻波场中来回振荡。

### 1.1.6 平面波

平面波是波场函数形式最简单的声波，平面波场是一种理想的波场。想象一个无限大刚性平板，在均匀介质中做垂直于板面的振动，它产生的声场就是平面波场。实际工程中，刚性壁管中的 0 阶模态的简正波为平面波。平面波是指波阵面为平面的声波。所谓波阵面，是指声场中具有相同振动状态的点构成的空间曲面。

假设波沿 $ox$ 轴方向传播，即波阵面垂直于 $ox$ 轴，波场声压只是空间坐标变量 $x$ 和时间 $t$ 的函数。波动方程为

$$\frac{1}{c_0^2} \cdot \frac{\partial^2 p(x,t)}{\partial t^2} - \frac{\partial^2 p(x,t)}{\partial x^2} = 0 \tag{1.69}$$

此方程为达朗贝尔方程，解为

$$p(x,t) = f_1(x - c_0 t) + f_2(x + c_0 t) \tag{1.70}$$

式中，$f_1$ 和 $f_2$ 为二次可微函数。函数 $f_1(x - c_0 t)$ 表示：当 $t=0$ 时，$x_0$ 处的声压值为 $f_1(x_0)$；当 $t = t_1$ 时，$f_1(x_0)$ 在 $(x - c_0 t_1)$ 处重现，$x = x_0 - c_0 t_1$ 处的声压为

$$f_1(x-c_0t) = f_1\big((x_0-c_0t_1)-c_0t_1\big) = f_1(x_0) \tag{1.71}$$

即声压波在 $t_1$ 时间内沿 $x$ 正向传播的距离为 $c_0t_1$，所以 $f_1(x-c_0t)$ 表示的是 $x$ 正向传播的平面行波。同理可知，$f_2(x+c_0t)$ 表示的是 $x$ 负向传播的平面行波。

波阵面移动的速度，即声波的传播速度为

$$v = \frac{\mathrm{d}x}{\mathrm{d}t}\bigg|_{x-c_0t=a} = \frac{\mathrm{d}(a+c_0t)}{\mathrm{d}t} = c_0 \tag{1.72}$$

对于正向传播的平面行波，由运动方程可得其质点振速函数：

$$u(x,t) = -\frac{1}{\rho_0}\int \frac{\partial f_1(x-c_0t)}{\partial x}\mathrm{d}t = \frac{1}{\rho_0 c_0}f_1(x-c_0t) = \frac{1}{\rho_0 c_0}p(x,t) \tag{1.73}$$

可见，平面行波场中，振速波形和声压波形完全一致，两者之间的比例常数为 $\rho_0 c_0$，这个常数仅决定于介质本身的参数，是反映各种介质声学特性的常数。

定义介质的静态密度 $\rho_0$ 与声波传播速度 $c_0$ 的乘积为介质的特性阻抗，单位为 $\mathrm{kg/(s\cdot m^2)}$，称作瑞利。水的特性阻抗为 $\rho_0 c_0 = 1.5\times 10^6\,\mathrm{kg/(s\cdot m^2)}$，空气的特性阻抗为 $\rho_0 c_0 = 430\,\mathrm{kg/(s\cdot m^2)}$。

#### 1.1.6.1 简谐平面波

当声场中各点振动为简谐函数并且波阵面为平面时的声波为简谐平面波。所谓简谐函数，是指正（余）弦函数。设想无穷大表面作简谐振动，则声场中每个质点均作简谐振动，因此正向传播的波 $f_1(x-c_0t)$ 应取简谐函数。声场中的声压函数为

$$p(x,t) = A\cos\big(k(x-c_0t)\big) \tag{1.74}$$

式中，$A$ 和 $k$ 由振源表面条件决定。假设振源表面，即 $x=0$ 处的声压为

$$p(x,t)\big|_{x=0} = p_0\cos\omega t \tag{1.75}$$

式中，$p_0$ 为振幅值；$\omega$ 为角频率。由此可得 $A = p_0, k = \dfrac{\omega}{c_0}$，于是得

$$p(x,t) = p_0\cos(\omega t - kx) \tag{1.76}$$

式中，$k = \dfrac{\omega}{c_0} = \dfrac{2\pi}{\lambda}$ 称为波数，它等于波传播单位距离落后的相位角，声场中沿波传播方向相距一个波长 $\lambda$ 的两点的振动相位差为 $2\pi$，单位为 $\mathrm{rad/m}$。

为了计算方便,取复数 $p_0 e^{j(\omega t - kx)}$ 的实部表示 $p_0 \cos(\omega t - kx)$,即 $p(x,t) = \mathrm{Re}\left[ p_0 e^{j(\omega t - kx)} \right]$,为了书写方便,一般略去符号 Re,直接表示为

$$p(x,t) = p_0 e^{j(\omega t - kx)} \tag{1.77}$$

在明确表示波函数为复数形式时,可表示为

$$\tilde{p}(x,t) = p_0 e^{j(\omega t - kx)} \tag{1.78}$$

由运动方程可得简谐平面波的振速为

$$\tilde{u}(x,t) = -\frac{1}{\rho_0} \int \frac{\partial \tilde{p}_1(x,t)}{\partial x} \mathrm{d}t = \frac{p_0}{\rho_0 c_0} e^{j(\omega t - kx)} \tag{1.79}$$

定义简谐声场中空间某点处的复声压与复振速之比为该点的波阻抗,记为 $\tilde{Z}_a$(或 $Z_a$):

$$\tilde{Z}_a = \frac{\tilde{p}(r,t)}{\tilde{u}(r,t)} \tag{1.80}$$

式中,$|\tilde{Z}_a|$ 的基本单位为 $\mathrm{kg/(s \cdot m^2)}$。对于正向传播的简谐平面行波的波阻抗为

$$\tilde{Z}_a = \frac{\tilde{p}(r,t)}{\tilde{u}(r,t)} = \frac{p_0 e^{j(\omega t - kx)}}{\frac{p_0}{\rho_0 c_0} e^{j(\omega t - kx)}} = \rho_0 c_0 \tag{1.81}$$

简谐平面行波的波阻抗在数值上等于介质的特性阻抗。

### 1.1.6.2 简谐平面波的声强

由声强的定义可得简谐平面波的声强为

$$I = \frac{1}{T} \int_0^T \mathrm{Re}[\tilde{p}(x,t)] \cdot \mathrm{Re}[\tilde{u}(x,t)] \mathrm{d}t = \frac{p_0^2}{2\rho_0 c_0} = \frac{1}{2} \rho_0 c u_0^2 \tag{1.82}$$

或,

$$I = \frac{p_{\mathrm{eff}}^2}{\rho_0 c_0} = \rho_0 c u_{\mathrm{eff}}^2 = p_{\mathrm{eff}} u_{\mathrm{eff}} = \rho_0 c \omega^2 \xi_{\mathrm{eff}}^2 \tag{1.83}$$

式中,$p_{\mathrm{eff}}$、$u_{\mathrm{eff}}$、$\xi_{\mathrm{eff}}$ 分别为声压、振速、位移的有效值。

平面波声场中声强和声压值的平方或和振速值的平方成正比,因此振幅越大,声强也越大。当振速幅值相同时,声强还和介质的特性阻抗成正比,即相同频率、位移振幅相等的平面波,在水中要比空气中的声强大几千倍。在水中使声源振动要提供更多的能量。从声波发射的角度考虑,在水中发射声波是有利的,它用较小振幅可以辐射更大声能。另外,位移振幅相等时,高频波的声强更大,即高频声波向介质推送能量的效果更佳。在低频辐射高强度声波时,要求有更大的位移,因此低频辐射比较困难。

理想介质中,平面声波的声压和振速幅值不随传播距离改变,因此理想介质中,平面声波的声强处处相等,不随传播距离变化。

### 1.1.6.3 简谐平面波垂直入射到两种不同均匀介质分界面上的反射和折射

声波入射到两种介质的平面分界面上,部分声能反射形成反射波,部分声能穿透界面进入另一介质形成折射波。简谐平面声波在无限、均匀介质分界面上的反射,是声反射最简单的例子。

如图 1.4 所示,介质 I 中的平面波 $p_i$ 沿 $x$ 方向入射,$x=0$ 为介质 I 和介质 II 的分界平面,$p_r$ 为反射波,$p_t$ 为透射波,箭头所指为声传播方向。介质 I 和介质 II 的介质特性阻抗分别为 $\rho_1 c_1$、$\rho_2 c_2$。

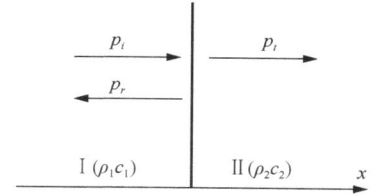

图 1.4 平面波垂直入射到两介质分界面

两介质中声压满足波动方程:

$$\begin{aligned}\frac{\partial^2 p_1(x,t)}{\partial x^2} &= \frac{1}{c_1^2} \cdot \frac{\partial^2 p_1(x,t)}{\partial t^2}, \quad x \leqslant 0 \\ \frac{\partial^2 p_2(x,t)}{\partial x^2} &= \frac{1}{c_2^2} \cdot \frac{\partial^2 p_2(x,t)}{\partial t^2}, \quad x > 0\end{aligned} \quad (1.84)$$

式中,$p_1$ 是介质 I 中的声压;$p_2$ 是介质 II 中的声压。两式的通解为

$$p_1(x,t) = \left(A_1 e^{-jk_1 x} + B_1 e^{jk_1 x}\right) e^{j\omega t}$$
$$p_2(x,t) = \left(A_2 e^{-jk_2 x} + B_2 e^{jk_2 x}\right) e^{j\omega t} \tag{1.85}$$

由运动方程可得两介质中的振速：

$$u_1(x,t) = \left(\frac{A_1}{\rho_1 c_1} e^{-jk_1 x} - \frac{B_1}{\rho_1 c_1} e^{jk_1 x}\right) e^{j\omega t}$$
$$u_2(x,t) = \left(\frac{A_2}{\rho_2 c_2} e^{-jk_2 x} - \frac{B_2}{\rho_2 c_2} e^{jk_2 x}\right) e^{j\omega t} \tag{1.86}$$

式中，$A_1$、$B_1$ 是介质Ⅰ中正向波和反向波的振幅；$A_2$、$B_2$ 是介质Ⅱ中正向波和反向波的振幅。由于介质Ⅱ中不存在反向波，所以 $B_2 = 0$。

在 $x = 0$ 分界面上，分界面两侧介质的声压在界面处满足压力平衡条件，即声压连续：

$$p_1(x,t)\big|_{x=0} = p_2(x,t)\big|_{x=0} \tag{1.87}$$

界面两侧介质中垂直界面的质点振速相等，即垂直振速连续：

$$u_{1n}(x,t)\big|_{x=0} = u_{2n}(x,t)\big|_{x=0} \tag{1.88}$$

由声压连续和垂直振速连续的边界条件，可得

$$1 + \frac{B_1}{A_1} = \frac{A_2}{A_1}$$
$$1 - \frac{B_1}{A_1} = \frac{A_2}{A_1} \cdot \frac{\rho_1 c_1}{\rho_2 c_2} \tag{1.89}$$

定义 $R = \dfrac{B_1}{A_1}$ 为声压反射系数，有

$$R = \frac{B_1}{A_1} = \frac{\rho_2 c_2 - \rho_1 c_1}{\rho_2 c_2 + \rho_1 c_1} = \frac{Z_2 - Z_1}{Z_2 + Z_1} \tag{1.90}$$

定义 $D = \dfrac{A_2}{A_1}$ 为声压折射系数，有

$$D = \frac{A_2}{A_1} = \frac{2\rho_2 c_2}{\rho_2 c_2 + \rho_1 c_1} = \frac{2Z_2}{Z_2 + Z_1} \tag{1.91}$$

如果介质是无吸收的，$\rho_1 c_1$、$\rho_2 c_2$ 都是实数，则 $R$ 和 $D$ 也都是实数。

如果介质 II 是理想的绝对硬介质，即 $\rho_2 c_2 \to \infty$ 或 $\rho_1 c_1 \ll \rho_2 c_2$，此时 $R=1, D=2$，界面上压力比入射声波声压大一倍，且在界面处反射波声压与入射波声压相等。$\rho_2 c_2 \ll \rho_1 c_1$ 时，$R=-1, D=0$，此时反射波声压振幅与入射波声压振幅相等，但反射波声压的相位跃变 $180°$，界面上的总声压为零。

从能量的观点，在讨论声波的透射时，常采用透射损失描述，它是入射声强与透射声强比值的分贝数。如果入射波声压为 $p_i$、声强为 $I_i$、折射波声压为 $p_t$、声强为 $I_t$，则透射损失为

$$\text{TL} = 10\lg\frac{I_i}{I_t} = -10\lg\frac{I_t}{I_i} = -10\lg\frac{p_t^2/(\rho_2 c_2)}{p_i^2/(\rho_1 c_1)} \tag{1.92}$$

#### 1.1.6.4 简谐平面波倾斜入射到两种不同均匀介质分界面上的反射和折射

如图 1.5 所示，平面波以角度 $\theta_i$ 入射到两介质的分界平面，箭头所指为声传播方向，分界面为 $xoy$ 平面，$\theta_r$ 为反射角，$\theta_t$ 为折射角。

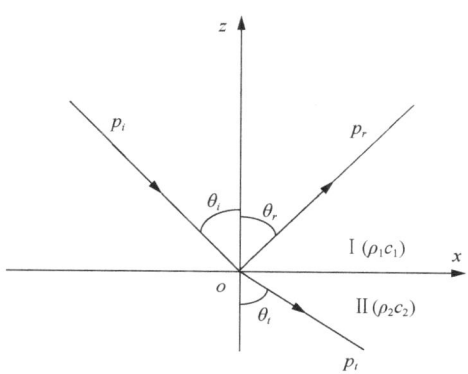

图 1.5 平面波倾斜入射到两介质分界面

入射波、反射波和折射波的声压函数分别为

$$p_i(x,z,t) = A_1 e^{j(\omega t - k_1 \sin\theta_i x + k_1 \cos\theta_i z)}, \quad z \geqslant 0 \tag{1.93}$$

$$p_r(x,z,t) = B_1 e^{j(\omega t - k_1 \sin\theta_r x - k_1 \cos\theta_r z)}, \quad z \geqslant 0 \tag{1.94}$$

$$p_t(x,z,t) = A_2 e^{j(\omega t - k_2 \sin\theta_t x + k_2 \cos\theta_t z)}, \quad z \leqslant 0 \tag{1.95}$$

介质Ⅰ和介质Ⅱ中的声压分别为

$$p_1(x,z,t) = p_i(x,z,t) + p_r(x,z,t) \tag{1.96}$$

$$p_2(x,z,t) = p_t(x,z,t) \tag{1.97}$$

界面法线方向即 $z$ 方向，介质Ⅰ和介质Ⅱ中的质点振速函数为

$$\begin{aligned}u_{1n}(x,z,t) &= -\frac{1}{\rho_1}\int\frac{\partial p_1(x,z,t)}{\partial z}\mathrm{d}t \\ &= \frac{1}{\rho_1 c_1}\left(A_1\mathrm{e}^{\mathrm{j}(\omega t - k_1\sin\theta_i x + k_1\cos\theta_i z)}\cos\theta_i - B_1\mathrm{e}^{\mathrm{j}(\omega t - k_1\sin\theta_r x - k_1\cos\theta_r z)}\cos\theta_r\right)\end{aligned} \tag{1.98}$$

$$\begin{aligned}u_{2n}(x,z,t) &= -\frac{1}{\rho_2}\int\frac{\partial p_2(x,z,t)}{\partial z}\mathrm{d}t \\ &= \frac{1}{\rho_2 c_2}A_2\mathrm{e}^{\mathrm{j}(\omega t - k_2\sin\theta_t x + k_2\cos\theta_t z)}\cos\theta_t\end{aligned} \tag{1.99}$$

在分界面 $z=0$ 处，声压连续性和法向振速连续性的边界条件为

$$p_1(x,z,t)\big|_{z=0} = p_2(x,z,t)\big|_{z=0} \tag{1.100}$$

$$u_{1n}(x,z,t)\big|_{z=0} = u_{2n}(x,z,t)\big|_{z=0} \tag{1.101}$$

代入声压函数和振速函数，得

$$A_1\mathrm{e}^{-\mathrm{j}k_1\sin\theta_i x} + B_1\mathrm{e}^{-\mathrm{j}k_1\sin\theta_r x} = A_2\mathrm{e}^{-\mathrm{j}k_2\sin\theta_t x} \tag{1.102}$$

$$\frac{1}{\rho_1 c_1}\left(A_1\mathrm{e}^{-\mathrm{j}k_1\sin\theta_i x}\cos\theta_i - B_1\mathrm{e}^{-\mathrm{j}k_1\sin\theta_r x}\cos\theta_r\right) = \frac{1}{\rho_2 c_2}A_2\mathrm{e}^{-\mathrm{j}k_2\sin\theta_t x}\cos\theta_t \tag{1.103}$$

上面两式对于任意 $x$ 均成立，其必要条件是等式两边各项中 $x$ 的系数相等，即

$$k_1\sin\theta_i = k_1\sin\theta_r = k_2\sin\theta_t \tag{1.104}$$

由此可得反射定律：

$$\theta_i = \theta_r \tag{1.105}$$

也可得折射定律，又称斯涅尔定律：

$$\frac{\sin\theta_i}{\sin\theta_t} = \frac{k_2}{k_1} = \frac{c_1}{c_2} \tag{1.106}$$

利用反射定律和折射定律，可得

$$A_1 + B_1 = A_2 \tag{1.107}$$

$$\frac{1}{\rho_1 c_1}(A_1 \cos\theta_i - B_1 \cos\theta_r) = \frac{1}{\rho_2 c_2} A_2 \cos\theta_t \tag{1.108}$$

进一步可得声压反射系数 $R$ 和声压折射系数 $D$，分别为

$$R = \frac{B_1}{A_1} = \frac{\dfrac{\rho_2 c_2}{\cos\theta_t} - \dfrac{\rho_1 c_1}{\cos\theta_i}}{\dfrac{\rho_2 c_2}{\cos\theta_t} + \dfrac{\rho_1 c_1}{\cos\theta_i}} = \frac{Z_{2n} - Z_{1n}}{Z_{2n} + Z_{1n}} \tag{1.109}$$

$$D = \frac{A_2}{A_1} = \frac{\dfrac{2\rho_2 c_2}{\cos\theta_t}}{\dfrac{\rho_2 c_2}{\cos\theta_t} + \dfrac{\rho_1 c_1}{\cos\theta_i}} = \frac{2Z_{2n}}{Z_{2n} + Z_{1n}} \tag{1.110}$$

令 $n = \dfrac{k_2}{k_1} = \dfrac{c_1}{c_2}, m = \dfrac{\rho_2}{\rho_1}$，利用折射定律，声压反射系数和声压折射系数可化为

$$R = \frac{m\cos\theta_i - \sqrt{n^2 - \sin^2\theta_i}}{m\cos\theta_i + \sqrt{n^2 - \sin^2\theta_i}} \tag{1.111}$$

$$D = \frac{2m\cos\theta_i}{m\cos\theta_i + \sqrt{n^2 - \sin^2\theta_i}} \tag{1.112}$$

当 $m^2 \cos^2\theta_i = n^2 - \sin^2\theta_i$ 时，$R = 0$，此时入射声波能量全部透入下层介质中，即发生了全透射。发生全透射时入射角称作全透射角，记为 $\theta_0$：

$$\theta_0 = \arcsin\sqrt{\frac{m^2 - n^2}{m^2 - 1}} \tag{1.113}$$

可见，发生全透射的条件为 $0 < \frac{m^2 - n^2}{m^2 - 1} < 1$，即 $m > n > 1$ 或 $m < n < 1$，即 $\rho_2 c_2 > \rho_1 c_1, c_1 > c_2$ 或 $\rho_2 c_2 < \rho_1 c_1, c_1 < c_2$。

声波倾斜入射时，还存在一种全内反射现象，此时反射声波能量等于入射声波能量。根据折射定律 $\frac{\sin\theta_i}{\sin\theta_t} = \frac{c_1}{c_2}$，当 $c_1 < c_2$ 时，$\theta_i < \theta_t$，此时随着入射角 $\theta_i$ 的增大，折射角 $\theta_t$ 先于 $\theta_i$ 达到 90°，这时对应的入射角 $\theta_i$ 称为临界角，记为 $\theta_c$：

$$\theta_c = \arcsin\frac{c_1}{c_2} \tag{1.114}$$

$\theta_i > \theta_c$ 时，$n^2 - \sin^2\theta_i < 0$，此时的声压反射系数为

$$R = \frac{m\cos\theta_i + j\sqrt{\sin^2\theta_i - n^2}}{m\cos\theta_i - j\sqrt{\sin^2\theta_i - n^2}} = e^{j2\alpha} \tag{1.115}$$

式中，$\alpha = \arg(m\cos\theta_i + j\sqrt{\sin^2\theta_i - n^2})$。

声压折射系数为

$$D = 2e^{j\alpha}\cos\alpha \tag{1.116}$$

折射波声压函数为

$$p_t(x, z, t) = 2A_1 e^{k_1\sqrt{\sin^2\theta_i - n^2}z} e^{j(\omega t - k_1 \sin\theta_i x + \alpha)} \cos\alpha \tag{1.117}$$

折射波不同于正常的平面波，是非均匀平面波，其等相位面垂直于 $x$ 轴，沿 $x$ 轴方向传播，沿 $z$ 轴方向幅值指数衰减。非均匀平面波只在界面附近，该声波并不向介质Ⅱ内部传输能量，而是在介质Ⅱ中传播一段距离后又折回到介质Ⅰ中，示意图如图 1.6 所示。

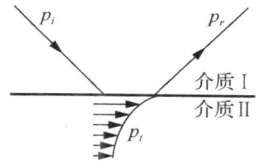

图 1.6 非均匀平面波示意图

### 1.1.7 球面波

球面波是指波阵面为一系列同心球面的波。若球形发射器表面沿径向做等幅、同相振动，则可产生球面波声场。

用速度势函数 $\Phi(r,\theta,\varphi,t)$ 描述声场，满足小振幅波的波动方程为

$$\nabla^2 \Phi(r,\theta,\varphi,t) - \frac{1}{c^2} \cdot \frac{\partial^2 \Phi(r,\theta,\varphi,t)}{\partial t^2} = 0 \tag{1.118}$$

球坐标系下的拉普拉斯算符 $\nabla^2$ 为

$$\nabla^2 = \frac{1}{r^2}\frac{\partial}{\partial r}\left(r^2 \frac{\partial}{\partial r}\right) + \frac{1}{r^2 \sin\theta}\frac{\partial}{\partial \theta}\left(\sin\theta \frac{\partial}{\partial \theta}\right) + \frac{1}{r^2}\frac{1}{\sin^2\theta}\frac{\partial^2}{\partial \varphi^2} \tag{1.119}$$

对于球面波，各个方向的声场等幅同相，因此波场函数与 $\theta$ 和 $\varphi$ 无关，所以波动方程为

$$\frac{1}{r^2}\frac{\partial}{\partial r}\left(r^2 \frac{\partial \Phi(r,t)}{\partial r}\right) - \frac{1}{c^2} \cdot \frac{\partial^2 \Phi(r,t)}{\partial t^2} = 0 \tag{1.120}$$

或，

$$\frac{\partial^2 (r\Phi(r,t))}{\partial r^2} - \frac{1}{c^2} \cdot \frac{\partial^2 \Phi(r,t)}{\partial t^2} = 0 \tag{1.121}$$

此式是关于函数 $r\Phi(r,t)$ 的达朗贝尔方程，解为

$$r\Phi(r,t) = f_1(r-ct) + f_2(r+ct) \tag{1.122}$$

所以，

$$\Phi(r,t) = \frac{1}{r}f_1(r-ct) + \frac{1}{r}f_2(r+ct) \tag{1.123}$$

式中，$\frac{1}{r}f_1(r-ct)$ 为自声源向外扩张的声波；$\frac{1}{r}f_2(r+ct)$ 为向声源收敛的声波。

对于扩张的球面波，根据速度势函数的定义和运动方程，可得

$$p(r,t) = \rho_0 \frac{\partial}{\partial t}\Phi(r,t) = \frac{1}{r}\rho_0 \frac{\partial}{\partial t} f_1(r-ct) = \frac{\rho_0 c}{r} f_1'(r-ct) \tag{1.124}$$

$$u(r,t) = -\frac{\partial}{\partial r}\Phi(r,t) = -\frac{1}{r} f_1'(r-ct) + \frac{1}{r^2} f_1(r-ct) \tag{1.125}$$

扩张球面波的声压幅值随传播距离的增加而减小，质点振速与声压的信号波形不同，当传播距离足够大时，质点振速表达式中的第二项可以忽略，此时声压和质点振速的波形近似相同。

### 1.1.7.1 简谐扩张球面波

简谐扩张球面波是以等相位面为平面、在等相位面上振幅均匀、传播过程中波阵面不断扩大的简谐波场。令球坐标原点与等相位面球心重合，简谐扩张球面波的声压函数和质点振速函数为

$$p(r,t) = \frac{A}{r} e^{j(\omega t - kr)} \tag{1.126}$$

$$u(r,t) = -\frac{1}{\rho}\int \frac{\partial p(r,t)}{\partial r} dt = \frac{A}{r\rho c}\frac{1+jkr}{jkr} e^{j(\omega t - kr)} = \frac{1}{r}\frac{A}{\rho c} e^{j(\omega t - kr)} + \frac{1}{r^2}\frac{A}{j\rho c k} e^{j(\omega t - kr)} \tag{1.127}$$

振速函数中，当 $r \ll \lambda$ 时，第二项的分母比第一项的分母小得多，此时第二项起主要作用；当 $r \gg \lambda$ 时，第一项起主要作用。

根据波阻抗的定义，简谐扩张球面波的波阻抗为

$$Z = \frac{\dfrac{A}{r} e^{j(\omega t - kr)}}{\dfrac{A}{r\rho c}\dfrac{1+jkr}{jkr} e^{j(\omega t - kr)}} = \rho c \frac{(1-jkr)jkr}{1+(kr)^2} \tag{1.128}$$

可见，简谐扩张球面波的波阻抗不仅与 $\rho c$ 有关，而且与 $kr$ 有关，是一个复数，实部为波阻，虚部为波抗。当 $kr \gg 1$ 时，波抗趋于 0，波阻趋于介质的特性阻抗。

波阻抗 $Z$ 可以表示成模和相角的形式，即

$$Z = |Z| e^{j\varphi} \tag{1.129}$$

式中，

$$|Z| = \frac{\rho c k r}{\sqrt{1+(kr)^2}} \tag{1.130}$$

$$\varphi = \arctan \frac{1}{kr} \tag{1.131}$$

因此，质点振速函数 $u(r,t)$ 也可写为

$$u(r,t) = \frac{A}{r} \frac{\mathrm{e}^{\mathrm{j}(\omega t - kr)}}{Z} = \frac{A}{r} \frac{\mathrm{e}^{\mathrm{j}(\omega t - kr + \varphi)}}{|Z|} \tag{1.132}$$

对比声压函数，在球面波声场中，任意一点的声压在相位上超前质点振速。相位 $\varphi$ 是 $kr$ 的函数，随着传播距离增大，声压和质点振速的相位差逐渐减小。

根据相速度的定义，由声压函数可得球面波的相速度 $c_p = \dfrac{\omega}{k}$。对于质点振速，其波阵面方程为

$$\omega t - kr + \varphi = K \tag{1.133}$$

式中，$K$ 是不变的常数。经过 $\mathrm{d}t$ 时间，波阵面移动 $\mathrm{d}r$ 距离，有

$$\mathrm{d}(\omega t - kr + \varphi) = \mathrm{d}(K) = 0 \tag{1.134}$$

则振速波的相速度为

$$c_u = \frac{\mathrm{d}r}{\mathrm{d}t} = c\left(1 + \frac{1}{(kr)^2}\right) \tag{1.135}$$

可见，简谐扩张球面波的质点振速相速度比声压相速度快，当 $kr \gg 1$ 时，两者趋于一致。

根据声能流密度的定义，可得简谐扩张球面波在半径方向的声能流密度为

$$\begin{aligned}\omega = pu &= \frac{A}{r}\cos(\omega t - kr)\frac{A}{r|Z|}\cos(\omega t - kr + \varphi) \\ &= \frac{A^2}{r^2 \rho c \cos\varphi}\frac{1}{2}\bigl(\cos(2(\omega t - kr) - \varphi) + \cos\varphi\bigr)\end{aligned} \tag{1.136}$$

可见，在 $kr$ 较小时，声压和质点振速存在较大相位差，声能流在一些时间段沿 $r$ 的反方向传播；当 $kr \gg 1$ 时，声压和质点振速的相位趋于一致，声能流在任何时刻均沿 $r$ 的正方向传播。

根据声强的定义，可得简谐扩张球面波在半径方向的声强为

$$I(r)=|\bar{\omega}|=\frac{1}{T}\int_0^T \frac{A^2}{r^2\rho c\cos\varphi}\frac{1}{2}\left(\cos(2(\omega t-kr)-\varphi)+\cos\varphi\right)\mathrm{d}t=\frac{1}{2\rho c}\frac{A^2}{r^2} \tag{1.137}$$

可见，简谐扩张球面波的声强随着传播距离的平方规律衰减。

#### 1.1.7.2　简谐扩张球面波在两种介质平面分界面上的反射

对于球面波在两种介质平面分界面上的反射和折射问题，可采用波动声学严格求解，需要对球面波进行平面波展开，利用广义傅里叶积分变换和反变换，过程较复杂。当声源和接收点距反射面的距离比波长大得多时，可采用射线声学的虚源法求解。

如图 1.7 所示，在 $z=0$ 处为介质分界面，在界面上方 $z_0$ 处点声源 $S$ 辐射球面波，球面波在界面上的反射波在 $M$ 点的场值，如同虚源 $S'$ 在 $M$ 点的场值。

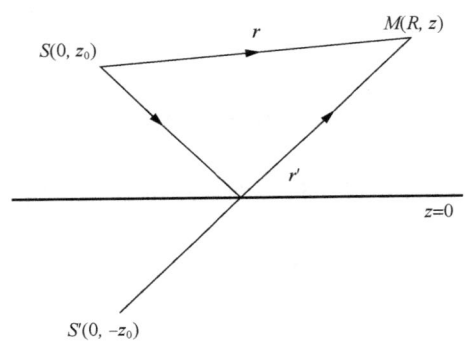

图 1.7　球面波在两介质分界面上的反射

$M$ 点的声场为

$$p(R,t)=\frac{A}{r}\mathrm{e}^{\mathrm{j}(\omega t-kr)}+\frac{B}{r'}\mathrm{e}^{\mathrm{j}(\omega t-kr')} \tag{1.138}$$

式中，$r=\sqrt{R^2+(z-z_0)^2}$；$r'=\sqrt{R^2+(z+z_0)^2}$。

当界面为绝对软界面时，边界条件为 $p(R,t)|_{z=0}=0$，代入上式可得

$$p(R,t)=A\left(\frac{1}{r}\mathrm{e}^{\mathrm{j}(\omega t-kr)}-\frac{1}{r'}\mathrm{e}^{\mathrm{j}(\omega t-kr')}\right) \tag{1.139}$$

当界面为绝对硬界面时，边界条件为 $u_n(R,t)|_{z=0}=0$，利用运动方程可得 $A=B$，因此有

$$p(R,t) = B\left(\frac{1}{r}e^{j(\omega t - kr)} + \frac{1}{r'}e^{j(\omega t - kr')}\right) \tag{1.140}$$

## 1.1.8 柱面波

柱面波是指波阵面为一系列同轴圆柱面的波。在无限大介质中的无限长圆柱表面各点沿径向做相同振动时，在介质中产生柱面波声场。

用速度势函数 $\Phi(r,\varphi,z,t)$ 描述声场，满足小振幅波的波动方程：

$$\nabla^2 \Phi(r,\varphi,z,t) - \frac{1}{c^2} \cdot \frac{\partial^2 \Phi(r,\varphi,z,t)}{\partial t^2} = 0 \tag{1.141}$$

柱坐标系下的拉普拉斯算符 $\nabla^2$ 为

$$\nabla^2 = \frac{1}{r}\frac{\partial}{\partial r}\left(r\frac{\partial}{\partial r}\right) + \frac{1}{r^2}\frac{\partial^2}{\partial \varphi^2} + \frac{\partial^2}{\partial z^2} \tag{1.142}$$

对于柱面波，各个方向和不同距离的声场等幅同相，因此波场函数与 $\varphi$ 和 $z$ 无关，所以波动方程为

$$\frac{1}{r}\frac{\partial}{\partial r}\left(r\frac{\partial \Phi(r,t)}{\partial r}\right) - \frac{1}{c^2} \cdot \frac{\partial^2 \Phi(r,t)}{\partial t^2} = 0 \tag{1.143}$$

对于简谐波，$\Phi(r,t) = \Phi(r)e^{j(\omega t)}$，则波动方程中的时间因子可略去，写为

$$\frac{\partial^2 \Phi(r)}{\partial r^2} + \frac{1}{r}\frac{\partial \Phi(r)}{\partial r} + k^2 \Phi(r) = 0 \tag{1.144}$$

式中，$k = \dfrac{\omega}{c}$。此方程为零阶贝塞尔（Bessel）方程，解为零阶柱函数：

$$\Phi(r) = A' J_0(kr) + B' N_0(kr) \tag{1.145}$$

式中，$J_0(kr)$ 为零阶贝塞尔函数；$N_0(kr)$ 为零阶诺依曼函数。它们是零阶贝塞尔方程的两个线性无关的实函数解，是特殊函数。用零阶贝塞尔函数和零阶诺依曼函数可以构成两个复函数，分别为零阶第一类汉克尔（Hankel）函数和零阶第二类汉克尔函数：

$$H_0^{(1)}(kr) = J_0(kr) + jN_0(kr) \tag{1.146}$$

$$H_0^{(2)}(kr) = J_0(kr) - jN_0(kr) \tag{1.147}$$

它们是零阶贝塞尔方程的两个线性无关的复函数解。

$J_0(kr)$、$N_0(kr)$ 分别为柱面驻波场，$H_0^{(1)}(kr)$、$H_0^{(2)}(kr)$ 分别为柱面行波场。$H_0^{(1)}(kr)$ 表示向 $r$ 负方向传播的波，为收敛波；$H_0^{(2)}(kr)$ 表示向 $r$ 正方向传播的波，为扩张波。

因此柱面波声场可以表示为柱面驻波场和柱面行波场形式

$$\Phi(r,t) = \left(A'J_0(kr) + B'N_0(kr)\right)e^{j\omega t} \tag{1.148}$$

$$\Phi(r,t) = \left(A''H_0^{(2)}(kr) + B''H_0^{(1)}(kr)\right)e^{j\omega t} \tag{1.149}$$

对于谐和扩张柱面波，$B'' = 0$，声场势函数为

$$\Phi(r,t) = A_0 H_0^{(2)}(kr) e^{j\omega t} \tag{1.150}$$

利用运动方程和速度势函数的定义，可得声压函数和质点振速函数为

$$p(r,t) = \rho_0 \frac{\partial}{\partial t}\Phi(r,t) = j k \rho c A_0 H_0^{(2)}(kr) e^{j\omega t} \tag{1.151}$$

$$u(r,t) = -\frac{\partial}{\partial r}\Phi(r,t) = -A_0 \frac{dH_0^{(2)}(kr)}{dr} e^{j\omega t} = A_0 k H_1^{(2)}(kr) e^{j\omega t} \tag{1.152}$$

式中，$H_1^{(2)}(kr)$ 为 1 阶第二类汉克尔函数，$\dfrac{dH_0^{(2)}(x)}{dx} = -H_1^{(2)}(x)$。

同扩张球面波类似，扩张柱面波的声压和质点振速的相位不同。在 $kr \to 0$ 处质点振速的振动相位落后声压的振动相位 90°，随着传播距离的增加，两者的相位差越来越小，当 $kr \gg 1$ 时，两者的相位趋于相同。

根据波阻抗的定义，可得扩张柱面波的波阻抗为

$$Z = \frac{j\rho c H_0^{(2)}(kr)}{H_1^{(2)}(kr)} = j\rho c \frac{J_0(kr) - jN_0(kr)}{J_1(kr) - jN_1(kr)} = \rho c(R + jX) \tag{1.153}$$

式中，

$$R = \frac{J_1(kr)N_0(kr) - J_0(kr)N_1(kr)}{J_1^2(kr) + N_1^2(kr)} \tag{1.154}$$

$$X = \frac{J_0(kr)J_1(kr) + N_0(kr)N_1(kr)}{J_1^2(kr) + N_1^2(kr)} \tag{1.155}$$

汉克尔函数的自变量足够大时，存在渐进关系式：

$$H_\gamma^{(2)}(x)\big|_{x\to+\infty} = \sqrt{\frac{2}{\pi x}} e^{-j\left(x-\frac{\gamma\pi}{2}-\frac{\pi}{4}\right)} + o\left(x^{-\frac{3}{2}}\right) \quad (1.156)$$

因此，当 $kr \gg 1$ 时，扩张柱面波的波阻抗近似为

$$Z = \frac{j\rho c \sqrt{\frac{2}{\pi kr}} e^{-j\left(kr-\frac{\pi}{4}\right)}}{\sqrt{\frac{2}{\pi kr}} e^{-j\left(kr-\frac{\pi}{2}-\frac{\pi}{4}\right)}} = \rho c \quad (1.157)$$

可见，扩张柱面波的波阻抗不为常数，当 $kr \gg 1$ 时，近似为介质的特性阻抗。
扩张柱面波的声能流密度为

$$\begin{aligned}\omega &= \mathrm{Re}\left(jk\rho c A_0 H_0^{(2)}(kr)e^{j\omega t}\right)e\left(A_0 k H_1^{(2)}(kr)e^{j\omega t}\right) \\ &= \rho c A_0^2 k^2 \left(\left(J_1(kr)N_0(kr)\cos^2\omega t - J_0(kr)N_1(kr)\sin^2\omega t\right)\right. \\ &\quad \left. + \left(N_0(kr)N_1(kr) - J_0(kr)J_1(kr)\right)\sin\omega t\cos\omega t\right) \end{aligned} \quad (1.158)$$

进一步可得声强为

$$I(r) = \frac{1}{2}\rho c A_0^2 k^2 \left(J_1(kr)N_0(kr) - J_0(kr)N_1(kr)\right) = \frac{\rho c A_0^2 k}{\pi}\frac{1}{r} \quad (1.159)$$

可见，扩张柱面波的声强与传播距离的倒数成正比。

## 1.2 声呐系统

声呐系统一般由三个基本过程组成，它们是：声信号发射（声源）和声信号接收处理系统、声信号传播的海水信道、被探测目标。这三个环节中的每一个，又需要用若干参数定量描述其特性，这些参数称为声呐参数。根据声呐系统的信号流程，将声呐参数有机组合起来，就得到声呐方程。声呐方程从能量角度综合了声呐参数对声呐性能的影响，它是声呐设计和声呐合理使用的依据，在水声工程中有十分重要的应用。

"声呐"一词是 sonar 的音译，它是英文 sound navigation and ranging 的略语[3]。目前，声呐一词具有了更广泛的含义，凡是利用水下声信息进行探测、识别、定位、导航和通信的系统，都广义地称为声呐系统。按声呐的工作方式来区分，它通常分为主动工作系统和被动工作系统，习惯上称为主动声呐和被动声呐。图 1.8 是主动声呐的信息流程示意图。

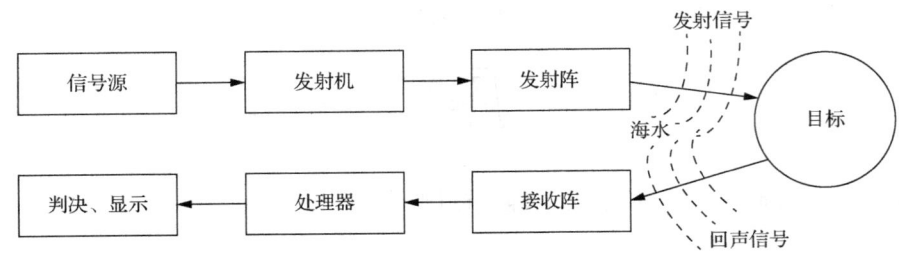

图 1.8 主动声呐信息流程示意图

主动声呐工作时,信号源向海水中发射带有特定信息的声信号,称为发射信号。当这信号在海水中传播遇到障碍物(潜艇、水雷、鱼雷)时,声波在障碍物上发生反射和散射,因此产生回声信号。回声信号遵循传播规律在海水中传播,其中在某一特定方向上的回声信号传播到接收水听器(阵)处,并由它将声信号转换为相应的电信号,电信号经处理器处理后传送到判决器。判别器依据预先确定的原则做出有无目标的判决,并在作出确认有目标的判决后,指示出目标的距离、方位、运动参数及其某些物理属性,最后显示器显示判决结果。这就是主动声呐的完整信息流程。

被动声呐信息流程示意图,如图 1.9 所示。被动声呐没有专门的声信号发射系统。图 1.9 中的声源部分是指被探测目标,如鱼雷、潜艇等运动目标在航行中辐射的噪声(所以,也有将被动声呐系统称为噪音声呐站的),被动声呐就是通过接收目标的这种辐射噪声,来实现水下目标探测,确定目标状态和性质等目的。由此可以看出,主动声呐、被动声呐在信息流程上的差异,主动、被动也由此而得名。至于被动声呐的接收、处理、判决与识别等步骤,就本质而言,和主动声呐是基本相同的,这里不再详述。

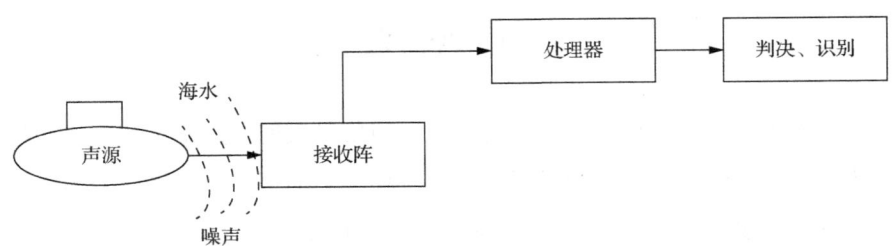

图 1.9 被动声呐信息流程示意图

### 1.2.1 声呐参数

#### 1.2.1.1 主动声呐的声源级 SL

(1)声源级[4]的定义。主动声呐的声源级用来描述它发射声信号的强弱,定义为

$$\text{SL} = 10\lg \frac{I}{I_0}\bigg|_{r=1} \tag{1.160}$$

式中，$I$ 是发射器（发射换能器或发射换能器阵）声轴方向上离声源声学中心单位距离（通常为 1m）处的声强，$I_0$ 是参考声强。水声中，将均方根声压为 1 微帕（写为 $1\mu\text{Pa}$）的平面波的声强取作参考声强 $I_0$，它约等于 $6.67\times10^{-19}\,\text{W/m}^2$。以下如无特别说明，参考声强均指此值。

（2）声源级与发射器辐射声功率的关系。发射器的声源级反映了发射器辐射声功率的大小，它们之间有着简单的函数关系。设在无吸收的介质中有一个辐射声功率为 $P_a(\text{W})$ 的点声源，根据声学基础知识可知，距此声源声中心单位距离处的声强度为

$$I\big|_{r=1} = P_a/4\pi \tag{1.161}$$

将式（1.160）代入式（1.159），并注意到 $I_0 = 6.67\times10^{-19}\,\text{W/m}^2$，则可得到

$$\text{SL} = 10\lg P_a + 170.77 \tag{1.162}$$

上式给出了无指向性声源辐射声功率与声源级 SL 之间的关系。

对于一个发射声功率为 $P_a$、指向性指数为 $\text{DI}_T$ 的指向性发射器，根据指向性指数的定义及式（1.161），其声源级表示为

$$\text{SL} = 10\lg P_a + 170.77 + \text{DI}_T \tag{1.163}$$

由式（1.162）可知，只要知道发射器的辐射声功率和发射指向性指数，就能方便地得到该发射器的声源级。

目前，船用声呐的辐射声功率范围为几百瓦到几万瓦，发射指向性指数为 10~30dB，相应的声源级范围约为 210~240dB。

为了增大主动声呐的作用距离，一个有效途径是提高声源级，至少让声源的辐射声功率大到混响背景限制探测距离的进一步增大。但是，增大主动声呐的辐射声功率，还将受到空化效应和互作用效应的限制。

### 1.2.1.2 被动声呐的声源级 $\text{SL}_1$

由图 1.9 可知，被动声呐本身并不辐射声信号，它是接收被测目标的辐射噪声来探测该目标的，因此目标的辐射噪声，就是被动声呐的声源。在工程中，也用声源级来描述目标辐射噪声的强弱，它被定义为接收水听器声轴方向上、离目标声学中心单位距离处测得的目标辐射噪声强度 $I_N$ 和参考声强 $I_0$ 之比的分贝：

$$\mathrm{SL}_1 = 10\lg\left(\frac{I_N}{I_0 c}\right) \tag{1.164}$$

虽然 $\mathrm{SL}_1$ 也称为声源级,但它只适用于被动声呐。

关于声源级 $\mathrm{SL}_1$,需要注意以下两点。首先,目标辐射噪声强度的测量应在目标的远场进行,并修正至目标声学中心 1m 处。其次,式(1.165)中的 $I_N$ 指的是接收设备工作带宽 $\Delta f$ 内的噪声强度。如带宽 $\Delta f$ 内的噪声强度是均匀的,则定义量 $\mathrm{SL}_2$ 为辐射噪声谱级,它也是一个广为采用的物理量,表达式为

$$\mathrm{SL}_2 = 10\lg\left(\frac{I_N}{I_0 \Delta f}\right) \tag{1.165}$$

### 1.2.1.3 传播损失 TL

海水介质是一种不均匀的非理想介质,由于介质本身的吸收、声传播过程中波阵面的扩展及海水中各种不均匀性的散射等原因,声波在传播过程中,传播方向上的声强度会逐渐减弱,传播损失 TL 定量地描述了声波传播一定距离后声强度的衰减变化,它定义为

$$\mathrm{TL} = 10\lg\frac{I_1}{I_r}$$

式中,$I_1$ 是离声源等效声中心单位距离(1m)处的声强度;$I_r$ 是距声源 $r$ 处的声强度。式中定义的传播损失 TL 值总为正值。

### 1.2.1.4 目标强度 TS

对于主动声呐而言,它是利用目标回波来探测该目标的。由声学基础知识可知,目标回波的特性除和声波本身的特性如频率、波形等因素有关外,还与目标自身的特性,如几何形状、组成材料等有关,也就是说,即使是在同样的入射波"照射"下,不同目标的回波也将是不一样的。这一现象反映了目标声反射特性的差异。水声技术中,用目标强度 TS 定量描述目标声反射本领的大小,它定义为

$$\mathrm{TS} = 10\lg\frac{I_r}{I_i}\bigg|_{r=1} \tag{1.166}$$

式中,$I_i$ 是目标处入射平面波的强度;$I_r|_{r=1}$ 是在入射声波相反方向上、离目标等效声中心 1m 处的回声强度。

目标强度是空间方位的函数。在空间的不同方位，目标的回波强度是不一样的，因而目标强度也是不一样的。本书约定，如无特别说明，则回波所指为与入射方向相反的回声，称为目标反向回波。

这里需要特别说明，工程上往往遇到 TS>0 的情况，这并不表示回声强度高于入射声强度，其原因仅是参考距离选用 1m 所致。

#### 1.2.1.5 海洋环境噪声级 NL

海水介质中，存在着大量的、各种各样的噪声源，它们各自发出的声波构成了海洋环境噪声。这种环境噪声，对声呐设备的工作无疑是一种干扰。环境噪声级 NL 就是用来度量环境噪声强弱的一个量，定义为

$$NL = 10\lg \frac{I_N}{I_0} \tag{1.167}$$

式中，$I_0$ 是参考声强；$I_N$ 是测量带宽内的噪声强度。如测量带宽为 1Hz，则这样的 NL 称为环境噪声谱级，它是工程上的一个常用量。

海洋环境噪声是一个随机量，为了工程上的方便，往往将其假定为是平稳的、各向同性的，并具有高斯型分布函数。这仅是一种近似处理，实际的海洋环境噪声并不严格满足以上假定。

#### 1.2.1.6 等效平面波混响级 RL

对于主动声呐来说，除了环境噪声是背景干扰外，混响也是一种背景干扰。为了定量描述混响干扰的强弱，引入参数等效平面波混响级 RL。设有强度为 $I$ 的平面波，轴向入射到水听器上，水听器输出某一电压值；如将此水听器移置混响场中，使它的声轴指向目标，则在混响声的作用下，水听器也输出一个电压值。如果这两种情况下水听器输出电压的值恰好相等，那么，就用该平面波的声强级来度量混响场的强弱，并定义等效平面波混响级 RL 为

$$RL = 10\lg \frac{I}{I_0} \tag{1.168}$$

式中，$I$ 为平面波强度；$I_0$ 为参考声强。

研究指出，混响也是一个随机量，但不同于环境噪声，不能近似为平稳的和各向同性的。

### 1.2.1.7 检测阈 DT

声呐设备的接收器工作在噪声环境中,既接收声呐信号,也接收背景噪声,相应地,其输出也由这两部分组成。实践表明,若这两部分比值的大小对设备的工作有重大影响,即工作带宽内的信号功率与工作带宽内(或 1Hz 带宽内)的噪声功率的比值比较高,则设备能正常工作,它做出的"判决"可信度就高;反之,上述的比值比较低时,设备就不能正常工作,它作出的"判决"可信度就低。工程上,将工作带宽内接收信号功率与工作带宽(或 1Hz 带宽内)的噪声功率的比值,用分贝表示,称为接收信号信噪比,定义为

$$\text{SNR} = 10\lg \frac{信号功率}{噪声功率} \tag{1.169}$$

在水声技术中,习惯上将设备刚好能完成预定职能所需的处理器输入端的信噪比值称为检测阈,定义为

$$\text{DT} = 10\lg \frac{刚好完成某种职能时的信号功率}{水听器输出端上的噪声功率} \tag{1.170}$$

即信号声级高出噪声声级的分贝数。

由检测阈定义可知,对于完成同样职能的声呐来说,检测阈值较低的设备,其处理能力较强,性能也就较好。

### 1.2.2 声呐方程

以上介绍的声呐参数,从能量的角度定量描述了海水介质、声呐目标和声呐设备所具有的特性和效应,如果从声呐信息流程出发,按照某种原则将它们组合在一起,就得到一个将介质、目标和设备的作用综合在一起的关系式。这个关系式综合考虑了水中声传播特性、目标的声学特性、发射和接收处理性能在声呐设备的设计和应用中的作用和互相影响,是声呐设计和声呐性能预报的理论依据,在工程上有重要应用[9-10]。

声呐总是工作在存在背景干扰的环境中,工作时,既接收有用的声信号,也接收背景干扰信号。当然,并非全部背景干扰都对设备的工作起干扰作用,只有设备工作带宽内的那部分背景噪声才起干扰作用。如果接收信号级与背景干扰级之差刚好等于设备的检测阈,即

$$接收信号级-背景干扰级=检测阈 \tag{1.171}$$

则根据检测阈的定义可知,此时设备刚好能完成预定的职能。反之,若式(1.170)的左端小于右端,设备就不能正常工作。考虑到检测阈的定义,通常将式(1.170)作为组成声呐方程的基本原则。

#### 1.2.2.1 主动声呐方程

根据主动声呐信息流程及式(1.170),可以方便地写出主动声呐方程。设收发合置的主动声呐,其辐射声源级为 SL,接收阵的接收指向性指数为 DI,由声源到目标的传播损失为 TL,目标的目标强度为 TS,时空处理器的检测阈为 DT,背景干扰为环境噪声,在设备的工作带宽内其声级为 NL。由图 1.10 可知,由于声传播损失,声源级 SL 的声信号到达目标时,其声级降为 SL-TL。因目标的目标强度是 TS,在返回方向上,距目标等效声中心单位距离处的声级为 SL-TL+TS,此回声到达接收阵时的声级为 SL-2TL+TS,通常被称为回声信号级。另一方面,背景噪声级 NL 也作用于接收水听器,但它受到接收阵接收指向性指数的抑制,起干扰作用的噪声级仅为 NL-DI。于是,得到接收信号的信噪比(以分贝表示)表达式为

$$(SL - TL + TS) - (NL - DI) \tag{1.172}$$

根据式(1.170)所示的原则,就可得到表达式:

$$SL - 2TL + TS - (NL - DI) = DT \tag{1.173}$$

水声中,将式(1.172)称为主动声呐方程。

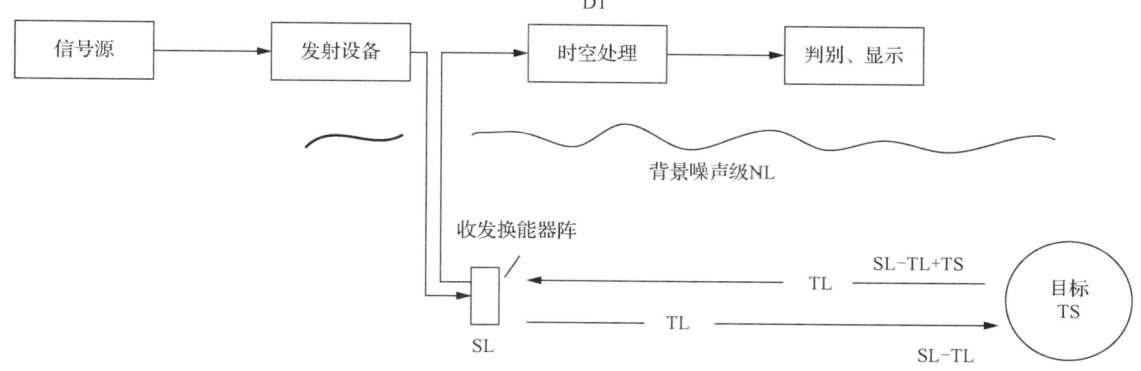

图 1.10 主动声呐信号级的变化示意图

为了正确应用式（1.172），指出以下两点是有意义的：其一，式（1.172）适用于收发合置型声呐，对于收发换能器分开的声呐，声信号往返的传播损失一般是不相同的，所以，不能简单地用 2TL 来表示往返传播损失；其二，式（1.172）仅适用于背景干扰为各向同性的环境噪声情况。但是，对于主动声呐来说，混响也是它的背景干扰，而混响是非各向同性的，因而，当混响成为主要背景干扰时，就应使用等效平面波混响级 RL 替代各向同性背景干扰 NL-DI，式（1.172）变为

$$SL - 2TL + TS - RL = DT \qquad (1.174)$$

#### 1.2.2.2 被动声呐方程

被动声呐的信息流程比主动声呐略为简单，主要表现于：首先，噪声源发出的噪声不需要往返传播，而直接由噪声源传播至接收换能器；其次，噪声源发出的噪声不经目标反射，所以，目标强度级 TS 不再出现；最后，被动声呐的背景干扰一般总为环境噪声，不存在混响干扰。考虑到以上的差异，由被动声呐工作时的信息流程，可以得到被动声呐方程为

$$SL - TL - (NL - DI) = DT \qquad (1.175)$$

式中，SL 为噪声源辐射噪声的声源级，其余各参数的定义同主动声呐方程。

## 1.3 海洋的声学特性及传播理论

### 1.3.1 海水中的声速

海水中一个重要的声学参数是声速，它是影响声波在海水中传播的最基本的物理量。由声学基础知识可知，在流体介质中，声波是弹性纵波，流体中的声速可表示为

$$c = 1/\sqrt{\rho \beta} \qquad (1.176)$$

式中，$\rho$ 为流体密度；$\beta$ 为绝热压缩系数。研究发现，海水中 $\rho$ 和 $\beta$ 都是温度 $T$、盐度 $S$ 和静压力 $P$ 的函数，因而，海水中声速也是温度、盐度和静压力的函数。

#### 1.3.1.1 海水中的声速经验公式

测量数据表明，海水中的声速近似等于 1500m/s。海水中的声速，随温度、盐度和静压力而变，表现为声速 $c$(m/s)随温度 $T$(℃)、盐度 $S$（‰，千分比数）、静压力 $P$(kg/m$^2$)的增加而

增加，其中以温度的影响最显著，温度增加，绝热压缩系数 $\beta$ 减小，但密度 $\rho$ 变化不明显，因而声速随温度而增加。盐度增加，$\beta$ 减小，$\rho$ 增加，但 $\beta$ 减小比较明显，因此声速也随盐度而增加。静压力的增加也使 $\beta$ 减小，声速也随压力 $P$ 而增加。

海水中的声速随温度、盐度和静压力的依赖关系，难以用解析式表示，通常用经验公式来表示它们之间的关系。经验公式是大量海上声速测量数据的总结。在实际中，通常测量海水中的 $T$、$S$ 和 $P$，然后使用经验公式得到声速 $c$。较准确的经验公式为

$$c = 1449.22 + \Delta c_T + \Delta c_S + \Delta c_P + \Delta c_{STP} \tag{1.177}$$

式中，

$$\begin{aligned}
\Delta c_T &= 4.6233T - 5.4585 \times 10^{-2} T^2 + 2.822 \times 10^{-4} T^3 + 5.07 \times 10^{-7} T^4 \\
\Delta c_P &= 1.60518 \times 10^{-1} P + 1.0279 \times 10^{-5} P^2 + 3.451 \times 10^{-9} P^3 - 3.503 \times 10^{-12} P^4 \\
\Delta c_S &= 1.391(S-35) - 7.8 \times 10^{-2}(S-35)^2 \\
\Delta c_{STP} &= (S-35)(-1.197 \times 10^{-3} T + 2.61 \times 10^{-4} P - 1.96 \times 10^{-1} P^2 - 2.09 \times 10^{-6} PT) \\
&\quad + P(-2.796 \times 10^{-4} T + 1.3302 \times 10^{-5} T^2 - 6.644 \times 10^{-8} T^3) \\
&\quad + P^2(-2.391 \times 10^{-1} T + 9.286 \times 10^{-10} T^2) - 1.745 \times 10^{-10} P^3 T
\end{aligned} \tag{1.178}$$

式（1.176）适用的范围是：$-3°C < T < 30°C$、$33‰ < S < 37‰$ 和 $1.013 \times 10^5 \text{N/m}^2$（一个大气压）$< P < 9.8 \times 10^7 \text{N/m}^2$。

#### 1.3.1.2 海水中声速的变化

海水中声速具有水平分层的性质，影响声速变化的三个要素 $T$、$S$ 和 $P$ 都随深度而变，且都有水平分层特性。受三个要素的影响，海水中的声速也将具有水平分层和随深度而变的特性。因此，可把海水中的声速随空间位置的变化写成单一变量 $z$ 的函数：

$$c(x, y, z) = c(z) \tag{1.179}$$

式中，$z$ 为垂直坐标；$x, y$ 为水平坐标。一般来说，要得到函数 $c(z)$ 的解析式是很困难的，工程上，常将实测声速值进行水平分层，得到海水中声速和深度的关系。

声速梯度表示声速随深度变化的快慢，理论上，将声速 $c$ 对深度 $z$ 求导，就能得到声速梯度 $g_c(\text{s}^{-1})$：

$$g_c = \frac{dc}{dz} \tag{1.180}$$

由于 $c=c(T,S,P)$，则 $g_c$ 可表为

$$g_c = a_T g_T + a_S g_S + a_P g_P \tag{1.181}$$

式中，$g_T = \mathrm{d}T/\mathrm{d}z$、$g_S = \mathrm{d}S/\mathrm{d}z$、$g_P = \mathrm{d}P/\mathrm{d}z$ 分别为温度梯度、盐度梯度和压力梯度；$a_T = \partial c/\partial T$、$a_S = \partial c/\partial S$、$a_P = \partial c/\partial P$ 分别为声速对温度、盐度和压力的变化率。

如果将经验公式（1.176）代入公式（1.179）中，则分别求得

$$\begin{aligned} a_T &\approx 4.623 - 0.109T \quad \mathrm{m/(s \cdot ℃)} \\ a_S &\approx 1.391 \quad \mathrm{m/(s \cdot ‰)} \\ a_P &\approx 0.160 \quad \mathrm{m/(s \cdot atm)} \end{aligned} \tag{1.182}$$

式中，1atm=101.325kPa。

根据式（1.179），声速梯度等于：

$$g_c = (4.623 - 0.109T)g_T + 1.391 g_S + 0.016 g_P \tag{1.183}$$

由于影响声速的三个因素 $T$、$S$、$P$ 都随深度而变，因此可综合地将声速视为关于深度的函数。由于理论上不易写出声速随深度变化的解析表达式，因此难以由式（1.176）得到声速梯度值。工程上，常利用水平分层模型来得到声速梯度值。设已测得声速随深度的变化曲线，如图1.11所示，应用声速的水平分层特性，沿深度 $z$ 方向将声速分成很多水平层，使每层的声速随深度近似为线性变化。这样，就用一折线来逼近实测声速随深度的变化曲线。图1.11中，深度 $z_i$、$z_{i-1}$ 处的声速分别为 $c_i$、$c_{i-1}$，定义第 $i$ 层的声速梯度 $g_i$ 和相对声速梯度 $a_i$ 分别为

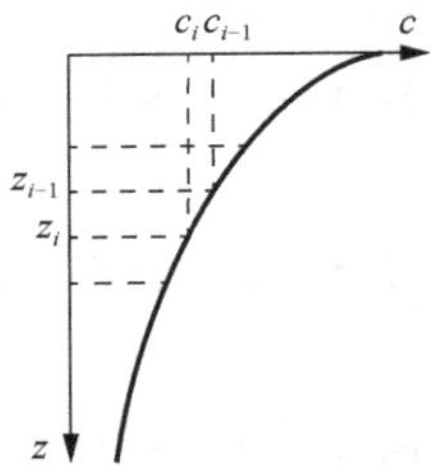

声速梯度：

$$g_i = \frac{c_i - c_{i-1}}{z_i - z_{i-1}}, \quad i = 1,2,\cdots,n \tag{1.184}$$

图1.11 声速水平分层示意图

相对声速梯度：

$$a_i = \frac{c_i - c_{i-1}}{c_i(z_i - z_{i-1})}, \quad i = 1,2,\cdots,n \tag{1.185}$$

声速梯度 $g_i$ 和相对声速梯度 $a_i$ 可正可负，前者为正梯度分布，表示声速随深度增加；后者为负梯度分布，表示声速随深度减小。声速梯度给出了声速随深度变化的快慢和方向，表明声传播条件的优劣，因此，它们是水声理论研究和水声工程中常用的重要物理量。

### 1.3.1.3 海水中声速和温度的基本结构

图 1.12 为深海典型声速分层剖面图,分为表面层、跃变层和深海等温层,并与温度垂直分布的"三层结构"相一致。

表面层:在海洋表面,海水因受到阳光照射,水温较高,但它同时又受到风浪的搅拌作用,形成海洋表面层,层内声速梯度可正可负。

跃变层:表面层之下是声速变化的过渡区域。跃变层又分为季节跃变层和主跃层,层中温度随深度而下降,声速相应变小,声速梯度是负值。

深海等温层:主跃层之下是深海等温层,那里水温较低,但很稳定,终年不变,也不随深度变化。随海洋深度增加,深海等温层中的声速也增加,海洋内部的声速呈正梯度分布,因此,形成了如图 1.12 所示的典型深海声速分层剖面图。测量结果表明,除高纬度、赤道等特殊区域外,深海声速"三层结构"是符合海洋的实际情况的,是稳定的深海典型声速结构。

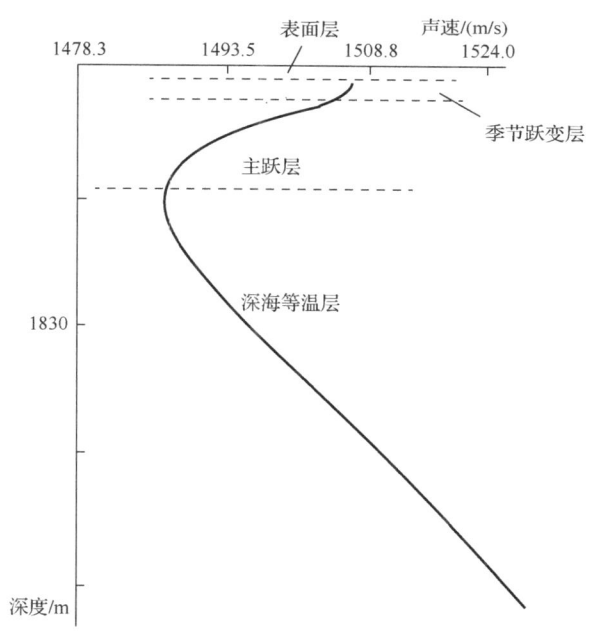

图 1.12 深海典型声速分层剖面图

温度的季节变化和日变化主要发生在海洋上层。图 1.13 是百慕大海区海水温度剖面随月份的变化。夏季海洋表面受日照加热而水温升高,形成表面温度负梯度层,如图中 5 月、6 月的温度分布;在秋季和初冬季节海上刮风较多,由于风浪的搅拌作用,会形成表面等温层,如图中所示 9 月、10 月的温度分布;在冬季,海水表面可以形成很厚的表面混合层,如 1 月、2 月的温度分布。由图 1.13 还可以看出,季节变化对海洋深处的温度影响不大。

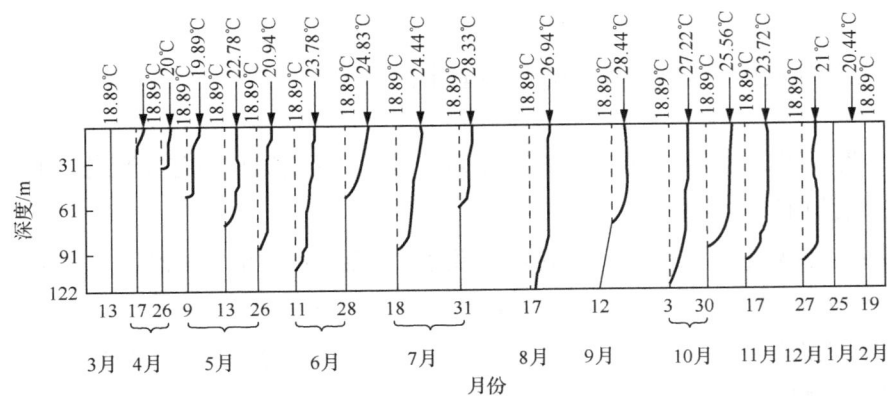

图 1.13　百慕大海区海水温度剖面随月份的变化

图 1.14 所示为海水温度剖面的日变化，图中纵坐标为深度，上横坐标为测量时间。图 1.14（a）为高风速条件下温度剖面的日变化，由于一上午的日照加热，中午表面温度较高，但受高风浪搅拌，形成明显的表面混合层。图 1.14（b）为低风速情况，风速低波浪小，起不了搅拌混合的作用，形成表面负温度梯度。第二天早晨 6:00 左右为风速最小的时刻，由于一晚上的蒸发，出现表面温度低于内部温度的情况。

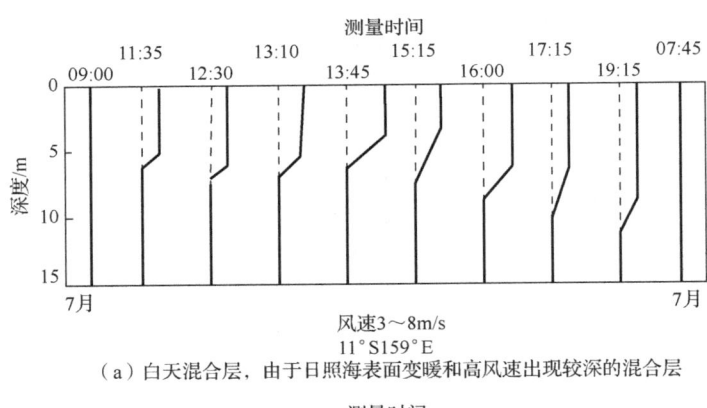

（a）白天混合层，由于日照海表面变暖和高风速出现较深的混合层

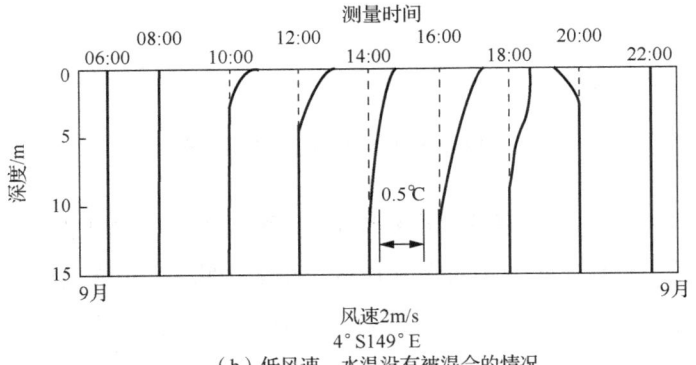

（b）低风速，水温没有被混合的情况

图 1.14　海水温度剖面的日变化

图 1.15 为开阔海域不同纬度的温度剖面图，在低纬度海域，主跃层的深度较深；在高纬度海域，等温层可以一直延伸到接近海水表面，如图中直线所示。

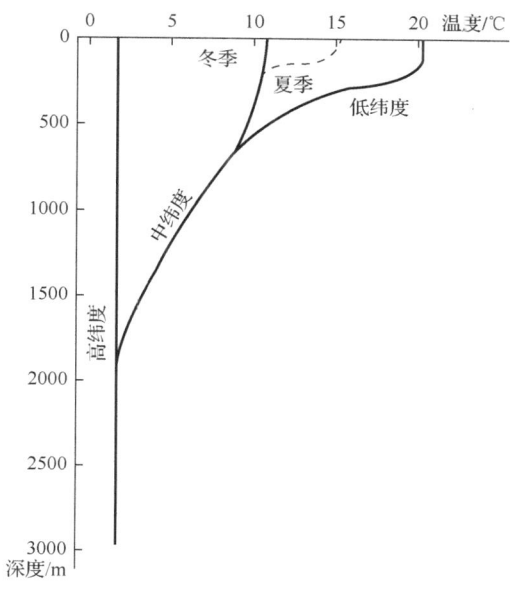

图 1.15　开阔海域不同纬度的温度剖面图

浅海温度分布受到更多因素的影响，变化比较复杂，但仍表现出明显的季节特征，如图 1.16 所示。浅海温度剖面的基本规律是：冬季，大多属于等温层的温度剖面，如图中 11 月的温度分布；夏季则为负跃变层温度剖面，如图中 7 月、8 月的温度分布。

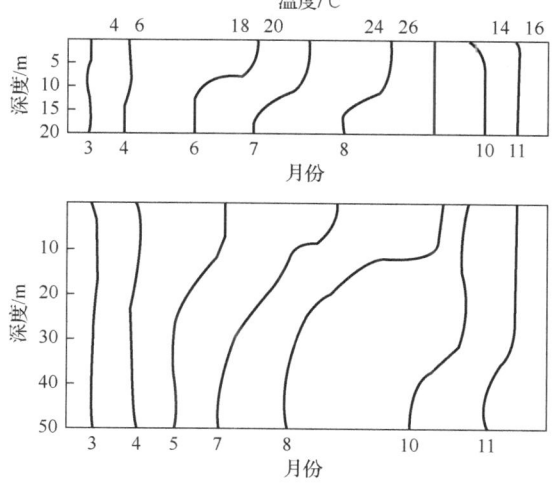

图 1.16　典型浅海温度剖面图

#### 1.3.1.4 常见海水声速分布

海水温度的起伏幅度一般是很微小的,仅为几千分之一度到几十分之一度,对声速的影响通常可忽略不计。在工程中,往往从宏观角度(不计声速起伏)来讨论海洋中声速 $c(z)$ 的垂直分布,图 1.17 示意性地给出了海水中的常见的声速垂直分布曲线。

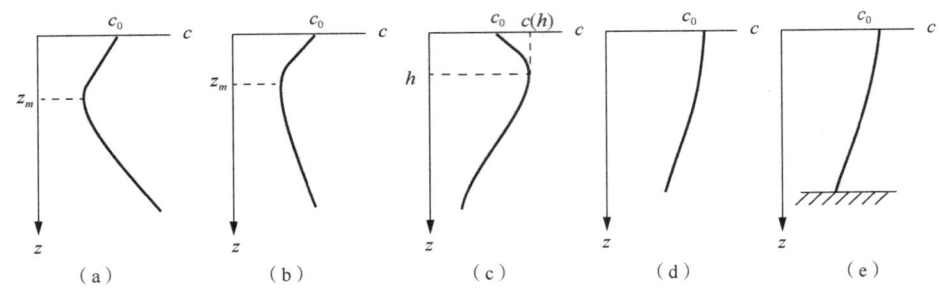

图 1.17 海水中常见的声速垂直分布示意图

图 1.17(a)、图 1.17(b)为典型的深海声道声速分布。由图可见,在某一深度 $z_m$ 处,声速为最小值,此深度为声道轴,这是深海声道所特有的。声道轴深度随纬度而变,在两极最浅,就在海面附近,在赤道,则深于 1000m。图 1.17(a)、图 1.17(b)的不同之处在于图(a)的表面声速 $c_0$ 小于海底的声速 $c_h$,而图(b)的表面声速大于海底处的声速。

图 1.17(c)为表面声道声速分布。在秋冬季节,早晨往往水面温度较低,由于风浪搅拌,海表面层温度均匀分布,成为等温层(也称混合层),层中的声速随深度增加而增加,形成正声速梯度的声速垂直分布,在某一海深 $h$ 处出现声速的极大值 $c(h)$,海深 $h$ 以下为负梯度声速分布。海深 $h$ 以上的海水层为表面声道(也称混合层声道)。

反声道声速分布中的声速随深度单调下降,如图 1.17(d)所示,这是由于海水温度随深度变深而下降、声速也随深度变深而变小所形成的。

图 1.17(e)情况与图 1.17(d)相似,形成原因也是海水中温度是负梯度,声速相应也是负梯度。

水声学中,人们经常把海水中的声速表示成确定性的声速垂直分布 $c=c(z)$ 与随机不均匀声速起伏 $\Delta c$ 的线性组合,即 $c=c(z)+\Delta c$。

### 1.3.2 海水中的声吸收

海水是不均匀介质,声波在海水中传播时,随着传播距离的增加,声强将越来越弱。声波在传播过程中强度逐渐衰减,是由多种原因造成的,本节将讨论引起海水中声强度逐渐衰减的因素和由此造成的声传播衰减规律。

#### 1.3.2.1 声在海水中的传播损失

引起声强在介质中产生传播衰减的原因,可以归纳为下列三个方面:①扩展损失,指由于声波在传播过程中波阵面的不断扩展,引起声强的衰减,又称几何衰减;②吸收损失,通常指在不均匀介质中,由于介质黏滞、热传导以及相关盐类的弛豫过程引起的声强衰减,又称为物理衰减;③散射,在海洋介质中,存在大量泥沙、气泡、浮游生物等悬浮粒子,以及介质本身的不均匀性引起声波散射而导致声强衰减。海水界面对声波的散射,也是引起这类声强衰减的一个原因。由于散射损失相比于前两项是个小量,其作用常忽略不计,因此只将前两项之和作为总的传播衰减损失。

水声学中,度量声波传播衰减的物理量是传播损失 TL,它定义为[7]

$$\mathrm{TL} = 10\lg\frac{I(1)}{I(r)} \tag{1.186}$$

式中,$I(1)$、$I(r)$ 分别为离声源等效声中心 1m 和 $r$ 处的声强。根据以上叙述可知,传播损失 TL 应由扩展损失和吸收损失两部分组成,即

$$传播损失\ \mathrm{TL} = 扩展损失\ \mathrm{TL}_1 + 吸收损失\ \mathrm{TL}_2$$

#### 1.3.2.2 声传播的扩展损失

**1. 平面波的扩展损失**

在理想介质中,沿 $x$ 方向传播的简谐平面波声压可写成:

$$p = p_0 \mathrm{e}^{\mathrm{j}(\omega t - kx)} \tag{1.187}$$

式中,$p_0$ 为平面波声压幅值,它不随距离 $x$ 而变。平面波声强与 $p_0^2$ 成正比,且不随 $x$ 变化,所以,$I(1) = I(x)$。其中,$I(1)$ 是离声源等效声中心 1m 处的声强,$I(x)$ 是离声源等效声中心 $x$ 处的声强。根据传播损失的定义,$\mathrm{TL}_1$ 表示为

$$\mathrm{TL}_1 = 10\lg\frac{I(1)}{I(x)} = 0 \tag{1.188}$$

由于平面波波阵面不随距离扩展，因而不存在波阵面扩展所引起的传播损失 $TL_1$。

**2. 球面波的扩展损失**

对于沿矢径 $r$ 方向传播的简谐均匀球面波，其声压可表示为

$$p = \frac{p_0}{r} e^{j(\omega t - kx)} \tag{1.189}$$

式中，$p_0/r$ 为球面波声压幅值，因该幅值与距离 $r$ 成反比，所以声强 $I(r)$ 与 $r^2$ 成反比，由此可得球面波的扩展损失为

$$TL_1 = 10\lg \frac{I(1)}{I(r)} = 20\lg r \tag{1.190}$$

**3. 柱面波的扩展损失**

柱面波的声强与传播距离成反比，其传播扩展损失表示为

$$TL_1 = 10\lg \frac{I(1)}{I(r)} = 10\lg r \tag{1.191}$$

式中，$r$ 为声波在柱的径向传播距离。

**4. 典型声传播的扩展损失**

为方便计算，习惯上把扩展引起的传播损失 $TL_1$ 写成：

$$TL_1 = n \cdot 10\lg r \tag{1.192}$$

式中，$r$ 为传播距离。$n$ 为常数，在不同的传播条件下，$n$ 取不同的数值，当 $n=0$ 时，适用平面波传播，无扩展损失，$TL_1 = 0$；当 $n=1$ 时，适用柱面波传播，波阵面按圆柱侧面规律扩大，$TL_1 = 10\lg r$，如全反射海底和全反射海面组成的理想浅海波导中的声传播；当 $n=3/2$ 时，计入海底声吸收情况下的浅海声传播，$TL_1 = 15\lg r$，这是计入界面声吸收所引入的对柱面传播损失 $TL_1 = 10\lg r$ 的修正；当 $n=2$ 时，适用球面波传播，波阵面按球面扩展，$TL_1 = 20\lg r$；当 $n=3$ 时，适用于声波通过浅海负跃变层后的声传播损失，$TL_1 = 30\lg r$；当 $n=4$ 时，计入平整海面的声反射干涉效应后，在远场区内的声传播损失，$TL_1 = 40\lg r$，它是计入多途干涉后，对球面传播损失的修正。这规律也适用偶极子声源辐射声场远场的声强衰减。

5. 声传播的吸收损失和吸收系数

(1) 声传播吸收损失。在介质中，由于海水吸收和不均匀性散射引起的声传播损失经常同时存在，实地进行传播损失测量时，很难把它们区分开来，因此将二者综合起来进行讨论，统称吸收。假设平面波传播距离微元 $dx$ 后，由于吸收而引起的声强降低为 $dI$，它的值应与声强 $I$ 和 $dx$ 成正比，所以应有 $dI = -2\beta I dx$。这里 $\beta$ 是比例常数，并规定 $\beta > 0$，上式中负号表示声强随距离增加而下降（$dI < 0$），完成上式积分得到

$$I(x) = I(1)e^{-2\beta x} \tag{1.193}$$

式中，$I(1)$ 为离声源等效声中心 1m 处的声强。从式（1.193）看出，当计入介质吸收后，声强按指数规律衰减。对上式取自然对数得

$$\beta = \frac{1}{2x}\ln\frac{I(1)}{I(x)} \tag{1.194}$$

由于 $I \propto p^2$，$\beta$ 也可写成：

$$\beta = \frac{1}{x}\ln\frac{p(1)}{p(x)} \tag{1.195}$$

式中，$p(1)$ 为离声源声中心 1m 处的声压幅值；$\ln\frac{p(1)}{p(x)}$ 为声压幅值比的自然对数，为无量纲量，称为奈培（Np）；$\beta$ 为单位距离上传播衰减的奈培数（Np/m）。

实用上，人们习惯于使用以 10 为底的常用对数，根据声传播损失定义可得

$$TL_2 = 10\lg\frac{I(1)}{I(x)} = 20\beta x \lg e \tag{1.196}$$

式中，$TL_2$ 为由介质吸收引起的传播损失，定义吸收系数 $\alpha$：

$$\alpha = 20\beta \lg e = 8.68\beta \tag{1.197}$$

于是就有

$$TL_2 = x\alpha \tag{1.198}$$

可见，由海水吸收引起的传播损失等于吸收系数乘上传播距离。

若把 $x$ 写作 $r$，得总传播损失 TL，它等于扩展损失加吸收损失：

$$TL = n \cdot 10\lg r + r\alpha \tag{1.199}$$

式中，吸收系数 $\alpha$ 可由经验公式计算得到，也可查阅有关曲线、数值表得到。式（1.198）是计算传播损失的常用公式，在工程和理论上具有十分重要的应用。

（2）纯水和海水的超吸收。实验测量发现，纯水中的吸收测量值远大于理论预报的经典吸收值。所谓经典吸收值，是只考虑均匀介质中的切变黏滞吸收和热传导声吸收，即 $\alpha_a = \alpha_n + \alpha_k$，这里 $\alpha_n$ 是介质切变黏滞引起的声吸收系数；$\alpha_k$ 为介质热传导声吸收系数。测量值和理论值的差值称为超吸收。

#### 1.3.2.3 纯水的超吸收

Hal 提出了结构弛豫理论，成功解释了水介质的超吸收原因。基于结构弛豫理论的计算结果如图 1.18 所示，计算结果与实际测量符合较好[2]。图中曲线 $A$ 和 $B$ 的垂直坐标之差，代表了纯水的超吸收。

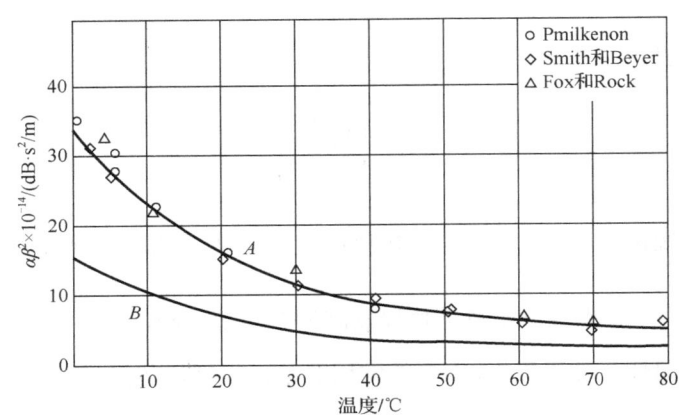

图 1.18　纯水吸收随温度的变化

曲线 $A$ 表示 Hall 理论计算曲线；曲线 $B$ 表示切变黏滞吸收计算曲线（即经典吸收）

#### 1.3.2.4 海水的超吸收

由测量结果可知，在 100kHz 以下频段，海水吸收系数明显高于淡水，进一步研究表明，这是由海水中含有溶解度较小的二价盐 $MgSO_4$ 所致，$MgSO_4$ 化学离合反应的弛豫过程引起了这种超吸收。$MgSO_4$ 在海水中有一定的离解度，部分 $MgSO_4$ 会发生离解—化合反应（$MgSO_4 \Leftrightarrow Mg^{2+} + SO_4^{2-}$，即 $MgSO_4$ 离解成 $Mg^{2+}$ 和 $SO_4^{2-}$，呈离子状态，而同时又有一些 $Mg^{2+}$ 和 $SO_4^{2-}$ 化合成 $MgSO_4$）。在声波作用下，原有的化学反应平衡被破坏，达到新的动态平衡，这是一种化学的弛豫过程，可导致声能的损失，这种效应称为弛豫吸收。

1. 吸收系数的经验公式

海水声吸收系数 $\alpha$(dB/m) 随频率 $f$(kHz) 变化的测量值如图 1.19 所示。图中两条曲线的坐标之差为海水相对于纯水的声吸收之差。由图可以看出,在低频,两者之差较大,随频率的增高,差值逐渐变小,当频率接近 1000kHz 时,两条曲线合成一条,吸收系数 $\alpha$ 取相同值。

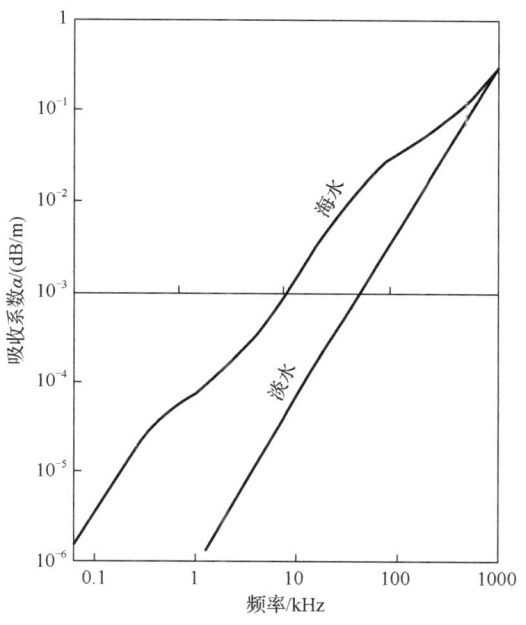

图 1.19 淡水和海水的吸收系数

Kinsler 等[3]根据频率 2～25kHz、距离 22km 以内的 30000 次测量结果,总结出下述半经验公式:

$$\alpha = A\frac{Sf_r f^2}{f_r^2 + f^2} + B\frac{f^2}{f_r} \tag{1.200}$$

式中,$A = 2.03\times10^{-2}$;$B = 2.94\times10^{-2}$;$S$ 为盐度(‰);$f$ 为声波频率(kHz);$f_r$ 为弛豫频率(kHz),它等于弛豫时间的倒数,且与温度有关,其关系为

$$f_r = 21.9\times10^{\left(6-\frac{1520}{T+273}\right)} \tag{1.201}$$

式中,$T$ 为绝对温度。式(1.200)表明,$MgSO_4$ 弛豫频率 $f_r$ 随温度升高而升高。当温度从 5℃ 变化到 30℃ 时,$f_r$ 约从 73kHz 变化到 206kHz。

从半经验公式可看出,在低频($f \ll f_r$)和高频($f \gg f_r$)时,$\alpha$近似与$f^2$成正比。另外,海水中含有溶解度很高的NaCl,它的存在使海水的超吸收反而下降。这是由于NaCl溶质对水的分子结构变化产生影响所致,因此高频下,NaCl浓度越大,吸收越小。

2. 低频段的吸收系数

研究发现,5℃温度、1atm压力、35‰盐度条件下,海水吸收系数$\alpha$随频率$f$变大而变大。在5kHz以下频率,声吸收又有明显增加,其值比式(1.198)给出的结果更大,而且频率越低,两者相差也越大。这说明在低频还存在其他的弛豫现象,其弛豫频率约为1kHz。研究表明,这是由海水中含有包括硼酸在内的物质的化学弛豫所引起的。Thorp给出了低频段吸收系数$\alpha$的经验公式[8]:

$$\alpha = \frac{0.109f^2}{1+f^2} + \frac{40.7f^2}{4100+f^2} \tag{1.202}$$

式中,$f$的单位是kHz,该式适用的温度是4℃左右。若计入纯水的黏滞吸收,则在低频,吸收系数变为

$$\alpha = \frac{0.109f^2}{1+f^2} + \frac{40.7f^2}{4100+f^2} + 3.01\times10^{-4}f^2 \tag{1.203}$$

3. 吸收系数$\alpha$随压力的变化

研究发现,吸收系数$\alpha$的数值还随压力而变,压力增大,$\alpha$变小,其关系为

$$\alpha_H = \alpha_0(1-6.67\times10^{-5}H) \tag{1.204}$$

式中,$H$为海深(m);$\alpha_H$为深度$H$处的吸收系数,由式可见,深度每增加1000m,吸收系数减小约6.7%。

以上给出了吸收系数与声波频率、深度的变化关系,使用时可根据这些参数,选用合适的经验公式,以获得合理的吸收系数值。

### 1.3.3 射线声学基础

射线声学把声波的传播看作是一束无数条垂直于等相位面的射线的传播,每一条射线与等相位面相垂直,称为声线。声线途经的距离代表波传播的路程,声线经历的时间为声波传播的时间。声线束携带的能量即为波传播的声能量。与几何光学相似,射线声学描述方法简洁,结果直观、清晰,在通常条件下,射线声学的数学运算也比较简单[8]。

### 1.3.3.1 射线声学基本假定

水声中,虽然经常运用射线声学处理声传播问题,但它不是波动方程的精确解,仅是高频条件下波动方程的近似解[9]。为了简化讨论,在导出射线声学的基本方程时,通常引进以下基本假定:①声线的方向就是声传播的方向,声线总是垂直波阵面;②声线携带能量,声场中某点上的声能是所有到达该点的声线所携带能量的叠加;③声线管束中能量守恒,与管外无横向能量交换。

### 1.3.3.2 波阵面和声线

设有一沿 $x$ 方向传播的平面波,表示为

$$\psi = A\mathrm{e}^{\mathrm{j}(\omega t - kx)} \tag{1.205}$$

若波数 $k$ 为常数,则上式所描述的平面波的传播即为 $\phi(x) = kx$ 的等相位平面沿 $x$ 方向的传播。对于沿任意方向传播的平面波,波函数可以写为

$$\psi = A\mathrm{e}^{\mathrm{j}(\omega t - \boldsymbol{k}\boldsymbol{r})} \tag{1.206}$$

式中,$\boldsymbol{k}$ 为波矢量,可写为 $\boldsymbol{k} = k_x\boldsymbol{\xi} + k_y\boldsymbol{\zeta} + k_z\boldsymbol{\eta}$,其中,$\boldsymbol{\xi}$、$\boldsymbol{\zeta}$、$\boldsymbol{\eta}$ 是三个坐标轴方向的单位矢量,$k_x$、$k_y$、$k_z$ 为 $\boldsymbol{k}$ 在三个坐标轴上的分量,$\boldsymbol{k}$ 的方向为波的传播方向,波矢量的大小 $|k| = \omega/c = \sqrt{k_x^2 + k_y^2 + k_z^2}$;$\boldsymbol{r}$ 为观察点 $P$ 的位置矢量,表示为 $\boldsymbol{r} = x\boldsymbol{\xi} + y\boldsymbol{\zeta} + z\boldsymbol{\eta}$。

从图1.20(a)可以看出,沿任意方向传播的平面波的等相位面为 $\boldsymbol{k}\boldsymbol{r}$ =常数的平面,它的法线方向即平面波的传播方向。波的传播方向也可用波矢量 $\boldsymbol{k}$ 来表示。波矢量 $\boldsymbol{k}(k_x, k_y, k_z)$ 的方向由其方向余弦确定,即

$$\frac{k_x}{k} = \cos\alpha, \quad \frac{k_y}{k} = \cos\beta, \quad \frac{k_z}{k} = \cos\gamma \tag{1.207}$$

式中,$\alpha$、$\beta$、$\gamma$ 为波矢量 $\boldsymbol{k}$ 与三坐标轴的夹角。对于一个等相位面平行于 $z$ 轴的平面波来说,$\gamma = \pi/2$,$k_z = 0$,在 $x$ 和 $y$ 轴上的方向余弦分别为 $\cos\alpha = k_x/k$ 和 $\cos\beta = k_y/k$。图1.20(b)画出了该平面波的等相位面和波的传播方向。

在均匀介质($c$ =常数,$k$ =常数)中传播的平面波,声线束由无数条垂直于等相位平面的直线组成,这些声线相互平行,互不相交,如图1.21(a)所示。在声线到达的各点,声波振幅处处相等,这是均匀介质中平面波传播的理想情况。实际上,声源总是有一定尺度的,若把有限大小的声源近似看成点声源,它发射的声波传播可以用点声源沿外径方向放射的声

线束来表示。在均匀介质中，点声源辐射声波的等相位面是以点声源为球心的同心球面，如图 1.21（b）所示。

在非均匀介质中，$k$ 为空间位置的函数，声波传播方向因位置变化而改变。声线束由点声源向外放射的曲线束组成，等相位面也不再是同心球面，如图 1.21（c）所示。

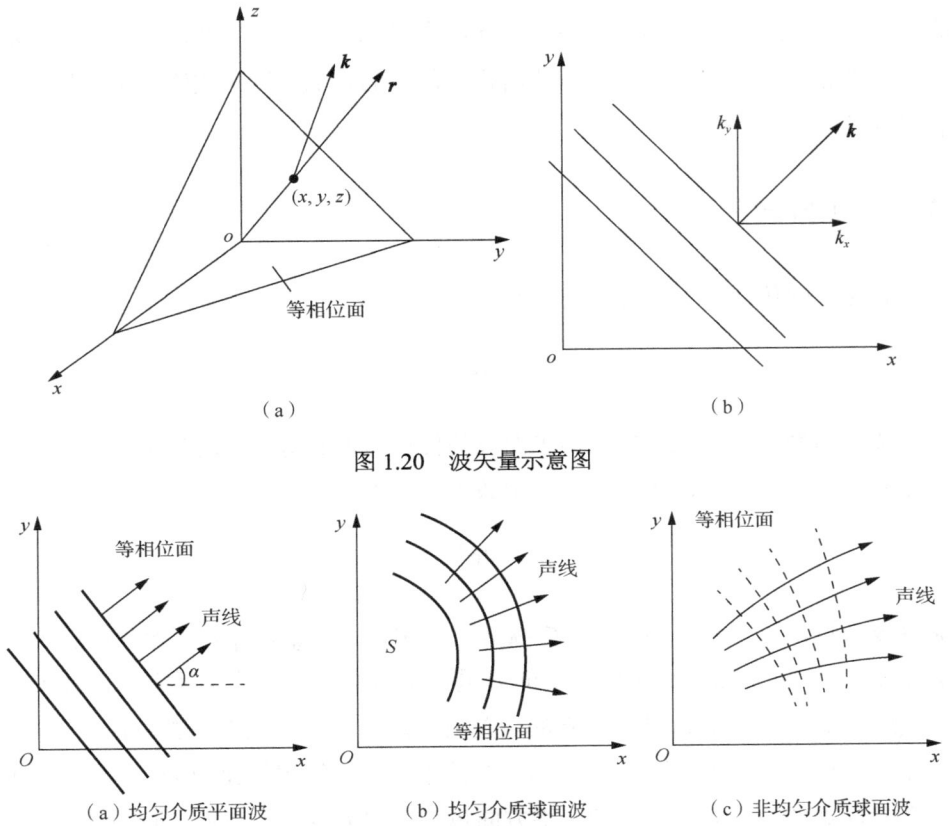

图 1.20　波矢量示意图

（a）均匀介质平面波　　（b）均匀介质球面波　　（c）非均匀介质球面波

图 1.21　等相位面与声线示意图

### 1.3.3.3　射线声学基本方程

前面介绍了声线和波阵面的基本概念，下面将给出射线声学的基本方程，波动方程为 $\nabla^2 p - \dfrac{1}{c^2}\dfrac{\partial^2 p}{\partial t^2}=0$，式中声速 $c=c(x,y,z)$。设上述方程具有如下形式解：

$$p(x,y,z,t) = A(x,y,z)\mathrm{e}^{\mathrm{j}(\omega t - k(x,y,z)\phi_1(x,y,z))} \qquad (1.208\mathrm{a})$$

式中，$A$ 为声压幅值，是空间位置的函数；$\phi_1(x,y,z)$ 为程函，具长度量纲；$k(x,y,z)\phi_1(x,y,z)$ 为相位值；$k$ 为波数，其值为

$$k = \frac{\omega}{c_0} \frac{c_0}{c(x,y,z)} = k_0 n(x,y,z) \tag{1.208b}$$

其中，$c_0$ 为参考点的声速；$n(x,y,z)$ 为折射率。

现引入函数 $\phi(x,y,z)$，使 $k(x,y,z)\phi_1(x,y,z) = k_0 \phi(x,y,z)$，则式（1.208a）变为

$$p(x,y,z,t) = A(x,y,z) e^{j(\omega t - k_0 \phi(x,y,z))} \tag{1.208c}$$

由于 $k_0$ 是常数，在某些空间位置 $(x,y,z)$ 上，$\phi(x,y,z)$ 取同一数值时，这些点就组成了形式解 $p$ 的等相位面。一般说来，$\phi(x,y,z)$ 为常数的面是一空间曲面，在该曲面上，相位值处处相等。程函 $\phi(x,y,z)$ 的梯度 $\nabla\phi(x,y,z)$ 表示声线方向，与等相位面处处垂直。

把形式解式（1.208c）代入波动方程，得到

$$\frac{\nabla^2 A}{A} - \left(\frac{\omega}{c_0}\right)^2 \nabla\phi \cdot \nabla\phi + \left(\frac{\omega}{c}\right)^2 - j\frac{\omega}{c_0}\left(\frac{2\nabla A}{A}\cdot\nabla\phi + \nabla^2\phi\right) = 0 \tag{1.209}$$

于是，必有实部和虚部均等于零，即

$$\frac{\nabla^2 A}{A} - \left(\frac{\omega}{c_0}\right)^2 \nabla\phi \cdot \nabla\phi + k^2 = 0 \tag{1.210}$$

$$\nabla^2\phi + \frac{2}{A}\nabla A \cdot \nabla\phi = 0 \tag{1.211}$$

当 $\dfrac{\nabla^2 A}{A} \ll k^2$ 时，式（1.210）、式（1.211）变为

$$(\nabla\phi)^2 = \left(\frac{c_0}{c}\right)^2 = n^2(x,y,z) \tag{1.212}$$

$$\nabla \cdot (A^2 \nabla\phi) = 0 \tag{1.213}$$

射线声学中，式（1.212）、式（1.213）分别为程函方程和强度方程，是射线声学的两个基本方程。

#### 1.3.3.4 程函方程

**1. 程函方程的其他形式**

虽然梯度 $\nabla\phi(x,y,z)$ 能给出声线的传播方向，但它不能提供声线的传播轨迹和传播时间等信息；而方程 $(\nabla\phi)^2 = n^2$ 不仅给出声线方向，还可以导出声线的轨迹和传播时间，因而称其为程函方程。式（1.212）不是程函方程的唯一形式，下面将导出程函方程的其他形式，这些形式都有其各自的用途。

根据程函方程（1.212），可得到

$$n = \sqrt{(\nabla\phi)^2} = \sqrt{\left(\frac{\partial\phi}{\partial x}\right)^2 + \left(\frac{\partial\phi}{\partial y}\right)^2 + \left(\frac{\partial\phi}{\partial z}\right)^2} \tag{1.214}$$

于是，得到声线的方向余弦为

$$\cos\alpha = \frac{\dfrac{\partial\varphi}{\partial x}}{\sqrt{\left(\dfrac{\partial\varphi}{\partial x}\right)^2 + \left(\dfrac{\partial\varphi}{\partial y}\right)^2 + \left(\dfrac{\partial\varphi}{\partial z}\right)^2}}$$

$$\cos\beta = \frac{\dfrac{\partial\varphi}{\partial y}}{\sqrt{\left(\dfrac{\partial\varphi}{\partial x}\right)^2 + \left(\dfrac{\partial\varphi}{\partial y}\right)^2 + \left(\dfrac{\partial\varphi}{\partial z}\right)^2}} \tag{1.215}$$

$$\cos\gamma = \frac{\dfrac{\partial\varphi}{\partial z}}{\sqrt{\left(\dfrac{\partial\varphi}{\partial x}\right)^2 + \left(\dfrac{\partial\varphi}{\partial y}\right)^2 + \left(\dfrac{\partial\varphi}{\partial z}\right)^2}}$$

另外，由式（1.212）可得

$$\frac{\partial\phi}{\partial x} = n\cos\alpha, \quad \frac{\partial\phi}{\partial y} = n\cos\beta, \quad \frac{\partial\phi}{\partial z} = n\cos\gamma \tag{1.216}$$

式（1.215）或式（1.216）被用来确定声线的方向。

另外，从图 1.22 可见，声线的方向余弦等于 $\cos\alpha = \dfrac{\mathrm{d}x}{\mathrm{d}s}$，$\cos\beta = \dfrac{\mathrm{d}y}{\mathrm{d}s}$，$\cos\gamma = \dfrac{\mathrm{d}z}{\mathrm{d}s}$，其中，$\mathrm{d}s = \sqrt{(\mathrm{d}x)^2 + (\mathrm{d}y)^2 + (\mathrm{d}z)^2}$ 为声线微元。如再将式（1.216）对 $s$ 求导，可得

$$\frac{\mathrm{d}}{\mathrm{d}s}\left(\frac{\partial \phi}{\partial x}\right) = \frac{\partial}{\partial x}\left(\frac{\partial \phi}{\partial x}\frac{\partial x}{\partial s} + \frac{\partial \phi}{\partial y}\frac{\partial y}{\partial s} + \frac{\partial \phi}{\partial z}\frac{\partial z}{\partial s}\right) = \frac{\partial}{\partial x}(n\cos^2\alpha + n\cos^2\beta + n\cos^2\gamma) = \frac{\partial n}{\partial x} \quad (1.217)$$

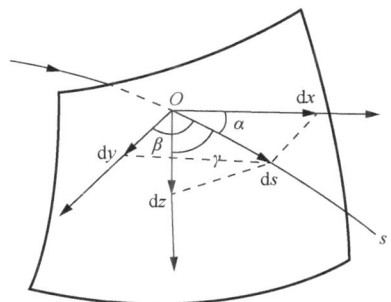

图 1.22　声线方向余弦示意图

经过与上面相类似的推导，得到下列方程组：

$$\begin{aligned}\frac{\mathrm{d}}{\mathrm{d}s}(n\cos\alpha) &= \frac{\partial n}{\partial x} \\ \frac{\mathrm{d}}{\mathrm{d}s}(n\cos\beta) &= \frac{\partial n}{\partial y} \\ \frac{\mathrm{d}}{\mathrm{d}s}(n\cos\gamma) &= \frac{\partial n}{\partial z}\end{aligned} \quad (1.218)$$

也可将式（1.218）写成矢量方程的形式：

$$\frac{\mathrm{d}}{\mathrm{d}s}(\nabla\phi) = \nabla n \quad (1.219)$$

式（1.215）、式（1.216）或式（1.218）、式（1.219）为程函方程（1.212）的另外两种表达形式。

2. 应用举例

（1）声速 $c$ 等于常数时的声线。声速 $c$ 等于常数的情况，$n = c_0/c = 1$，于是从式（1.218）得到

$$\frac{\mathrm{d}}{\mathrm{d}s}(n\cos\alpha) = 0, \quad \frac{\mathrm{d}}{\mathrm{d}s}(n\cos\beta) = 0, \quad \frac{\mathrm{d}}{\mathrm{d}s}(n\cos\gamma) = 0$$

可见，$\cos\alpha$，$\cos\beta$，$\cos\gamma$ 等应为常量，其值与声线的初始状态有关，取为

$$\cos\alpha = \cos\alpha_0, \quad \cos\beta = \cos\beta_0, \quad \cos\gamma = \cos\gamma_0$$

式中，$\alpha_0$、$\beta_0$、$\gamma_0$ 为声线的初始出射方向角。可见，当 $c$ 为常数时，传播中的声线方向角永远等于初始值 $\alpha_0$、$\beta_0$、$\gamma_0$，此时声线成为一条直线。

（2）声速 $c$ 仅是坐标 $z$ 的函数时的声线。声速 $c$ 只与坐标 $z$ 有关，声线位于 $xoz$ 平面内的情况，这时 $c = c(z)$、$n = n(z)$。由式（1.215）给出：

$$\frac{\mathrm{d}}{\mathrm{d}s}\left(\frac{c_0}{c}\cos\alpha\right) = 0$$
$$\frac{\mathrm{d}}{\mathrm{d}s}\left(\frac{c_0}{c}\cos\gamma\right) = -\frac{c_0}{c^2}\frac{\mathrm{d}c}{\mathrm{d}z} \tag{1.220}$$

从（1.220）第一式得 $\cos\alpha/c(z) =$ 常数。当初始值 $c = c_0$、$\alpha = \alpha_0$ 给定后，比值 $\cos\alpha/c(z)$ 沿声线各点保持不变，即

$$\frac{\cos\alpha}{c(z)} = \frac{\cos\alpha_0}{c_0} \tag{1.221}$$

式（1.221）为斯涅尔定律，也称折射定律。折射定律明确规定了声线的走向，它是射线声学的基本定律，在工程中有广泛应用。

现考虑式（1.220）的第二式，由等号左、右两边分别求得

$$\frac{\mathrm{d}}{\mathrm{d}s}(n\cos\gamma) = -n\sin\gamma\frac{\mathrm{d}\gamma}{\mathrm{d}s} + \cos^2\gamma\frac{\mathrm{d}n}{\mathrm{d}z}$$
$$-\frac{c_0}{c^2}\frac{\mathrm{d}c}{\mathrm{d}z} = -\frac{n}{c}\frac{\mathrm{d}c}{\mathrm{d}z} = \frac{\mathrm{d}n}{\mathrm{d}z} \tag{1.222}$$

则

$$\frac{\mathrm{d}\gamma}{\mathrm{d}s} = -\frac{\sin\gamma}{n}\frac{\mathrm{d}n}{\mathrm{d}z} = \frac{\sin\gamma}{c}\frac{\mathrm{d}c}{\mathrm{d}z} \tag{1.223}$$

如图 1.23 所示，$\mathrm{d}s$ 是声线微元，$\mathrm{d}\gamma$ 是 $\mathrm{d}s$ 所张角度微元，则 $\mathrm{d}\gamma/\mathrm{d}s$ 即为微元 $\mathrm{d}s$ 处的声线曲率。当 $\frac{\mathrm{d}c}{\mathrm{d}z} > 0$ 时（声速正梯度），$\mathrm{d}\gamma > 0$，则 $\gamma_2 > \gamma_1$，声线 $s$ 弯向图的上方；当 $\frac{\mathrm{d}c}{\mathrm{d}z} < 0$ 时（声速负梯度），$\mathrm{d}\gamma < 0$，声线 $s$ 弯向图的下方。可见，声线总是弯向声速小的方向。

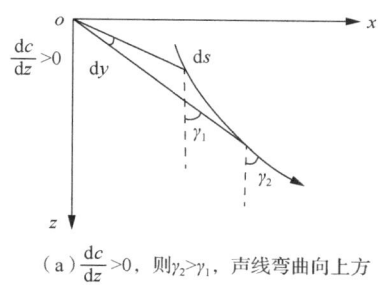
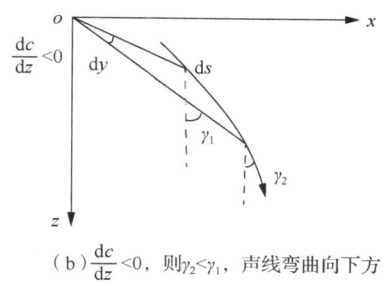

(a) $\frac{dc}{dz}>0$,则$\gamma_2>\gamma_1$,声线弯曲向上方    (b) $\frac{dc}{dz}<0$,则$\gamma_2<\gamma_1$,声线弯曲向下方

图 1.23　声线总是弯向声速小的方向

（3）程函 $\phi(x,y,z)$。为了得到 $\phi(x,y,z)$ 的显式，需求解程函方程。仍考虑 $xoz$ 面内的平面问题，且有 $c=c(z)$，$n=n(z)$。并设程函 $\phi$ 可以由函数 $\phi_1(x)$ 和 $\phi_2(z)$ 的线性叠加得到，即 $\phi(x,z)=\phi_1(x)+\phi_2(z)$，则由式（1.213）可得到

$$\frac{\partial \phi_1(x)}{\partial x}=n(z)\cos\alpha$$
$$\frac{\partial \phi_2(z)}{\partial z}=n(z)\cos\gamma \qquad (1.224)$$

式中，$\phi_1(x)$ 是 $\phi(x,z)$ 随 $x$ 坐标变化的部分；$\phi_2(z)$ 是 $\phi(x,z)$ 随 $z$ 坐标变化的部分。根据斯涅尔定律，由式（1.224）第一式得到 $n(z)\cos\alpha=\cos\alpha_0$，于是

$$\phi_1(x)=x\cos\alpha_0+C_1$$

式中，$\alpha_0$ 为声线方向角 $\alpha$ 的初始值，即声线的初始掠射角；$C_1$ 为常数。另外，从斯涅尔定律得到 $n(z)\sin\alpha=\sqrt{n^2-\cos^2\alpha_0}$，因 $\cos\gamma=\sin\alpha$，把它代入式（1.224）第二式可得

$$\phi_2(x)=\int_0^z \sqrt{n^2-\cos^2\alpha_0}\,dz+C_2$$

式中，$C_2$ 为积分常数，于是程函为

$$\phi(x,z)=x\cos\alpha_0+\int_0^z \sqrt{n^2-\cos^2\alpha_0}\,dz+C \qquad (1.225)$$

这里假定声线的起始点位于坐标原点，$C=C_1+C_2$ 是积分常数。上式即为 $n=n(z)$ 条件下，平面问题的程函方程显式。把 $\phi(x,z)$ 代入形式解中，便得到射线声学近似下，平面问题的声压表示式：

$$p(x,z,t)=A(x,z)\exp\left[j\left(\omega t-xk_0\cos\alpha_0-k_0\int_0^z\sqrt{n^2-\cos^2\alpha_0}\,dz\right)\right] \qquad (1.226)$$

### 1.3.3.5 声线强度方程

**1. 强度方程的意义**

声强度 $I$ 定义为通过垂直于声波传播方向上单位面积的平均声能。简谐波的声强,可写成一个周期 $T$ 内声能的平均,即 $I = \frac{1}{T}\int_0^T pu\mathrm{d}t$。声能传递方向即为声波传播方向,因而,声强可用指向声波传播方向的矢量 $I$ 来表示。若采用声压的复数表示式,则声强表示为

$$I = \frac{\mathrm{j}}{\omega\rho}\frac{1}{T}\int_0^T p^*\nabla p\mathrm{d}t \tag{1.227}$$

式中,$p^*$ 为 $p$ 的复共轭。为方便计算,只考虑 $I$ 在 $x$ 方向上的分量 $I_x$,它正比于 $p^*\frac{\partial p}{\partial x}$。因声压表示为 $p = A\mathrm{e}^{-\mathrm{j}k_0\phi}$,则

$$p^*\frac{\partial p}{\partial x} = A^2\left(\frac{1}{A}\frac{\partial A}{\partial x} - \mathrm{j}k_0\frac{\partial \phi}{\partial x}\right)$$

在声压幅值随距离相对变化甚小或在高频条件时,上式中第一项与第二项相比是个小量,可忽略不计,于是 $I_x$ 正比于 $A^2\frac{\partial \phi}{\partial x}$。类似地,$I_y \propto A^2\frac{\partial \phi}{\partial y}$,$I_z \propto A^2\frac{\partial \phi}{\partial z}$,于是可得

$$I \propto A^2\nabla\phi \tag{1.228}$$

可见声强与声压振幅 $A$ 的平方和程函梯度 $\nabla\phi$ 的乘积成正比,$I$ 的方向与声线传播方向 $\nabla\phi$ 相一致。

前面的讨论中,已得到了强度方程,由它可得

$$\nabla\cdot(A^2\nabla\phi) = 0$$

定义声强 $I = A^2\nabla\phi$,则由上式可知声强矢量 $I$ 的散度等于零:

$$\nabla\cdot I = 0 \tag{1.229}$$

上式说明射线声学中,声强度矢量为管量场。

下面,应用奥-高公式对式(1.229)作进一步的分析。奥-高公式表示为

$$\iiint_V \nabla \cdot \boldsymbol{I} \, \mathrm{d}V = \oiint_S \boldsymbol{I} \cdot \mathrm{d}\boldsymbol{S}$$

它将 $\nabla \cdot \boldsymbol{I}$ 的体积分转化为面积分。若把封闭面 $S$ 选成由沿着声线管束的侧面和管束两端的横截面 $S_1$ 和 $S_2$ 组成,如图 1.24 所示,则由于声线管束侧面的法线方向处处与 $\boldsymbol{I}$ 方向相垂直,上式沿声线管束侧面的面积分应等于零,于是就有

$$\iint_{S_1} \boldsymbol{I} \cdot \mathrm{d}\boldsymbol{S} + \iint_{S_2} \boldsymbol{I} \cdot \mathrm{d}\boldsymbol{S} = 0 \tag{1.230}$$

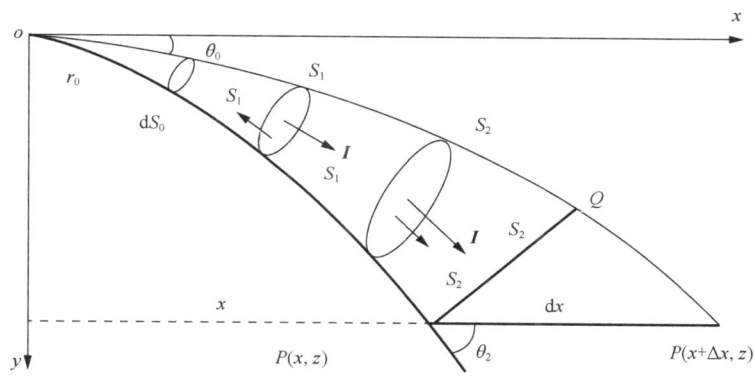

图 1.24 声能沿声线管束的传播图

由图 1.24 可以看出,$S_1$ 的法线(外法线方向)与 $\boldsymbol{I}$ 的方向相反,而 $S_2$ 的法线与 $\boldsymbol{I}$ 的方向相同,在声强 $\boldsymbol{I}$ 沿端面 $S_1$ 和 $S_2$ 为均匀分布条件下,上式便成为 $-I_{S_1}S_1 + I_{S_2}S_2 = 0$,即

$$I_{S_1}S_1 = I_{S_2}S_2 = \cdots = 常数 \tag{1.231}$$

式中的常数由声源的辐射声功率来确定。式(1.231)说明,声能沿声线管束传播,端面大,声能分散,声强值就小;端面小,声能集中,声强值就大,即 $I$ 与 $S$ 成反比。另外,管束侧面上积分为零,表示管束内的声能不会通过侧面与管外有交流,因而总量保持不变,表明它是一个保守量。

2. 声强基本公式

式(1.231)表明声强是个保守量,但没有给出声强的大小,下面讨论声强的计算。令 $W$ 代表单位立体角内的辐射声功率,若立体角微元 $\mathrm{d}\Omega$ 所张的截面积微元为 $\mathrm{d}S$,则声强等于:

$$I(x,z) = \frac{W\mathrm{d}\Omega}{\mathrm{d}S} \tag{1.232}$$

如果声源轴对称于发射声波，考虑掠射角为 $\alpha_0$ 和 $\alpha_0 + \mathrm{d}\alpha_0$ 的两条声线，令它们绕 $z$ 轴旋转一周，得到一个声线管束，它所张的立体角内微元为 $\mathrm{d}\Omega$，由于对称性，$\mathrm{d}\Omega$ 等于：

$$\mathrm{d}\Omega = \frac{\mathrm{d}S_0}{r_0^2} = 2\pi\cos\alpha_0 \mathrm{d}\alpha_0 \tag{1.233}$$

由图 1.25 可见，$\mathrm{d}S_0$ 为单位距离 $r_0$ 处立体角 $\mathrm{d}\Omega$ 所张微元面积。当声线到达观察点处，$\mathrm{d}\Omega$ 所张的垂直于声线的横截面积 $\mathrm{d}S = 2\pi x \cdot \overline{PQ} = 2\pi x \sin\alpha_z \mathrm{d}x$。

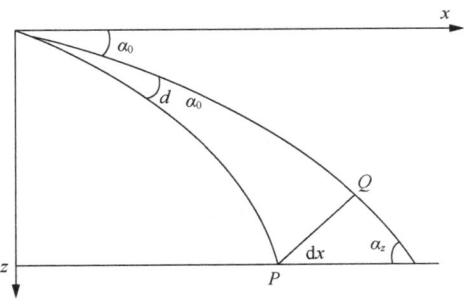

图 1.25　声线的声强图

图 1.25 中，$\alpha_z$ 为接收点处的声线掠射角；$\mathrm{d}x$ 为初始掠射角从 $\alpha_0$ 增加到 $\alpha_0 + \mathrm{d}\alpha_0$ 时，其水平距离 $x$ 的增量。如果已经知道初始掠角 $\alpha_0$ 所射出声线的轨迹方程 $x = x(\alpha_0, z)$，则水平距离 $x$ 的增量 $\mathrm{d}x$ 为

$$\mathrm{d}x = \left(\frac{\partial x}{\partial \alpha_0}\right)_{\alpha_0} \mathrm{d}\alpha_0$$

于是，

$$\mathrm{d}S = 2\pi x \sin\alpha_z \left(\frac{\partial x}{\partial \alpha_0}\right)_{\alpha_0} \mathrm{d}\alpha_0 \tag{1.234}$$

把式（1.233）、式（1.234）代入式（1.231）中，得到

$$I(x,z) = \frac{W\cos\alpha_0}{x\left(\dfrac{\partial x}{\partial \alpha_0}\right)_{\alpha_0}\sin\alpha_z}$$

考虑到声速梯度 $g<0$ 时，$\dfrac{\partial x}{\partial \alpha_0}<0$，它将导致声强 $I(x,z)<0$，这是不合理的，因此将上式改写为

$$I(x,z)=\dfrac{W\cos\alpha_0}{x\left|\dfrac{\partial x}{\partial \alpha_0}\right|_{\alpha_0}\sin\alpha_z} \tag{1.235}$$

上式就是射线声学计算单条声线声强的基本公式，它在水声学中有很多重要应用。

水声学中，有时用 $r$ 表示水平距离，则上式为

$$I(r,z)=\dfrac{W\cos\alpha_0}{r\left|\dfrac{\partial r}{\partial \alpha_0}\right|_{\alpha_0}\sin\alpha_z} \tag{1.236}$$

求得声强后，由它可得到声压振幅表示式。如不计入常数因子，则声压幅值等于：

$$A(r,z)=|I|^{\frac{1}{2}}=\sqrt{\dfrac{W\cos\alpha_0}{r\left|\dfrac{\partial r}{\partial \alpha_0}\right|_{\alpha_0}\sin\alpha_z}} \tag{1.237}$$

从强度方程求得射线声场的振幅因子 $A(r,z)$，结合先前从程函方程求得射线声场的程函 $\phi(r,z)$，把它们代入形式解 $p(x,z)$ 中，便求得平面问题的射线声场表示式：

$$p(r,z)=A(r,z)\mathrm{e}^{-\mathrm{j}k_0\phi(r,z)} \tag{1.238}$$

程函方程是在条件 $\dfrac{1}{k^2}\dfrac{\nabla^2 A}{A}\ll 1$ 下导出的，该条件可理解为：①当距离与声波波长相比拟时，声波振幅的相对变化量远小于 1。②要求声波波长很短，即高频情况，条件 1 要求介质密度是缓慢变化的，在一个波长距离上，声速变化应很小，折射率 $n$ 是小量，所以，振幅的相对变化量很小；条件 2 表明射线声学适用于高频条件，是波动声学在高频条件下的近似。所谓高频，其实是个相对概念，频率取何值才算高频，还与声速 $c$ 和海深有关，这里的高频，可理解为 $f>10\dfrac{c}{H}$，式中，$c$ 是声速，$H$ 是海深。③射线声学在焦散区和影区不适用，在射线声学中，计算声强时可能会遇到 $\left|\dfrac{\partial r}{\partial \alpha_0}\right|=0$，这时 $I\to\infty$，这是不合理的，水声中，称 $I\to\infty$ 为聚焦，射线方法在焦散区不适用；另外，没有直达声线到达的区域称为影区，射线方法给出影区中声强为零，这与实际情况不符，所以，射线方法在影区也不适用。

## 1.4 水中目标强度及其测量

水声学中,目标一词是指潜艇、鱼雷、水雷、礁石等物体,它们或者是声波的反射体,或者是声波的散射体,或者两种作用兼而有之。当声波照射到这些物体的表面时,就会产生反(散)射信号,这种信号的产生,遵循着某种物理规律,是一种有规信号。至于那些无限伸展的非均匀体,如深水散射层、海面、海底等,虽然也会产生反(散)射信号,但这种信号是一种无规则信号,更多地具有随机量的特性,属于海中声混响的研究范畴。

主动声呐换能器(阵)通常是收发合置的,接收的是目标的反向回声信号,简称回波(声)信号,本节将沿用此名词,用来表示目标的反(散)射信号。

声呐最常见的应用是探测水下目标。对主动声呐来说,它是根据来自目标的回波信号实现目标检测和分类识别的,因此,声呐目标回波特性研究的结果对声呐设备的最优设计和合理应用,有着十分重要的意义。

本节将首先围绕目标强度 TS 来讨论声呐目标的目标强度值及目标强度的实验测量,最后介绍回声信号亮点模型的基本概念。

### 1.4.1 水中目标强度

众所周知,当声波照射到物体上时,声波就会发生反射、散射和衍射等物理现象,其结果是产生了分布在整个空间中的次级波,它由反射波、散射波和衍射波组成,其中在某个特定方向上的次级波到达接收点被接收,主动声呐就是通过接收这种回声信号实现目标探测和目标分类识别的。因此,回声信号的强弱和所携带的目标特性信息的多少,对主动声呐的工作起着十分重要的作用[11-13]。

#### 1.4.1.1 声呐目标的目标强度

目标强度 TS 是主动声呐方程中的一个重要参数,无论是应用主动声呐方程优化设计声呐还是合理应用声呐,首先都要对目标的 TS 值作出估计。目标强度 TS 从回声强度的角度描述了目标的声学特性,具体反映了目标声反射能力的大小。设有强度为 $I_i$ 的平面声波入射到某物体上,测得空间某方向上物体回声强度为 $I_r$,则目标强度 TS 定义为

$$\mathrm{TS} = 10\lg \frac{I_r}{I_i}\bigg|_{r=1} \tag{1.239}$$

式中,$I_r|_{r=1}$ 为距目标等效声中心 1m 处的回声强度。

关于式（1.239），需要注意以下五点。

（1）测量距离。回声测量应在目标远场进行，再按传播衰减规律将测量值换算至目标等效声中心 1m 处，得到 $I_r|_{r=1}$ 的值，再由式（1.239）得到 TS 值。

（2）目标等效声学中心。图 1.26 是对式（1.239）的直观解释，图中，$QC$ 是入射方向，$C$ 点是一个假想的点，可位于目标外部，也可位于目标内部，从射线声学观点来看，回声即是由该点发出的，故称点 $C$ 为目标的等效声学中心。

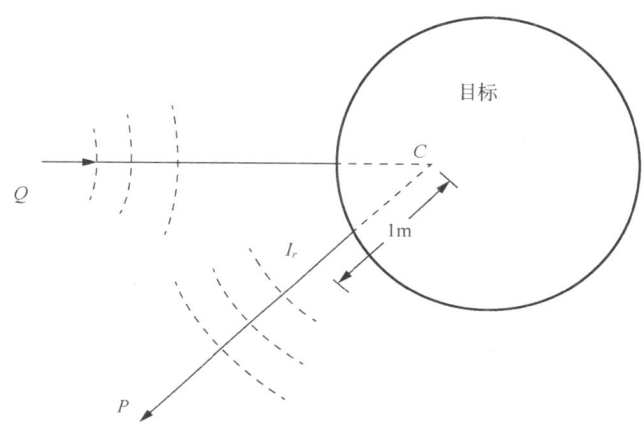

图 1.26　目标回声示意图

（3）回声强度是入射方向和回波方向的函数。$P$ 是接收点，它可以位于空间任何方位上，$CP$ 是回声方向。通常，回声强度 $I_r$ 是入射方向和回波方向的函数，只有在收发合置时，接收点和声源位于同一位置，回声则仅是入射方向的函数。因为这时回声方向与入射方向恰好相反，所以习惯上称为"反向反射"或"反向散射"。考虑到多数声呐是收发合置型的，本章仅讨论反向反射情况下的目标回声问题。

（4）参考距离。由于采用了 1m 作为参考距离，往往使许多水下物体具有正的 TS 值。应该说明，这并不表明回声强度高于入射声强度，而是选取了 1m 作为参考距离的结果。如果将参考距离选得远些，物体的 TS 值就变成了负值。

（5）物体的 TS 值。物体目标强度值的大小，除了与声源、接收点相对于声源的位置有关外，还取决于物体的几何形状、体积大小和组成材料等因素。

#### 1.4.1.2　刚性大球的目标强度

作为例子，下面考察一个刚性不动大球的 TS 值。设有一个不动的光滑刚性球，其半径为 $a$，且满足 $ka \gg 1$，$k = 2\pi/\lambda$ 是波数，$\lambda$ 是声波波长。现有强度为 $I_i$ 的平面波以角 $\theta_i$ 入射到球面上, 如图 1.27 所示, 考察该球的 TS 值。对于这种大球, 散射过程具有几何镜反射特性, 反射声线服从局部平面镜反射定律。如设入射波在 $\theta_i$ 到 $\theta_i+\mathrm{d}\theta_i$ 范围内的功率为 $\mathrm{d}W_i$, 则 $\mathrm{d}W_i$ 应为

$$\mathrm{d}W_i = I_i \mathrm{d}s \cos\theta_i \tag{1.240}$$

式中, $\mathrm{d}s$ 为图 1.27 中的阴影区面积, 它等于:

$$\mathrm{d}s = 2\pi a^2 \sin\theta_i \mathrm{d}\theta_i \tag{1.241}$$

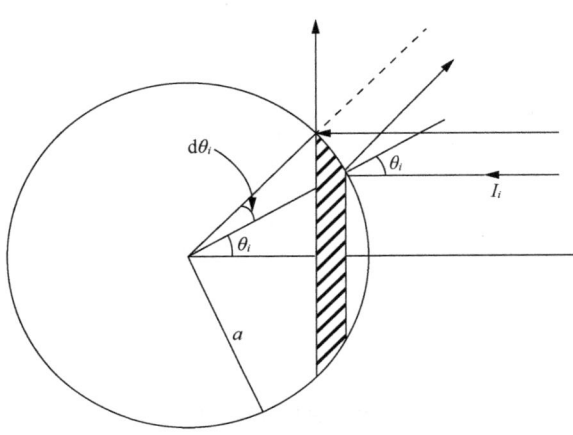

图 1.27　球面上的几何镜反射

因为球是刚性的, 声能不会透入球体内部; 又因为球表面光滑, 是理想反射体, 反射过程没有能量损耗, 因此, 入射声能将无损失地被球面所反射。如图 1.27 所示, 在 $\theta_i$ 方向上, $\mathrm{d}\theta_i$ 内的声能经反射后分布在 $2\mathrm{d}\theta_i$ 范围内, 所以, 距离等效声中心 $r$ 处的散射声功率为

$$\mathrm{d}W_r = I_r \cdot 2\pi r^2 \cdot \sin(2\theta_i) \cdot 2\mathrm{d}\theta_i \tag{1.242}$$

式中, $I_r$ 为距等效声中心 $r$ 处的反射声强度。因为反射过程没有能量损失, 所以 $\mathrm{d}W_i = \mathrm{d}W_r$, 于是得到

$$\frac{I_r}{I_i} = \frac{a^2}{4r^2} \tag{1.243}$$

由式 (1.243) 可直接得到该球的目标强度:

$$\mathrm{TS} = 10\lg \frac{I_r}{I_i}\bigg|_{r=1} = 10\lg \frac{a^2}{4} \tag{1.244}$$

可见，当 $ka \gg 1$ 时，刚性球的 TS 值与声波频率、声源-接收方位等因素无关，只和球的半径 $a$ 有关，半径为 2m 时，它的 TS 值为零分贝。刚性球 TS 值的这一特性，使它成为很好的参考目标，被应用于 TS 值的测量中。

应该说明，这里得到的刚性球目标强度仅是考虑镜反射的平均效果，不是严格解。

### 1.4.2 目标强度的实验测量

由主动声呐方程可见，无论是设计主动声呐，还是合理使用已有的主动声呐，都不可避免地要对被探测目标的 TS 值作出估计。声呐目标的 TS 值，可以通过理论计算求得，也可直接由实验测量得到。实验测量目标的目标强度值时，对于大型目标，应在湖泊或海上进行现场测量；对于小型目标，则可在实验水池进行测量。

#### 1.4.2.1 现场测量

在湖泊或海上现场测量 TS 值，容易满足远场条件，能直接得到结果，但环境条件不易控制和重复，且结果有一定的离散性，测量精度欠高。图 1.28 是 TS 值现场测量的示意图，其中，$A$ 是指向性脉冲声源，它向被测目标辐射声波；$B$ 是水听器，接收来自目标的回波。由目标强度的定义 $TS = 10\lg(I_r / I_i|_{r=1})$ 可知，只要测得目标处的入射声强度 $I_i$ 和离目标等效声中心 1m 处的回声强度 $I_r|_{r=1}$，就可计算出被测目标的 TS 值。为提高测量精度，测量应重复多次，取其平均作为最终测量结果。

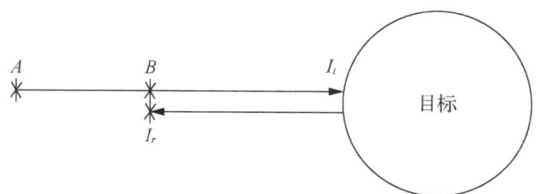

图 1.28  TS 值现场测量示意图

根据声学理论关于远场特性的论述可知，为得到确定、可信的结果，测量应满足远场条件，即目标应位于声源 $A$ 辐射声场的远场区，同样，水听器 $B$ 也应位于目标散射声场的远场区。一般来说，对于较大的目标，其远场距离总是大于 1m 的，因此，在应用定义计算 TS 值时，首先应将在远场测得的回声强度，归算到离目标等效声中心 1m 处，然后代入公式计算该目标的 TS 值。

1. 比较法测量目标强度

比较法是一种比较实用的方法,在实际工作中经常被应用。比较法需要一个目标强度为已知的参考目标。首先,测量参考目标的回声强度,设为 $I^*$。其次,在相同的测量条件下测量被测目标的回声强度,设为 $I_r$,又设参考目标的目标强度为 $TS^*$,被测目标的目标强度为 TS,则 TS 等于:

$$TS = 10\lg\frac{I_r}{I^*} + TS^* \tag{1.245}$$

应用比较法测量目标强度,操作简单,测量值仅有回声强度 $I_r$ 和 $I^*$,计算也不复杂,这些都是比较法的优点。另外,应用比较法测量目标强度,必须有一个 TS 值为已知的参考目标,对于复杂几何形状目标,逼真程度高的参考目标制作比较困难。

2. 直接法测量目标强度

大多数声呐目标的 TS 值是用直接法测得的,图 1.29 是这种测量的示意图。图中,假设 $A$ 是收发合置换能器(这不是必需的,仅是为了讨论方便),$B$ 是被测目标,它与 $A$ 之间的距离 $r$ 满足远场条件。又设声源 $A$ 是指向性脉冲声源,声轴指向被测目标,其声源级为 SL,声源与目标的声传播损失为 TL。若在水听器(声源)处得回声级为 EL,则应有

$$EL = SL - 2TL + TS$$

式中,TS 为被测目标强度值。由回声信号级 EL 的定义可知,$EL = 10\lg(I_r/I_0)$,其中,$I_0$、$I_r$ 分别为参考声强和水听器处的回声强度,则可得

$$TS = 10\lg\frac{I_r}{I_0} + 2TL - SL \tag{1.246}$$

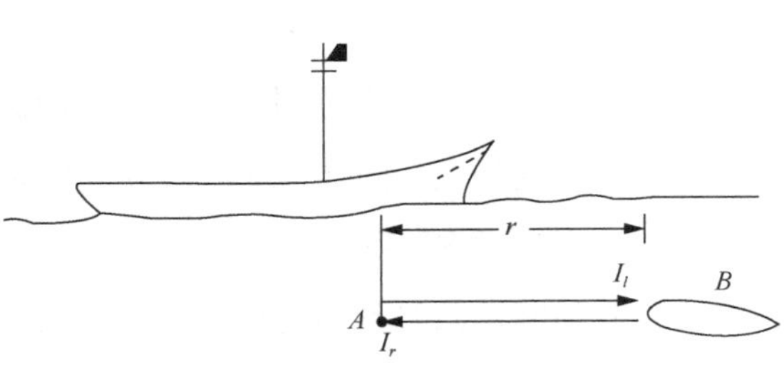

图 1.29 直接法测量目标强度示意图

由式（1.246）可知，应用直接法测量 TS 值，需要测量三个物理量，即声源级 SL、回声强度 $I_r$ 和传播损失 TL，其中，关键是精确测定传播损失 TL，这往往不太容易，因为这要求精确测量声源与目标之间的距离，并根据现场水文条件确定相应的传播损失值，这对海上现场作业来说，其难度一般是比较大的。虽然直接测量法有着上述不便之处，但它仍不失为是一种比较简单的方法，加之它又不需特殊的仪器设备，因此成为一种基本的测量方法。

3. 应答器法测量目标强度

针对直接测量法的缺点，一种不需要确定传播损失的测量方法被提出，它应用了一种通常称为应答器的特殊设备，所以习惯上称这种测量方法为应答器法，图 1.30 是这种测量方法的示意图。由图可见，在测量船上，除安装声源外，还在其附近安装了一个水听器 I，用以测量目标回声和应答器辐射的脉冲信号；在待测目标上，安装水听器 II 和应答器各一个，它们相距 1m。测量中，应答器在接收到声源发射的信号后，向水听器 I 发射声脉冲信号，供其接收。测量时，声源发射脉冲信号，水听器 II 先后接收声源和应答器所发射的脉冲信号，设它们的声级差为 $B$ 分贝，则有

$$B = （声源辐射声级 - TL） - 应答器源级$$

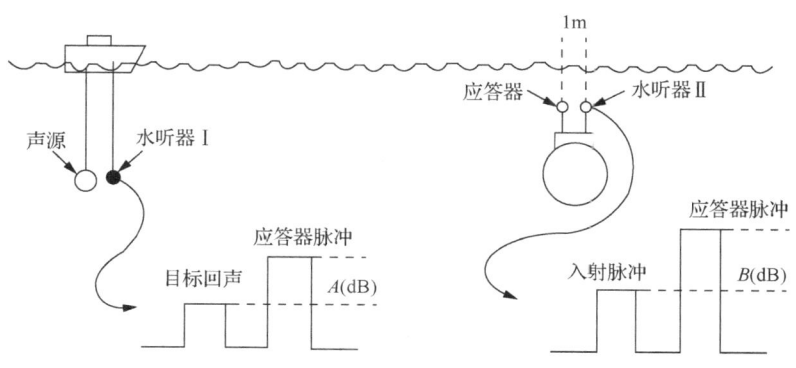

图 1.30 应答器法测量目标强度示意图

另外，水听器 I 接收目标回声信号和应答器的发射信号，设它们的声级差为 $A$，则

$$A = （声源辐射声级 - 2TL + TS） - （应答器源级 - TL）$$

式中，TL 是声源至目标间的传播损失；TS 是被测目标的目标强度值，于是得到

$$TS = A - B \tag{1.247}$$

由此可见，应用应答器法测量目标强度，不需确定传播损失，这是本方法的一大优点。此外，本方法测量比较简单，不需做复杂的绝对校正工作。

### 1.4.2.2 实验室测量

以上讨论的测量方法，适用于现场测量大型目标，如潜艇、鱼雷、水雷等物体的目标强度值，对于尺寸较小的目标，如潜艇模型、实验室目标等物体，则宜于在实验室水池中进行测量，因为水池中的测量条件远优于现场的测量条件。水池中测量目标强度，一般可采用比较法或直接测量法，但测量应满足以下条件。

（1）满足远场条件测量应在远场进行，即目标处于声源的远场，水听器处于目标的远场。

（2）满足自由场条件测量应保证自由场条件得到满足。对于测量条件较好的消声水池而言，这条件总是满足的，但对于非消声水池，由于存在四壁及水面、池底的反射，这些反射声信号有可能和目标回波信号叠加干涉，从而直接影响测量结果的可信度。对于这种多途干扰，可采用脉冲信号，它是常用的抗多途干扰的有效措施。因直达脉冲总是先于反射声到达水听器，所以，可根据水池的长、宽、高尺寸，合理选用脉冲宽度，并适当调整声源、目标、水听器三者之间的位置，使界面反射脉冲和目标回波脉冲在接收时间上前后分开，采集信号时，选用首先到达的回声信号，这样就保证了测量结果的正确性。

（3）合理选取发射信号脉冲宽度。上面已经提到，选用脉冲宽度，要考虑自由场条件能否得到满足，为抗多途干扰，要求脉冲宽度取得窄一些；另外，人们总希望得到稳态结果，这又要求脉冲宽度不能太窄，应保证一个脉冲宽度内至少包含 10 个波左右。所以，选用脉冲宽度时，应兼顾以上两方面的要求。

## 1.5 海洋中的干扰

在建立声呐方程时，除受到海洋环境噪声、舰船自噪声等背景噪声的干扰外，还受到混响信号的干扰，而且在很多情况下，混响是主要的背景干扰，是它限制了声呐设备的作用距离。因此，研究海洋混响特性是很有意义的。

在主动声呐系统、被动声呐系统中，环境噪声是一种不需要的甚至令人生厌的声音。水下噪声是存在于水声信道中的、对声呐工作产生干扰的声音，它不利于声呐系统性能的发挥。

本节首先讨论混响，它是一种特殊形式的干扰，是伴随着声呐发射信号而产生的，所以它和发射信号本身的特性和传播通道的特性有着密切的关系。之后讨论水下噪声，包括海洋环境噪声、目标（舰船、潜艇、鱼雷）辐射噪声和目标（舰船、潜艇、鱼雷）自噪声。这三种噪声对声呐系统有着不同的影响。海洋环境噪声和目标自噪声是声呐系统的主要干扰背景，它干扰系统的正常工作，限制装备性能的发挥。

## 1.5.1 海洋混响

混响是存在于海洋中的大量无规则散射体对入射声信号产生的散射波在接收点叠加而形成的，所以，它是一个随机过程。对混响的研究主要集中在两个方面：①在早先的工作中，主要从能量观点出发，寻求混响平均强度所遵循的规律，如主动声呐方程中的等效平面波混响级，这方面的工作已取得很多成果，理论研究结果和海上实验数据已相当完备；②混响的统计特性研究。混响是个随机过程，它的概率分布、时空相关特性、空间指向特性、频谱特性等统计性质，受到声呐设计师们的极大关注。因此，深入研究混响的统计特性，进而得到混响的统计规律和有实用价值的数据，越来越受到重视。

本节首先引入基本假定以简化下面的讨论；其次根据混响的起因对混响进行分类；最后从能量角度出发，引入几个反映混响平均规律的物理量，供后续讨论之用。

### 1.5.1.1 混响研究的基本假定

混响是一个很复杂的过程，受到多种因素的影响，当对其进行理论讨论时，需要忽略某些次要因素以突出主要因素，简化讨论的复杂性。在海洋混响的讨论中，通常作如下假定[8]：①声线直线传播，不发生弯曲。传播损失以球面衰减计算，必要时可计及海水吸收，其他原因引起的衰减则都不计入。②任一瞬间位于某一面积上或体积内的散射体分布总是随机均匀的，并保持动态平衡，同时每个散射体对混响有相同的贡献。③散射体的数量极多，以至于在任一体元内或任一面元上都有大量的散射体。④只考虑散射体的一次散射，不考虑散射体间的多次散射。⑤入射脉冲时间足够短，以至于可以忽略面元或体元尺度范围内的传播效应。

上述假设，只是忽略了一些次要因素，所得到的结果仍具有普遍的指导意义。

### 1.5.1.2 海洋混响的分类

海洋中存在着大量的散射体，如大大小小的海洋生物、泥砂粒子、气泡，水中温度局部不均匀性所造成的冷热水团等。另外，不平整的海面和海底，既是声波的反射体，也是声波的散射体。这些散射体，构成了实际海洋中的不均匀性，形成了介质物理特性的不连续性，因而，当声波投射到这种不均匀性介质上时，就会产生散射。这时，一部分入射声能继续按原来的方向传播，另一部分声能则向四周散射，形成散射声场。海洋中存在大量不均匀散射体，它们的散射波在接收点上的总和构成该点的混响。混响信号紧跟在发射信号之后，像一阵长的、随时间衰减的、颤动着的声响。图 1.31 为实测到的混响现象的一个例子。如果不存在混响，水听器除接收到爆炸声直达信号和它在海底、海面的反射声信号外，其余就只能是环境干扰，但实测结果表明，在直达信号与海底、海面反射信号之间也有信号，其声级明显高于环境噪声级，这些就是海水混响信号。

海水中的散射体是各式各样的，其分布各异，有的分布在海水中，有的分布在海底或海面上，它们对声信号的散射也各不相同，自然由它们所产生的混响场的特性也是不一样的。根据混响形成原因的不同，习惯上将混响分成如下三类：①散射体存在于海水中，或海水本身就是散射体，如海水中的泥砂粒子、海洋生物、海水本身的不均匀性（温度不均匀水团、湍流等）等，它们引起的混响称为体积混响；②海面的不平整性和波浪产生的海面气泡层对声波的散射所形成的混响称为海面混响；③海底的不平整性、海底表面的粗糙度及其附近的散射体形成的混响称为海底混响。对于后两种混响，因散射体分布都是二维的，所以又统称为界面混响。图 1.31 中，已标明了各段混响信号的属性，它们是根据水深、声源和水听器的布设，对接收信号的传播时间进行分析后得出来的。

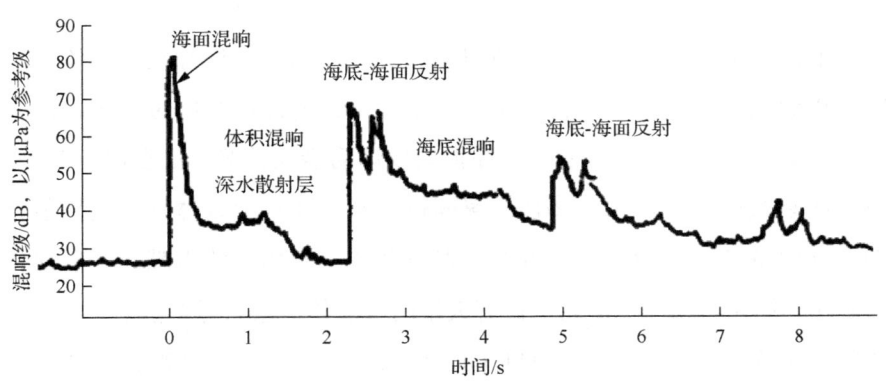

图 1.31　1980m 深度海水 2 磅炸药爆炸后水听器测得的混响

### 1.5.1.3　散射强度

散射强度是表征散射体（面）声散射本领的一个基本物理量，它定义为在参考距离 1m

处，被单位面积或单位体积所散射的声强度与入射平面波强度的比值，并将此比值用分贝数表示，即

$$S_{s,V} = 10\lg \frac{I_{\text{scat}}}{I_{\text{inc}}} \tag{1.248}$$

式中，$S_{s,V}$ 为体积散射体或界面散射面的散射强度；$I_{\text{inc}}$ 为入射平面波声强；$I_{\text{scat}}$ 为单位体积或单位面积所散射的声强度，它是在远场测量后再归算到单位距离处的。可以看出，散射强度和目标强度是两个类似的概念。

在水声工程和理论研究中，散射强度是一个十分有用的量，计算各类混响的等效平面波混响级或进行混响预报时必须用到它。表 1.1 和表 1.2 分别给出了海底反向散射强度和海面反向散射强度数据，可作为混响强度估算时的参考。由表中数据可以看出，海底反向散射强度值远高于海面的散射强度值，至于海水中体积混响的散射强度值，一般介于-100～-70dB，远小于海面、海底的散射强度值。

表 1.1　海底反向散射强度

| 频率/kHz | 不同掠角的反向散射强度/dB ||||||||||||
|---|---|---|---|---|---|---|---|---|---|---|---|---|
| | 不平整海底 |||| 弱不平整海底 |||| 平整海底 ||||
| | 30° | 40° | 50° | 60° | 30° | 40° | 50° | 60° | 30° | 40° | 50° | 60° |
| 1 | -32 | -30 | -29 | -22 | -35 | -32 | -28 | -27 | -48 | -49 | -47 | -45 |
| | -34 | -32 | -28 | -26 | -40 | -40 | -40 | -40 | | -50 | -45 | -37 |
| | -27 | -22 | -20 | -20 | | | | | | | | |
| 2 | -33 | -34 | -32 | -27 | -28 | -29 | -22 | -22 | -38 | -39 | -42 | -38 |
| | -25 | -27 | -24 | -25 | | -36 | -38 | -35 | -32 | -28 | -30 | -32 |
| | -26 | -25 | -24 | -24 | | | | | | | | |
| 3 | -28 | -28 | -26 | -23 | -27 | -22 | -19 | -17 | -34 | -29 | -30 | -28 |
| | | -33 | -32 | -27 | -32 | -29 | -28 | -30 | | -20 | -23 | -18 |
| | -28 | -23 | -22 | -21 | | | | | | | | |
| 5 | -27 | -27 | -25 | -23 | -21 | -19 | -17 | -16 | -30 | -28 | -26 | -24 |
| | | -32 | -28 | -25 | -28 | -27 | -23 | -21 | -26 | -28 | -25 | -17 |
| | -27 | -23 | -24 | -22 | | | | | | | | |
| 10 | | -27 | -28 | -25 | -20 | -18 | -16 | -15 | -28 | -27 | -26 | -23 |
| | | | | | -25 | | -20 | | | | -27 | -24 |
| | -27 | -23 | -24 | -23 | | | | | | | | |
| 18 | | -18 | -20 | -19 | | | -7 | -6 | | | -20 | -18 |
| | | -10 | -9 | -10 | | -10 | -11 | -12 | | | | |

表 1.2 海面反向散射强度

| 掠角/(°) | 不同频率、不同风速的海面反向散射强度/dB | | | | | | | |
|---|---|---|---|---|---|---|---|---|
| | 0.2kHz | 0.5kHz | 1kHz | 2kHz | 5kHz | 10kHz | 20kHz | 50kHz |
| 10 | −60 | −60 | −58 | −57 | −55 | −53 | −51 | −47 |
| | | −51 | −51 | −50 | −46 | −42 | −38 | −30 |
| | | −50 | −46 | −42 | −40 | −36 | −34 | −31 | −30 |
| 20 | −52 | −53 | −52 | −52 | −51 | −50 | −48 | −46 |
| | | −46 | −46 | −45 | −42 | −38 | −34 | −28 |
| | −44 | −40 | −37 | −44 | −30 | −28 | −27 | −25 |
| 30 | −45 | −45 | −45 | −45 | −44 | −44 | −44 | −44 |
| | | −40 | −40 | −39 | −37 | −34 | −30 | −25 |
| | −37 | −34 | −31 | −29 | −27 | −26 | −24 | −23 |
| 40 | −37 | −37 | −36 | −37 | −38 | −40 | −41 | −44 |
| | | −35 | −35 | −34 | −31 | −29 | −26 | −22 |
| | −29 | −27 | −26 | −25 | −24 | −23 | −22 | −21 |
| 50 | −29 | −28 | −29 | −30 | −32 | −34 | −37 | −42 |
| | | −30 | −30 | −29 | −27 | −26 | −24 | −20 |
| | −21 | −21 | −20 | −20 | −20 | −20 | −20 | −19 |
| 60 | −22 | −22 | −23 | −25 | −28 | −32 | −36 | −41 |
| | | −22 | −22 | −23 | −22 | −21 | −20 | −18 |
| | | −15 | −16 | −17 | −18 | −17 | −17 | −16 |

注:表中每个掠角下的三行数据,分别对应不同风速,其中,第一行为 3.5m/s,第二行为 6~10m/s,第三行为 10~15m/s。

### 1.5.1.4 等效平面波混响级

海水中的混响是伴随发射声信号产生的,由于发射声信号本身的特性和海中散射体分布等原因,混响声场不是各向同性的,所以,各向同性背景下定义的参数 DI 在这里不再适用。根据混响场的这种特性,在混响为主要背景干扰的情况下,应用等效平面波混响级 RL 替代主动声呐方程中的 NL − DI 项,RL 表示混响干扰的强弱。等效平面波混响级 RL 定义如下:设有接收器接收来自声轴方向的入射平面波,该平面波的强度为 $I$,接收器输出端的开路电压为 $V$。如将此接收器放置在混响声场中,声轴对着目标,若在混响场中该接收器输出端的电压也为 $V$,则此混响场的等效平面波混响级 RL 定义为

$$\mathrm{RL} = 10\lg \frac{I}{I_0} \tag{1.249}$$

式中,$I_0$ 是参考声强。由式可见,等效平面波混响级 RL 度量了在混响是主要的背景干扰情

况下，混响干扰的大小。应该注意，混响是随时间衰减的，所以，混响对回波信号的影响依据声呐信号到达时刻的等效平面波混响级来估计。

### 1.5.2 水下噪声

从物理学的观点来看，噪声是指强度和频率的变化都是无规则的、杂乱无章的声音和信号，它是一个随机量，数学上用随机函数描述它。

噪声和一般信号不同，一般信号通常用一个确定的时间函数来描述，而噪声不能用一个确定的时间函数来描述，只能通过长时间的观测来得到它统计意义上的变化规律。作为随机过程的噪声，噪声声压值或置于噪声场中的水听器输出端的噪声电压随时间的变化是无规则的，都是随机量，在统计学中，用随机函数来描述这种随机过程。

#### 1.5.2.1 随机过程的数字特征

在概率论中，随机变量是用统计方法来描述的，其特性由概率密度、均值、方差等统计量表示，称为随机过程的数字特征。下面，以随机量噪声声压 $p$ 为例，给出这些统计量的定义及其特性。设随机量 $p$ 是某一特定时刻 $t_1$ 的噪声声压、$P(p_1 < p < p_1 + \Delta p_1)$ 是随机量 $p$ 取值落在 $p_1$ 和 $p_1 + \Delta p_1$ 之间的概率，则概率密度函数定义为

$$\Phi(p_1, t) = \lim_{\Delta p_1 \to 0} \frac{P(p_1 < p < p_1 + \Delta p_1)}{\Delta p_1} \tag{1.250}$$

式中，$\Phi$ 为概率密度，它是全部 $p(t_1)$ 可能的取值中落在 $p_1$ 和 $p_1 + \Delta p_1$ 之间的总次数与 $\Delta p_1$ 的比率在 $\Delta p_1 \to 0$ 时的极限。另外，把 $\Phi$ 的积分 $P(p_1 < p < p_1 + \Delta p_1, t_1) = \int_{p_1}^{p_1 + \Delta p_1} \Phi(p_1, t) \mathrm{d} p$ 称为概率分布函数或概率分布。

如果一个随机过程经过时间平移后，其统计特性保持不变，例如 $t$ 时刻的概率密度函数 $\Phi(p_1, t)$ 和 $t + \tau$ 时刻的概率密度函数 $\Phi(p_1, t + \tau)$ 相等，即

$$\Phi(p_1, t) = \Phi(p_1, t + \tau) \tag{1.251}$$

则称这种随机过程为平稳随机过程。由此可以得到结论：平稳随机过程的概率密度函数与时间是无关的，即

$$\Phi(p_1, t) = \Phi(p_1) \tag{1.252}$$

在水声学中，考虑到噪声在短时间内往往是平稳的，所以为了处理上的方便，通常把水中噪声近似视为平稳随机过程。

如果噪声声压的概率密度函数可以用下式表示：

$$\Phi(p) = \frac{1}{\sigma\sqrt{2\pi}} e^{\frac{(p-a)^2}{2\sigma^2}} \tag{1.253}$$

则称此分布为高斯分布，相应的噪声称为高斯噪声。式中，$a$ 和 $\sigma^2$ 分别是随机量 $p$ 的数学期望和方差，它们定义为

$$a = <p> = \int_{-\infty}^{\infty} \Phi(p) p \, \mathrm{d}p \tag{1.254}$$

$$\sigma^2 = <(p-a)^2> = \int_{-\infty}^{\infty} \Phi(p)(p-a)^2 \, \mathrm{d}p \tag{1.255}$$

在水下噪声的研究中，为处理上的方便，经常将某些干扰噪声假定为高斯噪声。

#### 1.5.2.2 随机量的相关函数和功率谱密度函数

在噪声的研究中，除了概率密度函数、数学期望和方差等量外，噪声的相关函数或功率谱也是表征噪声统计特性的重要统计量。由随机过程理论可知，噪声自相关函数和功率谱密度函数互为傅里叶变换。

设 $p(t)$ 是随机量，它的自相关函数被定义为

$$R(\tau) = \lim_{T \to \infty} \frac{1}{2T} \int_{-T}^{T} p(t) \cdot p(t-\tau) \, \mathrm{d}p \tag{1.256}$$

则功率谱密度函数为

$$S(\omega) = \int_{-\infty}^{\infty} R(\tau) \mathrm{e}^{-\mathrm{j}\omega\tau} \, \mathrm{d}\tau \tag{1.257}$$

如果某种噪声的功率谱在频域上是均匀的，则称这种噪声为白噪声。

#### 1.5.2.3 噪声声压有效值

噪声声压是随机量，不能用确定的数学函数描述，但噪声声压有效值 $p_e$ 是有明确定义的，它和确定信号的有效值概念一样，也是从强度出发来定义的，它等于介质特性阻抗为单位值时平均声强 $\bar{I}$ 的平方根。如果假设噪声的平均值（数学期望）$a$ 等于零、介质阻抗为单位值，

依据它的方差便可以算出平均声强：

$$\bar{I} = \sigma^2 = \int_{-\infty}^{\infty} p^2 \Phi(p) \, dp \qquad (1.258)$$

或用时间平均来表示：

$$\bar{I} = \sigma^2 = \lim_{T \to \infty} \frac{1}{T} \int_{-\frac{T}{2}}^{\frac{T}{2}} p^2(t) dt \qquad (1.259)$$

由此得到噪声声压有效值：

$$p_e = \sqrt{\bar{I}} = \sqrt{\lim_{T \to \infty} \int_{-\frac{T}{2}}^{\frac{T}{2}} p^2(t) dt} \qquad (1.260)$$

计算 $p_e$ 时，测量时间 $T$ 应取得足够长。

### 1.5.2.4 噪声的频谱分析

一个确知信号，只要满足傅里叶变换条件，总可以通过傅里叶变换，将此信号从时域函数变换到频域上，得到它的频谱密度函数。时域函数给出信号随时间的变化特性，频域函数反映信号的频率特性，两者从不同角度反映了信号特性。由于以上原因，在确知信号的分析处理中，傅里叶变换是一种常用的重要方法。但对于噪声随机信号来说，例如噪声声压，是一个随机量，与时间量之间不存在确定的关系，所以，噪声声压幅值的频谱分析是没有意义的。但是随机过程的功率谱函数是一个确定的统计量，它反映了该过程的各频率分量的平均强度，本节所指的噪声频谱分析，就是这种噪声强度的频率特性。

1. 线谱信号

根据信号频谱曲线的形状，可将信号分为线谱和连续谱两类。从数学上看，一个信号若能用傅里叶级数来表示，这信号的频谱就是线谱。

2. 连续谱信号

在实际中，还能遇到另一类信号，它们的频谱分析是用傅里叶变换来表示的，其频谱曲线是频率的连续函数，则称其为连续谱信号。

信号的连续谱线具有如下特性：设在中心频率为 $f_1, f_2, \cdots, f_n$ 处取窄带 $\Delta f_1, \Delta f_2, \cdots, \Delta f_n$，相应地测出各频带内的平均声强 $\Delta I_1, \Delta I_2, \cdots, \Delta I_n$，令

$$Z_1 = \frac{\Delta I_1}{\Delta f_1}, Z_2 = \frac{\Delta I_2}{\Delta f_2}, \cdots, Z_n = \frac{\Delta I_n}{\Delta f_n} \tag{1.261}$$

这里的 $Z_1, Z_2, \cdots, Z_n$ 就是声强的平均频谱密度。通常将 $\Delta f \to 0$ 时的极限称为声强的频谱密度函数 $S(f)$：

$$S(f) = \lim_{\Delta f_i \to 0} \frac{\Delta I_i}{\Delta f_i} = \frac{\mathrm{d}I}{\mathrm{d}f} \tag{1.262}$$

由 $S(f)$ 可画出 $S$-$f$ 曲线，因为存在式（1.262）所示的极限，所以，这曲线必是连续的。实际工作中遇到的瞬态非周期信号的频谱就是这种连续谱。

由式（1.262）我们可以得到

$$I = \int_{f_1}^{f_2} S(f) \mathrm{d}f \tag{1.263}$$

这里的 $f_2$、$f_1$ 是任取的两个频率。$I$ 则为带宽 $\Delta f = f_2 - f_1$ 内的总声强。由式（1.263）可知，如 $f_2 \to f_1$，则 $I \to 0$，可见连续谱中，某一确定频率分量上的声强贡献是无限小的，但因连续谱的频率分量有无限多个，累加起来就得到一个有限的声强值。

定义海洋环境噪声级 $\mathrm{NL} = 10\lg(I_N/I)$，这里的 $I_N$ 是水听器工作带宽内的噪声总声强，如在水听器工作带宽内，噪声谱级 $S(f)$ 和水听器响应都是均匀的，则有式（1.264）：

$$I_N = S \cdot \Delta f \tag{1.264}$$

上式中的 $\Delta f$ 是水听器工作带宽。将式（1.264）代入 NL 的定义式（1.167），就得到

$$\mathrm{NL} = 10\lg \Delta f + 10\lg \frac{S}{I_0} \tag{1.265}$$

以上，简单讨论了连续谱和线谱的特性，对于水下噪声来说，由于它是多种噪声源的综合效应，每种噪声源的频率特性不尽相同，所以，实际的水下噪声可能是线谱，也可能是连续谱，最可能是这两种谱的叠加。

近年来，广泛采用海底深水水听器，在低于 1Hz～100kHz 的频段内对深海噪声进行测量研究，大大扩展了对深海噪声源及其特性的认识。研究结果表明：①在如此宽的频率范围内，噪声源是多种多样的，环境噪声是这些源的综合效应；②环境噪声在不同的频率部分有不同的特性，说明各种噪声源的发声机理并不相同；③环境噪声与环境条件如风速等自然条件密切相关，自然条件的变化，引起各部分谱线的形状也相应发生变化。这就说明，海洋环境噪

声是由多种噪声源共同作用产生的，不同频段的噪声谱主要由一个或几个主要噪声源决定，其余噪声源则起次要作用。

3. 潮汐和波浪的海水静压力效应

海洋潮汐会引起海水静压力变化，可以得出 0.3m 水头的等效压力可达 $3\times10^3$Pa。其频率远低于水声设备的工作频率，才不至于对声呐的工作形成干扰。

海面波浪也是在海洋内部引起海水静压力变化的原因，它也是一种低频干扰。研究结果表明，海面波浪引起的海水静压力变化，其幅度随深度的增加和表面波浪的减小而迅速降低。所以在深水中，这种干扰的影响并不严重，但在浅海，深度还不足以完全消除传到海底水听器上的波浪的压力效应，这时海面波浪就有可能成为压敏水听器的一种低频噪声源。

4. 地震扰动

地球的地壳运动也可能是海洋中低频噪声的重要原因。有一种微震几乎是连续的，它具有约 $\frac{1}{7}$Hz 的准周期性，引起地球表层有 $10^{-4}$cm 量级的垂直振幅。如将这种扰动假设为正弦形扰动，则它在海中产生的压力 $p$ 为

$$p = 2\pi f \rho c a \tag{1.266}$$

式中，$f$ 为频率；$\rho$ 为海水密度；$c$ 为海水中声速；$a$ 为振幅。如取 $f=\frac{1}{7}$Hz, $a=10^{-4}$cm，则算得 $p=1\times10^6$μPa，这结果与在低于 1Hz 频率上测得的自然噪声的声压级大致相等。由此可以推断，微震扰动或地壳通常的运动是非常低频率的海洋主要噪声源。例如单次地震和远处火山爆发等间歇地震源均是深海低频噪声来源。

5. 海洋湍流

海洋中或大或小的无规则随机水流形成的湍流，能够以多种方式产生噪声，它们也是海洋环境噪声的组成部分。海洋湍流产生噪声的机理包括以下几个方面。

（1）湍流会使水听器、电缆等颤动或作响进而产生噪声，但这是一种自噪声，不是自然噪声的一部分。

（2）运动引起的压力变化会向外辐射，在湍流以外的海水中产生噪声。研究结果表明，这种噪声被证明为四极子源，随距离迅速衰减，波及范围非常有限。因而这种辐射噪声对环境噪声的贡献是不重要的。

（3）湍流区内部压力变化的声效应。如压敏水听器位于湍流区内，就可接收到湍流引起的变化着的动态压力，可以根据湍流尺寸来估算压力的大小，设海流的湍流分量为 $u$，则由它产生的动压力为 $\rho u^2$，$\rho$ 是流体密度。若设海流为 0.5m/s，湍流分量为海流的 5%，则 $u=0.025\text{m/s}$，相应的湍流动压力等于 $6.25\times10^5\mu\text{Pa}$，达 116dB。Wenz 根据湍流理论和实验关系推导得到三种稳定流速值 $u$ 的湍流压力谱的估算，其中由 $u=0.02\text{m/s}$ 的环境海洋湍流所估算的谱，与 1～20Hz 频率范围内所观测到的噪声谱相当符合。因此，尽管没有直接观测数据但可以推断，深海洋流的湍流可能是另一种低频噪声源。

6. 波浪非线性作用引起的低频噪声

上面已经说明，海面波浪运动产生的压力随深度增加迅速变小，直至消失。但是理论证明，两个反方向传播的行波波浪相遇时，有可能相互作用形成"驻波"，由此而产生的压力，在所有深度上都是一样的，并不随深度增加而变小，其频率是形成它的海面波浪频率的两倍。

7. 远处航船噪声

在几十赫兹到几百赫兹范围内，远处行船是主要噪声源。

（1）在上述频率范围内，自然噪声与天气无关，且水听器接收到的噪声来自水平方向。

（2）在 50～500Hz 范围内，测量结果表明，航船频繁海区的自然噪声量级，高于航船稀少海区的测量值。

（3）在 50～500Hz 频段，观测到的自然噪声谱有一段凸起，或者一段高的平坦部分，与船舶的辐射噪声谱的极大值相当符合。

以上结果可以表明：频率在 50～500Hz 十倍频率范围内，远处航船是主要的噪声源，这些航船离水听器可能有数十公里，甚至上百公里。

8. 风成噪声（海面波浪噪声）

海面粗糙度是更高频段自然噪声的噪声源。测量结果表明，在 500～25000Hz 频率范围内，自然噪声级与海况有直接的关系，而且噪声级与测量水听器所在地的风速直接相关。近期的资料指出，噪声与风速的相关性比与海况的相关性更好。

虽然粗糙海面作为一种噪声源是事实，但其机理迄今仍不十分明了，例如，在有碎裂的白浪与浪花的海况下，必然会产生水下噪声，然而，当海况从 0 级变到 2 级时，并不存在白浪和浪花，而自然噪声级却迅速地增加，这就说明，除白浪和浪花外，还存在另一些人们目前尚不清楚的噪声过程。

## 9. 热噪声

水分子热噪声限制了水听器的高频灵敏度,在海洋这样的大体积中,自由度数目同缩小模型中自由度数目一样,且每个自由度平均能量都为 $kT$($k$ 为波尔兹曼常数,$T$ 为绝对温度),水中分子热噪声的等效平面波压力在指向性指数为 DI、效率为 $E$(用分贝表示)的水听器上产生的等效热噪声谱级为

$$NL = -15 + 20\lg f - DI - 10\lg E \tag{1.267}$$

式中,$f$ 为频率,以 kHz 计,此噪声以 6dB/倍频程的斜率随频率增加。

工程上,为预报海洋环境噪声级,往往需要用不同参数表示典型自然噪声谱级,使用时,选择适当的航运和风速条件的曲线,将相邻频段的曲线连接起来,就可近似得到任何地方、任何时间的自然噪声谱。"航运频繁"曲线适用于大西洋航线,"航运稀少"曲线适用于远离行船处。

### 1.5.2.5 自然噪声的间歇源及其变化特性

海洋中的自然噪声源,除了以上已经提到的那些外,还有一类被称作间歇源的噪声源,它们是一种暂时存在的噪声源,如能发声的海洋生物、降雨等。另外,由于噪声源和声传播条件的多变性,导致自然噪声的易变性[14]。

1. 海洋生物噪声

海洋中能发声的生物大体分成三类,即甲壳类、鱼类和海洋哺乳类。甲壳类中,最主要的是虾群发出的嘈杂声,尤其是鳌虾,它们的鳌经常相互碰击而发出噪声,频率为 500~2000Hz;鱼类中,有一种鱼生活在切萨皮克湾和美国东岸海域,它们能像啄木鸟啄击树干般发出间断噪声;海洋哺乳类中,鲸和海豚用喉管喷气,从而产生噪声,海豚还会在不同的生活形态下发出调频的啸声。总之,在海中听到的特殊的鸣声都是海洋生物发出的噪声。

2. 降雨噪声

降雨显然会提高自然噪声级,其增加的程度与降雨率有关,甚至还可能与整个降雨面积有关。有人曾进行过测量,下暴雨时,在 5~10kHz 频段,谱级几乎增加了 30dB,在二级海况条件下,即使是平稳地降雨,在 19.5kHz 上,噪声级也提高了 10dB,达到了六级海况。

3. 自然噪声的易变性

实际测量结果表明，和许多水声参量一样，自然噪声有明显的易变性。这是由于噪声源的易变性引起的，例如风速、降雨量、航行船只数量等因素总处于不断的变化中。另一个原因是传播条件的改变，影响了来自远处噪声源的声传播，从而也改变了噪声强度。

## 1.6 水动力噪声

### 1.6.1 湍流的类型

湍流是流体动力学中的一个重要概念。它指的是由于流体中的速度、压力等物理量无规则、无序的变化而产生的一种复杂的流动现象。湍流是高雷诺数下的一种自然流动状态，表现为大量无规则、混乱的涡旋的出现，相互交织、融合、分裂，使得流体的运动变得非常复杂。

从剪切在湍流产生、维持、演化和发展中的重要作用来看，湍流一般可分为以下 5 种类型。

（1）均匀湍流：其系综平均量不随空间坐标变化，在空间每一点都有同样的表述。这种湍流忽略空间有限边界条件的存在和影响，将湍流存在的空间看成无限大而且均匀的。

（2）自由剪切湍流：其系综平均量随空间坐标变化，但忽略空间固壁边界条件的存在和影响，平均速度梯度在湍流的产生、维持、演化和发展中起重要作用。湍流混合层、湍射流和尾迹湍流属于这一类别。

（3）固壁湍流：这种湍流在实际中具有重要的工程应用背景，一般指的是黏性流体（气体、液体）流经固体表面一定阶段后，由于流动不稳定性的作用，在固壁表面附近的区域内发展成平均速度随法向空间坐标变化很快（梯度很大），而瞬时流动又极端混乱的流体流动状态。固壁湍流又可以细分为绕固壁的流动和被固壁限制的空间内的流动。边界层湍流就是固壁湍流的一种，它描述的是流体在靠近壁面时，与壁面相互作用产生的湍流。

（4）自由剪切层湍流：剪切层是指流体中速度或方向发生显著变化的区域。当两层速度不同的流体相遇时，它们之间就会形成一个剪切层。在这个剪切层内，流体的速度和方向都会发生快速的变化。自由剪切层湍流是一种特殊的湍流现象，它发生在没有直接受到壁面影响的流体流动中。例如，当两股不同速度的流体相遇并相互混合时，它们之间的剪切层就可能产生湍流。这种湍流现象不会受到任何固体壁面的限制或影响，因此称为自由剪切层湍流。

（5）壁面边界层湍流：壁面边界层湍流是流体在壁面附近形成的一种特殊湍流状态，它的形成与层流边界层转捩为湍流的过程密切相关。层流边界层在某些条件下，如流体中出现扰动（速度脉动、温度不均匀、压强不均匀、壁面粗糙不平等）时，会发生转捩，变为湍流状态。这种转捩是由流体的惯性力和黏性力之间的平衡被打破导致的。当惯性力大于黏性力时，扰动进一步发展，边界层由层流状态转变为湍流状态。

壁面边界层湍流可以进一步分为内层和外层。内层也被称为壁面区，包括黏性底层、过渡层（或称为重叠层）和对数律层（完全湍流层）；外层则包括尾迹律层和黏性顶层（间歇湍流层）。这些分层结构反映了湍流在壁面附近的复杂流动状态。在黏性底层，黏性切应力起主要作用，湍流附加切应力可以忽略，流动接近于层流状态；过渡层内，黏性切应力和湍流附加切应力为同一数量级，流动状态极为复杂；对数律层内，流体受到的湍流附加切应力大于黏性切应力，因而流动处于完全湍流状态。外层的尾迹律层和黏性顶层则反映了湍流在离开壁面一定距离后的流动特性。这些特性与内层有所不同，但仍然受到壁面的影响。

## 1.6.2 流致噪声的机理

流致噪声也称流动噪声，是指当流体（如气体或液体）在流动过程中与固体边界相互作用，或流体内部发生湍流时产生的声音。流致噪声的机理主要包含以下 4 个方面。

### 1.6.2.1 流体与固体边界的相互作用

当流体流经固体表面时，如管道、叶片、翼型等，会在固体表面产生边界层。边界层内的流体由于黏性的作用，其速度逐渐减小至与固体表面相同。在这个过程中，由于速度梯度的存在，流体内部会产生剪切应力。当剪切应力达到一定程度时，边界层内的流体将发生分离，形成涡旋结构。这些涡旋结构在流动过程中会不断产生、发展和消亡，从而引起流体的压力脉动和速度脉动。这些脉动压力波通过流体介质传播到远处，即形成流致噪声。

### 1.6.2.2 流体内部湍流

湍流是流体流动的一种复杂状态，表现为流体速度、压力和密度等物理量的随机脉动。在湍流流动中，流体内部存在着大量的涡旋结构，这些涡旋结构不断产生、发展和消亡，引起流体内部强烈扰动。湍流扰动会向周围流体传播，形成脉动压力波。这些脉动压力波通过流体介质传播到远处，也会产生流致噪声。

#### 1.6.2.3 声源特性

流致噪声的声源通常可以看作是分布在流体中的多个点声源或面声源的集合。这些声源的位置、强度和频率分布取决于流体的流动状态、固体边界的形状和材料等因素。流致噪声的频谱特性通常表现为宽带噪声，其频率范围覆盖了从低频到高频的广泛区域。在某些特定情况下，如流体流过管道或孔口时，还可能出现离散频率的噪声成分。

#### 1.6.2.4 传播特性

流致噪声在传播过程中会受到介质性质、温度、压力等因素的影响。在传播过程中，噪声的能量会逐渐衰减，但其频率分布和波形特征可能会发生变化。流致噪声的传播还受到环境因素的影响，如建筑物、地形等障碍物对声波的反射、散射和吸收作用等。

### 1.6.3 流体运动方程

流体运动方程，即纳维-斯托克斯（Navier-Stokes，N-S）方程，是描述黏性不可压缩流体动量守恒的基本运动方程，由于它基于牛顿第二定律，因此也被称为第二动量方程。这个方程组在流体力学中占有极其重要的地位，因为它概括了黏性流体流动的普遍规律。N-S 方程是一个非线性偏微分方程，对于不可压缩的牛顿流体，N-S 方程在笛卡儿坐标系下可以表示为

$$\frac{\partial \boldsymbol{u}}{\partial t}+(\boldsymbol{u}\cdot\nabla)\boldsymbol{u}=-\frac{1}{\rho}\nabla p+\nu\nabla^2\boldsymbol{u}+\boldsymbol{g} \tag{1.268}$$

式中，$\boldsymbol{u}$ 为流体的速度矢量，它是位置和时间的函数；$t$ 为时间；$\rho$ 为流体的密度，对于不可压缩流体，这是一个常数；$p$ 为压力；$\nu$ 为动力黏度，对于牛顿流体，这是一个常数；$\nabla$ 为梯度算子；$\boldsymbol{g}$ 为体积力（如重力）。

注意，这个方程是一个矢量方程，对于三维问题，它包括三个分量，对应 $x$、$y$ 和 $z$ 方向。另外，为了使物理问题在数学上完整，还需要给出适当的边界和初始条件。

通过求解 N-S 方程，我们可以获得流体流动的速度、压力、温度等物理量的分布情况，进而了解流体的运动状态和性质。然而，由于 N-S 方程是一个非线性偏微分方程，其求解过程往往非常复杂和困难。在理论上，只有在某些特定的条件下（如流动稳定、几何形状简单等）才能求得方程的精确解。对于更一般的情况，我们通常采用近似解析方法、数值计算方法或实验手段来研究流体的流动。

## 1.6.4 声类比理论

声类比理论是一种应用电路理论来解决力学与声学问题的方法。它基于描述电振荡系统的微分方程和描述力学振动系统及声振动系统的微分方程在形式上的相似性，将力学量和声学量与相应的电学量作类比，以便借助电路理论来分析力学振动和声振动的规律。

声类比理论主要分为两种，阻抗型类比（正类比）和导纳型类比（反类比）。此外，声类比理论还包括莱特希尔（Lighthill）声类比和莫林（Mohring）声类比等。莱特希尔声类比理论由詹姆斯·莱特希尔（M. J. Lighthill）于 1952 年提出，是语音合成术（也称为电子声类比）发展的基础原理。它提出了一个用于大致模拟人类说话声的生成模型，包括在几个位置间的振幅变化，以及一个慢变化变量，模拟由声带产生的和弦，以及它们的组合。Lighthill 声类比主要应用于低马赫数（$Ma<0.2$）流动状况，此时对流效应对声传播的影响可以忽略。

声类比方法是一种非直接求声场的方法，主要包括两个基本步骤：首先使用计算流体力学（computational fluid dynamics，CFD）准确模拟声源附近的瞬态流场，然后通过求解波动方程计算噪声场。所谓"类比"是指将复杂的流动过程用等效的声源代替，使用声类比方法计算辐射声场。比较常用的两种声类比方法是 Lighthill 方法和 FW-H（Ffowcs Williams and Hawkings）方法。声类比方法的优点在于瞬态场的计算量小于计算气动声学（computational aeroacoustics，CAA）方法，计算域中可以不包含声音接收者；缺点是没有考虑流动对声音传播的影响。

### 1.6.4.1 Lighthill 方程

Lighthill 方程是描述流体中声波产生的基本方程。它以流体力学的第二动量方程（N-S 方程）为基础，描述了流体中的声源。对于具有均质无耗散流体的波动速度场 $\boldsymbol{u}'$（注意，$\boldsymbol{u}'$ 并非流体的平均速度），Lighthill 方程可以表示为

$$\left(\frac{1}{c_0^2}\frac{\partial^2}{\partial t^2}-\nabla^2\right)\left(c_0^2(\rho-\rho_0)\right)=\frac{\partial^2 T_{ij}}{\partial x_i \partial x_j} \tag{1.269}$$

$$T_{ij}=\pi_{ij}-\pi_{ij}^0=\rho u_i u_j+[(p-p_0)-c_0^2(\rho-\rho_0)]\delta_{ij}-\tau_{ij} \tag{1.270}$$

式中，$c_0$ 为声速；$\rho_0$ 为流体的背景密度；$\tau_{ij}$ 为流体的黏性应力；$u_i$ 和 $u_j$ 为流体速度的波动分量；$\dfrac{\partial^2 T_{ij}}{\partial x_i \partial x_j}$ 为声源项；$T_{ij}$ 为 Lighthill 应力张量；$\delta_{ij}$ 函数描述了声源的位置。

Lighthill 方程将流体中的声源项和声传播项分开，使我们能够更清晰地识别和分析声源的特性。请注意，Lighthill 方程是一个波动方程，其解将给出在给定声源情况下的声压分布。通常，这个方程需要配合适当的初始条件和边界条件来求解。

### 1.6.4.2 FW-H 方程

在流体力学中，FW-H 方程是一个用于预测运动物体产生声波的方程，它基于 Lighthill 声类比理论，但进一步考虑了运动物体的影响。

FW-H 方程的具体形式如下：

$$\frac{1}{c_0^2}\frac{\partial^2 p'}{\partial t^2} - \nabla^2 p' = \frac{\partial^2}{\partial t^2}\left(\rho_0 u_i \delta(f)\right) + \frac{\partial}{\partial t}\left(\rho_0 v_i \frac{\partial \delta(f)}{\partial x_i} + \rho_0 u_i u_j \frac{\partial \delta(f)}{\partial x_i}\frac{\partial \delta(f)}{\partial x_j}\right) \quad (1.271)$$

式中，$p'$ 为声压，即流体中由于声波而产生的压力变化；$c_0$ 为流体中的声速；$\rho_0$ 为未扰动流体的密度；$u_i$ 和 $v_i$ 分别为未扰动流体和扰动流体的速度分量（$i=1, 2, 3$ 分别代表 $x, y, z$ 三个方向）；$\delta(f)$ 为狄拉克广义函数（Dirac distribution），用于定义物体表面的位置，具体来说，当点位于物体表面时，$\delta(f)=1$，否则，$\delta(f)=0$。

方程右边的两项分别代表了单极子源和四极子源。单极子源与物体表面的质量通量（即物体表面的法向速度）有关，而四极子源则与物体表面的应力张量有关。

FW-H 方程是一个积分-微分方程，因为它既包含了时间导数（微分方程部分），也包含了狄拉克广义函数（积分部分）。这个方程通常用于计算由运动物体（如飞机、汽车、螺旋桨等）产生的噪声。为了求解 FW-H 方程，通常需要使用数值方法，如有限差分法、有限元法或边界元法等。此外，还需要对物体表面进行离散化处理，以便计算狄拉克广义函数和相关的导数。

需要注意的是，FW-H 方程是一个线性方程，它假设声波的产生和传播是互不干扰的。然而，在实际情况中，声波之间可能存在相互作用和干涉效应。因此，在某些情况下，可能需要使用更复杂的非线性声学模型来描述声波的传播和相互作用。

### 1.6.5 等效声源的特征

在流体力学中，等效声源（或称为等效噪声源）是一个重要的概念，特别是在分析流体流动产生的噪声时。等效声源并非一个真实存在的物理源，而是为了简化噪声分析过程而引入的一个或多个假想源，它们能够产生与实际噪声场相同的声压分布或声强分布。通过引入等效声源，可以大大简化复杂流动产生的噪声分析过程，使计算更加高效和直观。

等效声源的位置和形态通常是根据实际情况和分析需求而定的。在某些情况下，等效声源可能位于流体流动的关键位置，如湍流区域、涡旋中心或流动分离点等。等效声源的形态可以是点源、线源或面源，具体取决于流动特性和分析目标。

等效声源具有与实际噪声相同的频谱特性。这意味着等效声源能够产生与实际噪声相同的频率分布和强度分布。因此，在分析等效声源时，需要关注其频谱特性，以便更准确地评估噪声的影响。

虽然等效声源在噪声分析中具有广泛的应用，但它也存在一定的局限性。首先，等效声源是一个假想源，其位置和形态可能无法完全准确地反映实际噪声源的情况。因此，在使用等效声源进行分析时，需要注意其可能带来的误差。其次，等效声源通常只考虑声压或声强的分布，而忽略了其他可能的噪声源（如结构振动等）。因此，在某些情况下，可能需要结合其他方法（如有限元分析、边界元方法等）来更全面地评估噪声问题。

### 1.6.5.1 单极子源

单极子源可以认为是一个脉动质量的点源，它模拟了一个点在流体中产生的脉动质量或体积变化，从而引发声波的传播，这种脉动可以是周期性的，也可以是随机的。例如，一个脉动的小气球，其中心可以视为一个单极子源。随着流体质量的加入或排出，气球会膨胀或收缩，从而产生声波。

单极子源的特点包含三方面：①纯径向脉动。单极子源的运动是纯径向的，即它的脉动是沿着从一个点向外辐射的方向进行的。②球对称声场。由于单极子源是纯径向脉动的，所以它产生的声场是球对称的。这意味着在距离单极子源相同距离的任意点上，声波的振幅和相位都是相同的。③无指向性。由于声场的球对称性，单极子源产生的声音没有特定的指向性，也就是说，声音是均匀地辐射到各个方向的。

单极子源在流体动力学和声学领域中有广泛的应用。例如，在研究水下噪声时，单极子源可以用来模拟由体积脉动引起的声音。此外，爆炸也可以被视为一种单极子源，因为爆炸会产生瞬间的体积和质量脉动，从而产生强烈的声波。

### 1.6.5.2 偶极子源

偶极子源是由两个位置相邻但相位差为180°的单极子源组成，这两个单极子源通常是由流体中的障碍物（如固体边界）产生的。当流体流经障碍物时，会与障碍物之间发生耦合作用，从而产生非定常反作用力，形成偶极子源。

偶极子源的特点包含三方面：①明确的指向性。偶极子源具有明确的指向性，其声场呈"8"字形分布。在偶极子源的一个方向上，声压值达到最大，而在与该方向垂直的方向上，声压值为零。这种指向性使得偶极子源在实际应用中具有特定的方向性。②辐射声功率与气流速度的关系。偶极子源的辐射声功率与气流速度的六次方成正比，这意味着流体速度的变化对偶极子源的辐射声功率有显著影响。③力声源特性。由于偶极子源是由流体与障碍物之间的相互作用产生的非定常反作用力形成的，因此偶极子源也称为力声源。

偶极子源在日常生活和工程实践中随处可见。例如，乐器上振动的弦就是一个典型的偶极子源，因为弦的振动会与空气产生耦合作用，从而形成偶极子声源。此外，倾角不为零的螺旋桨以及风扇叶片的尾部脱落等也是常见的偶极子源。

### 1.6.5.3　四极子源

四极子源是由两个具有相等强度、相反相位且距离较近的偶极子叠加组成。这意味着四极子源实际上是由两对力源（即四个单极子源）组成，它们通过特定的方式相互作用和叠加，形成具有独特特性的声源。

四极子源的产生主要与流体和流体之间的相互作用有关。当流体受到周期性的剪切应力时，会产生周期性的应变，从而导致四极子源的形成。例如，在喷气湍流噪声中，流体的高速流动和湍流效应会导致流体之间产生复杂的相互作用，进而产生四极子源。

四极子源的特点包含两方面：①明确的指向性。四极子源的声场指向性为"四瓣"型，即其声波传播具有一定的方向性，声场分布呈现出四个主要的辐射瓣。②声辐射功率与流速的关系。与单极子源和偶极子源相比，四极子源的辐射声功率与流速的八次方成正比，因此在高速流体中，四极子源的辐射声功率可大大超过其余两种声源。

在流体力学和声学研究中，四极子源主要产生于高速流体中，如喷气噪声、撞击噪声等。

## 1.6.6　伪声

在流体力学中，伪声并不是指通常意义上的声音伪装或模仿，而是与流体动力学中的某些现象或概念相关。

首先，我们可以考虑流体力学中的声波产生和传播。在流体中，当存在压力、速度或密度的变化时，可能会产生声波。这些声波是由于流体中粒子的振动和相互作用而产生的，它们以波动的形式在流体中传播。然而，在流体力学中，有时我们可能会遇到一些看似像声波但实际上并不是真正声波的现象。这些现象可能包括由于流体流动的不稳定性、湍流或其他复杂流动现象而产生的压力起伏或速度起伏。这些起伏可能产生类似于声波的效果，但它们并不是真正的声波。在这种情境下，我们可以将这些非真正的声波称为伪声。虽然它们具有声波的一些特征，如传播和衰减，但它们并不是由流体中粒子的振动和相互作用产生的，而是由流体流动本身的特性决定的。

需要注意的是，流体力学中的伪声并不是一个标准术语，而且它的含义可能会因上下文和领域而有所不同。因此，在具体应用中，我们需要根据具体的情境和领域来理解和解释这个概念。

## 1.6.7 舰船螺旋桨噪声

舰船螺旋桨噪声主要由两部分组成：一是水动力噪声，二是振动噪声。

### 1.6.7.1 水动力噪声

舰船螺旋桨的水动力噪声是指在船舶航行过程中，螺旋桨与水流的相互作用所产生的噪声。当螺旋桨在水中旋转时，其叶片切割水流，产生湍流，湍流中的涡旋和流体微团相互作用，形成随机的、不规则的波动，这些波动以声波的形式传播，产生湍流噪声。此外，当螺旋桨的转速和船速达到一定程度时，叶片背面会产生低压区，使水中的空气析出形成空泡。这些空泡在随水流经过叶片的高压区时，会迅速破裂，产生冲击波，从而产生空化噪声。空化噪声是螺旋桨水动力噪声的主要组成部分。

螺旋桨水动力噪声的频谱范围较宽，包括低频噪声、中频噪声和高频噪声。其中，低频噪声主要由螺旋桨叶片与水流相互作用的流体动力效应及水流冲击尾柱产生；高频噪声主要由空泡引起的叶片振动产生。螺旋桨水动力噪声的指向性较强，主要指向船体后方。这是因为螺旋桨产生的噪声主要通过水介质传播，而水介质对声波的吸收和衰减较小，因此噪声能够传播到较远的距离。另外，螺旋桨水动力噪声是一种随机声音，其振幅、频率和相位等参数都随时间随机变化。这种随机性使噪声的预测和控制变得相对困难。

1. 旋转噪声

当螺旋桨在水中旋转时，桨叶与水流的相互作用会产生声音，当螺旋桨的转速达到一定值时，桨叶周围的水流压力会下降，导致部分水流变成气态，形成空泡。这些空泡在桨叶上不断生长和溃灭进而产生噪声。螺旋桨的旋转还会在桨叶表面附近形成涡流和尾流。这些涡流和尾流与水流的相互作用也会产生噪声。

旋转噪声通常具有较宽的频率范围，从低频到高频都有所涉及。由于螺旋桨的旋转是周期性的，因此旋转噪声也具有一定的周期性。这种周期性可以通过噪声的频谱分析来识别。旋转噪声的强度与舰船的航速和螺旋桨的转速密切相关。通常，航速和转速越高，旋转噪声的强度就越大。

2. 涡旋噪声

当螺旋桨在水中旋转时，其叶片会切割水流，导致水流在叶片周围形成复杂的涡流结构。这些涡流在形成、发展和溃灭的过程中，会与水和其他涡流相互作用，产生压力波动和振动。螺旋桨叶片的旋转还会在周围产生湍流，湍流是一种高度不稳定、复杂的流体运动，其内部存在大量的涡旋和速度梯度，这些湍流涡旋在相互碰撞和摩擦时，也会产生噪声。

涡旋噪声通常具有较高的频率，其频谱分布较广，可能覆盖多个频段。涡旋噪声的强度与螺旋桨的设计参数（如叶片形状、数量、间距等）密切相关，还受到船舶航速和螺旋桨转速的影响，通常，航速和转速越高，涡旋噪声就越大。

3. 空泡噪声

当螺旋桨在高速旋转时，特别是在浅水区域或高航速下，桨叶表面的水分子压力可能降低到水的汽化压力以下。这会导致水分子汽化，形成微小的气泡，即空泡。这些空泡随着螺旋桨的旋转而运动，当它们遇到高压区域时，会迅速破裂并重新闭合，从而产生爆破声，即空泡噪声。

4. 其他

伴流不均匀和斜流引起桨叶振动的噪声：当船舶在水中航行时，由于船体形状和航行条件的影响，水流在船体周围的分布可能不均匀。这种不均匀的伴流会作用在螺旋桨的桨叶上，导致桨叶受力不均，进而产生振动和噪声。斜流是指水流与螺旋桨轴线不垂直的情况。当船舶在航行过程中遇到风浪、水流等外部因素导致水流方向发生偏斜时，螺旋桨就会处于斜流状态。斜流同样会导致桨叶受力不均，产生振动和噪声。

船体尾部反射来的噪声和螺旋桨旋转：当螺旋桨产生的声波遇到船体尾部结构时，会发生反射。这些反射声波与原始声波叠加在一起，可能会形成噪声的增强或减弱。船体尾部反射噪声的大小取决于船体形状、材料和螺旋桨与船体的相对位置等因素。

### 1.6.7.2 振动噪声

舰船螺旋桨的振动噪声是螺旋桨噪声的重要组成部分，它主要源于螺旋桨与船体、轴系等结构的相互作用。振动噪声的来源主要是以下三个方面：①螺旋桨与船体的相互作用。螺旋桨在高速旋转时，会与船体产生相互作用。这种作用包括螺旋桨对船体的激励力，以及船体对螺旋桨的反作用力。这些力会导致船体产生振动，进而产生噪声。②螺旋桨与轴系的相互作用。螺旋桨通过轴系与船体相连。在螺旋桨旋转的过程中，轴系会受到螺旋桨产生的力和力矩的作用，从而产生振动。这种振动通过轴系传递到船体，引起船体振动噪声。③螺旋桨自身的振动。螺旋桨在高速旋转时，其叶片和桨轴也会产生振动。这些振动可能源于螺旋桨的设计、制造或使用过程中的不平衡、不均匀性等因素。螺旋桨自身的振动也会通过轴系传递到船体，引起船体振动噪声。

振动噪声的频率特性与螺旋桨的转速、叶片数、桨叶形状等因素有关。通常，螺旋桨的振动噪声具有较宽的频率分布范围，涵盖了多个频段。并且，振动噪声的大小与航行条件密切相关，例如，当船舶在浅水区域或高航速下航行时，螺旋桨与船体、轴系的相互作用会增强，导致振动噪声增大。此外，振动噪声会通过船体结构传播到船内和船外。在船内，振动噪声可能会影响船员的舒适性和工作效率；在船外，振动噪声可能会暴露船舶的位置，降低船舶的隐蔽性。

1. 流激叶片振动噪声

当螺旋桨在水下旋转时，水流会与螺旋桨叶片发生相互作用。这种作用可能源于水流的速度变化、流向改变，或者由于螺旋桨叶片形状、表面粗糙度等因素导致的湍流和涡旋的产生。这些水流动力效应会对螺旋桨叶片产生力的作用，使得叶片发生振动。

2. 唱音

螺旋桨振动噪声中的唱音是一种特殊的线谱噪声分量，主要是由螺旋桨叶片在旋转过程中周期性切割水流而产生的。当螺旋桨叶片通过水中的某一固定点时，会产生一个压力脉冲，随着螺旋桨的持续旋转，这些压力脉冲以一定的频率重复出现，形成具有周期性的声波。这些声波在传播过程中，如果遇到障碍物（如船体或其他结构），还会产生反射和干涉，进一步增强唱音的效果。

唱音具有明显的周期性特点，这种周期性表现在声波的频率和相位上，使得唱音在频谱上呈现出明显的线谱特征。唱音的频率与螺旋桨的转速直接相关。具体来说，当螺旋桨转速增加时，唱音的频率也会相应增加。这种关系可以通过公式 $f=mns$ 来描述，其中，$f$ 是唱音的频率，$m$ 是谐波次数，$n$ 是螺旋桨叶片数，$s$ 是螺旋桨转速。另外，螺旋桨的设计参数（如叶片形状、数量、间距等）也会影响唱音的产生。例如，增加叶片数量或改变叶片形状可能会改变螺旋桨切割水流的方式，从而影响唱音的频率和强度。

3. 螺旋桨与船体耦合振动噪声

螺旋桨与船体耦合振动噪声的产生与多个因素相关。首先,螺旋桨在旋转过程中会产生周期性的力和力矩,这些力和力矩会通过轴系传递到船体上。同时,水流经过螺旋桨时会产生湍流和涡旋,这些水流动力效应也会对螺旋桨和船体产生力的作用。这些力和力矩的叠加会导致螺旋桨和船体产生振动。此外,螺旋桨与船体之间的相互作用还会引起船体的共振现象。当螺旋桨产生的振动频率与船体的固有频率相近或相同时,就会发生共振,导致船体的振动幅度急剧增大,进而产生更大的噪声。

由于螺旋桨的周期性运动和船体的共振现象,螺旋桨与船体耦合振动噪声通常具有特定的频率分布。这些频率通常与螺旋桨的转速、叶片数以及船体的固有频率相关。

### 1.6.8 流噪声的应用

流噪声指的是在某些流体或气体中流动时产生的噪声,例如水管、风扇或者喷射引擎等产生的声音。流噪声主要是由气体或流体的不稳定流动,如湍流、喷射、旋涡等造成的。

流噪声在许多领域中都有应用,以下是一些具体的例子。

(1)声学设计:在声学设计中,理解和控制流噪声十分重要。例如,在建筑设计中,我们需要尽量减小空调、通风系统或水管中的流噪声。在交通工具设计中,如汽车、飞机或火箭等,我们需要对流噪声进行有效的控制和减少,以提高乘客的舒适度。

(2)噪声控制:流噪声的研究和控制对于环境噪声管理也很重要。例如,在城市规划和环境保护中,我们需要控制并减少由于流体运动(如风、水)或交通(如汽车、飞机)等产生的噪声。

(3)健康和安全:在健康和安全领域,流噪声的控制也是一个重要的课题。长期暴露在噪声中会影响人们的健康。此外,高强度的流噪声也可能对人们的听力造成损害。

(4)诊断工具:流噪声也可以作为一种诊断工具,帮助我们了解流体系统的工作状态。例如,通过分析水管或空调系统的流噪声,我们可以了解其内部的流动情况,甚至可以提前发现一些潜在的问题,如泄漏、堵塞等。

(5)气象学:流噪声在气象学中也有应用。例如,通过对风噪声的分析,我们可以了解风速和风向,这对于天气预报和气候模型的建立非常重要。

同时,流噪声在水声学领域也有一些重要的应用。

(1)水声探测和定位:在水声探测和定位中,理解和处理流噪声是关键的一环。例如,在水下潜器或船只的探测中,流噪声可能会干扰到声呐系统的效果。通过理解和消除流噪声，我们可以提高声呐的探测精度和有效范围，也可以通过流噪声来识别、探测和定位水下目标。

（2）水下通信：在水下通信中，流噪声也可能会对信号质量产生影响。通过理解和处理流噪声，我们可以设计出更有效的通信策略，提高通信的稳定性和可靠性。

（3）流体动力学研究：流噪声可以帮助我们了解流体的流动情况。例如，在海洋流动研究中，我们可以通过分析海洋流动产生的流噪声，了解海洋流的特性和行为。这对于研究海洋环流、气候变化等问题具有重要意义。

（4）水下环境监测：在水下环境监测中，流噪声可以作为一种有效的监测工具。例如，通过分析河流、湖泊或海洋中的流噪声，我们可以了解其环境的变化，比如水流速度的变化、水位的变化等。

# 第 2 章　图像声呐技术

本章主要介绍了图像声呐技术概述、声呐基阵技术、声呐信号分析系统结构，以及相关的信号处理方法。首先概述了图像声呐技术的分类，介绍了图像声呐在实际中的应用，例如水下目标定位、环境监测和海洋工程等；详细讨论了声呐基阵技术、信号分析，重点阐述了声呐信号的时频域分析和多普勒效应；描述了图像声呐系统的结构与信号处理方法，涵盖了发射机和接收机的技术指标、声呐接收机工作特性波束形成基础以及声呐发射机原理[15]。通过本章的学习，读者可以全面了解图像声呐技术的基本概念、系统结构及其在实际中的应用方法。

## 2.1　图像声呐技术概述

### 2.1.1　声呐分类

根据装备平台的不同，声呐可以分为 5 类。

（1）岸用声呐及预警系统，也称为岸边固定式声呐监视系统。岸用声呐及预警系统是一种安装在岸边或海岸线上的声呐设备，用于监测海洋环境并提供实时的预警和警报服务[15]。这些系统通常包括多个声呐传感器以及相关的数据处理和分析软件，旨在实现对水下目标、海洋动态、海底地形和海洋事件等的实时监测和分析。其作用是监测海洋活动，岸用声呐及预警系统可以检测海洋中的船只、海洋生物等的活动，还可以帮助海警完成海上巡逻、海上救援，了解海上交通情况和海洋生态环境，更关键的是其可以警戒进入海岸附近的目标，特别是潜艇等海上战略性武器[16]。

通常，换能器基阵被安置在港口、海峡以及海上主要通道附近，以及一些特殊海域。这些位置的选择是基于覆盖重要的海洋交通路线和关键区域，以及监测特定海域的需要。通过将基阵接收的信息传输至海岸基地的声呐电子设备，可以进行实时的数据处理和分析。这样的布局和设计可以确保对海上活动和潜在风险的及时监测，有助于保障海上交通安全和应对潜在的海洋灾害。

在选择换能器基阵时，通常会优先考虑使用被动、低频、大功率和大尺寸的换能器基阵。这种选择有着诸多优势，其中之一是能够增大声呐系统的作用距离，有些情况下甚至可达到 60～70n mile。这样的基阵设计能够提供更广泛的监测覆盖范围，使声呐系统能够有效地探测和监测更远距离的目标和海洋动态。同时，低频率的声波具有更好的穿透能力，能够在海洋环境中传播更远的距离，从而提高声呐系统的探测效率。综上所述，选择被动、低频、大功率和大尺寸的换能器基阵是一种有效的策略，有助于增强岸用声呐及预警系统的性能和可靠性。

但是由于岸用声呐及预警系统通常安装在固定位置，所以存在机动性不足的问题。这意味着系统无法随意移动到其他位置以适应不同的监测需求或应对不同的海上情况。另外，岸用声呐系统也容易受到气候和海况的影响。恶劣的环境条件，如风暴、大浪或恶劣的海况，可能影响声波的传播和接收效果，从而影响系统的监测性能和准确性。因此，在设计和运行岸用声呐及预警系统时，需要充分考虑这些因素，并采取相应的措施来减轻其影响，以确保系统的可靠性和稳定性。

（2）水面舰艇声呐系统。水面舰艇声呐系统在军用领域扮演着关键角色，主要用于执行反潜防潜任务和引导火力系统进行攻击。除此之外，水面舰艇声呐系统还承担着对潜艇进行搜索、定位、跟踪以及射击指挥的任务。同时，水面舰艇声呐系统在水下通信、探雷、导航以及水下目标识别方面发挥着不可或缺的作用。此外，水面舰艇声呐系统还可用于水声对抗，即识别、干扰和对抗敌方声呐系统，从而提高舰艇的战场生存能力和战斗效能。

下面介绍两种常见的水面舰艇声呐系统，即舰壳式和舰艇拖曳式声呐，它们在设计、安装位置和功能上有所不同。舰壳式声呐如图 2.1 所示，它是一种直接安装在水面舰艇舰壳（船体）上的声呐系统。通常位于舰艇的船体底部或侧面，通过直接与舰体相连来进行安装和固定。这种声呐系统的优点包括安装简便、维护方便和操作稳定。由于它直接固定在舰体上，因此不需要额外的装置或设备来支撑或固定。舰壳式声呐常用于需要快速部署和操作的水面舰艇上，例如护卫舰、巡逻艇和快速攻击艇等。

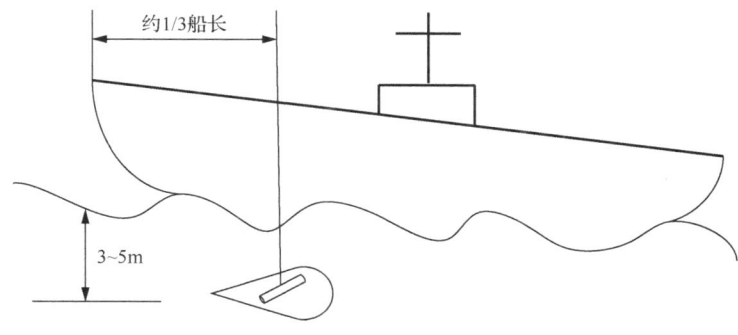

图 2.1　舰壳式声呐

舰艇拖曳式声呐是一种安装在水面舰艇后部并通过电缆拖曳在水下的声呐系统，如图 2.2 所示，声呐探头通常被拖曳到舰艇后部一定深度的水下位置，其中，$H$ 为拖体深度，

$L$ 为拖体长度。这种声呐系统的优点包括能够在舰艇航行时持续覆盖大范围的水下区域，并且通常具有较高的性能和灵敏度。舰艇拖曳式声呐适用于需要对广阔水域进行搜索和侦察的任务，例如海洋巡逻、反潜作战和水下目标搜索等。

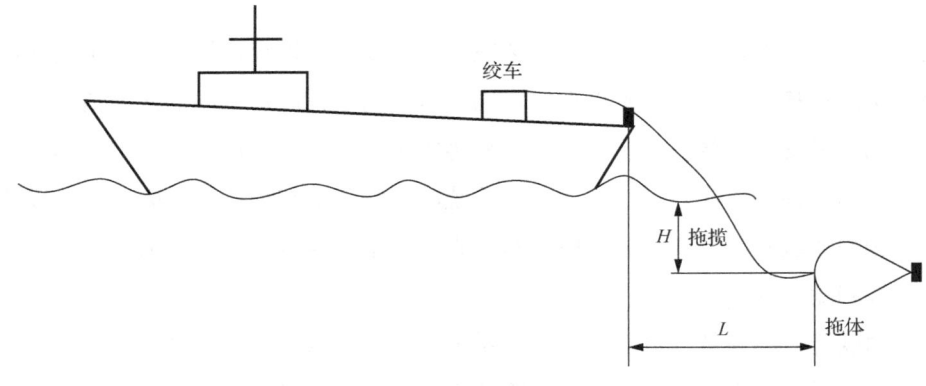

图 2.2 舰艇拖曳式声呐

（3）潜艇声呐系统。潜艇的声呐系统是其关键的感知工具和通信工具，承担着多项关键任务。首先，声呐系统用于水中目标的定位和探测，能够帮助潜艇发现潜在的威胁或目标，并及时采取行动。其次，声呐系统用于警戒和跟踪敌方舰艇或潜艇，保障我方潜艇的安全和隐蔽性。此外，声呐系统可用于水下通信，使潜艇能够与其他舰艇或指挥部进行联系和交流。声呐系统还能帮助潜艇识别水下目标的性质，例如判断目标是否是敌对潜艇、商船或其他水下物体。最后，声呐系统可以帮助潜艇确定其位置和航向，以确保航行的准确性和安全性。由于声呐系统在潜艇中的重要性，有时一艘潜艇甚至有一半的空间被声呐占据，通常每艘攻击型潜艇都会装备 10 多部各种功用的声呐，以确保其在各种水下作战情况下的有效性和全面性。

潜艇在平时主要利用被动声呐系统，持续对周围海域进行搜索。近年来，随着目标被动识别技术的不断进步，被动声呐系统已经实现了更高水平的功能。这些先进技术使得潜艇有可能完全依赖被动声呐系统来执行一系列任务，包括目标定位、测距、目标识别，以及引导水下武器进行攻击等。通过分析接收到的声音信号，潜艇能够确定潜在目标的位置、速度和运动方向，甚至能够识别目标的类型和特征。这种能力大大增强了潜艇在水下作战中的隐蔽性和战斗效能，使其能够更加有效地执行任务并保持战场优势。因此，被动声呐系统已经成为潜艇上至关重要的装备之一，为其提供了强大的水下情报获取和作战支援能力。

大部分现代潜艇都拥有主动声呐系统，但是潜艇的主动声呐系统通常不会长时间工作，而是被保持在待命状态，只在必要时才会启动，特别是在实施攻击前。即使在使用主动声呐时，也必须谨慎操作，以避免暴露潜艇的位置。通常，潜艇在使用主动声呐时会尽可能经常改变工作频率和模式，以降低被敌方探测到的风险。这种策略旨在维护潜艇的隐蔽性和安全性，同时确保潜艇能够在需要时有效地侦测和跟踪目标，并与其他舰艇或指挥部进行通信。因此，潜艇在使用主动声呐时必须非常谨慎，以确保其在水下作战中的隐蔽性和战斗效能。

通信声呐是一种用于水下通信的设备，其通信速率通常较低。这种低速率通信由声波在水下传播速度相对较慢，以及水下环境的复杂性所致。尽管通信速率较低，但通信声呐仍然是潜艇和其他水下设备之间进行基本通信的关键工具之一。通过通信声呐，潜艇可以接收和发送消息、指令以及其他关键信息，以支持与指挥部或其他潜艇的联系。

水声对抗是指在水下作战中采取的一系列对抗措施，旨在干扰、欺骗或阻挠敌方水下设备的侦察、通信和攻击。这些对抗措施包括：声诱饵，通过模拟潜艇的声音或其他目标的声音来吸引敌方反潜武器；干扰器，用于扰乱敌方水声传感器或通信设备的正常工作；应答器，用于产生声音或信号来误导敌方，使其对潜艇的位置和行动产生误判；气幕弹，通过释放气泡或其他物质来形成水下干扰层，阻碍声波的传播和探测等。这些对抗手段在水下战场有助于保护潜艇和其他水下设备的安全，并增强水下作战的效能和隐蔽性。

（4）机载声呐。机载声呐是安装在飞机上的声呐系统，如图 2.3 所示，由于该设备从空中进行探测，所以能灵活搜索各个海域。由于飞机的机动性和灵活性，机载声呐能够覆盖广泛的海域，并且具有快速搜索的能力。这种快速搜索能力使机载声呐成为一种有效的工具，在搜救行动、反潜任务和海洋科学研究中，用于搜索和定位水下目标。因此，机载声呐在海上监视、搜救行动和军事作战中至关重要，为航空领域的水下侦察提供了关键支持。

图 2.3 机载声呐

飞机的高速飞行能力使其具有快速追击目标的优势。由于飞行速度快，飞机能够迅速到达目标区域，并持续跟踪目标的移动。这种迅速响应的能力对于执行紧急任务或追捕快速移动的目标至关重要。

飞机在空中的高度优势使其能够俯视水面，易于实施精准打击。与此同时，潜艇在水下行动时，受限于水下视野的局限性，往往难以察觉上方飞机的存在，从而使其更易成为被袭击目标。

飞机的编队飞行能够有效地增大搜索区域，提高搜索效率。通过组成编队，多架飞机可以协同行动，分担搜索任务，相互配合，使得声呐搜索范围扩大并且更加全面。同时，这些飞机可以与陆上基地、海上基地以及其他反潜部门保持密切联系，进行信息交换和共享。这种协同作战的方式不仅可以提高反潜作战的效能，还可以加强指挥和控制的统一性，确保各个作战单位之间的配合。

通过充分利用水文条件，飞机可以灵活地调整水下吊放装置的入水深度，以便在最佳的水下深度范围内进行目标检测。这种策略使得飞机能够针对不同的水文环境和目标特征进行有效调整，最大限度地减少舰艇声呐的盲区。通过精确调整入水深度，机载声呐能够在海洋中实现更为精准的目标侦察和搜索，发现隐藏在水下的潜在威胁或目标。这种灵活的水下吊放装置操作不仅提高了反潜作战的效率，还有助于充分利用飞机在海上的优势，为海上安全提供更加全面的保障。

（5）声呐浮标。声呐浮标是一种消耗性器材，通常由飞机空投到指定水面上。声呐浮标通常应用在海洋定位、追踪或监测目标等任务中。这些浮标携带声呐设备，可以探测周围水域的声音并将数据传回指定的监控站点或舰艇，从而提供重要的情报支持。由于其特殊的用途和设计，声呐浮标通常被视为一次性使用的器材，在完成任务后往往无法回收或重复利用。

声呐浮标分为主动式浮标和被动式浮标两种。主动式浮标通常配备主动声呐系统，能够发出声波并接收回波，通过测量回波的时间和频率来确定目标的位置和特征。这种浮标常用于追踪和定位目标，如水下器材，具有较强的主动搜索能力。被动式浮标主要依靠接收外部声音来进行目标探测和定位，通常不发出声波，而是利用周围环境中的声音进行被动监听。被动式浮标的优势在于隐蔽性更强，不易被敌方探测到，适用于一些需要隐秘监视的情况。声呐浮标的这两种类型在海洋监测和反潜作战中发挥着不同的作用，相互配合，提高了海上作战的效能和成功率。

被动式浮标一般分为两种，即被动非定向式浮标和被动定向式浮标。被动非定向式浮标能够侦测到目标存在与否，但无法确定目标的具体方向。相比之下，被动定向式浮标具有判定目标方向的能力，通过测量接收到的声音的时间差或者声音的强度分布来确定目标的方位。当多个被动定向式浮标被部署并与其他侦察设备结合使用时，可以通过三角定位等方法精确确定目标的位置。这种综合运用不同类型的浮标和其他设备的方式，大大提高了海上目标侦察和追踪的准确性和效率，为海军部队的战略决策提供了情报支持。

声呐的应用可以分为如下几类。

（1）探测。用于解决目标存在与否、大小、运动状态（动、静）等问题。通过发送声波并接收回波，声呐系统能够探测到周围水域中的目标，无论是潜在的敌对潜艇、水下障碍物还是其他水下设施。这种探测能力为海上作战提供了第一手的情报支持，帮助决策者了解海域情况，识别潜在威胁，从而采取相应的行动。

（2）定位。在定位阶段，声呐系统用于确定目标在地球上的具体位置，或者相对于已知点的位置。通过测量声波的传播时间、方向或者强度等参数，声呐系统可以计算出目标相对于声呐设备或其他参考点的准确位置。这种定位能力对于海上导航、水下勘测以及搜救行动等具有重要意义。无论是确定船只、潜艇或其他水下设施的位置，还是标定海底地形或水下资源的分布，声呐定位都为相关任务提供了重要的空间信息，有助于指导航行、科学研究和救援行动的顺利实施。

（3）跟踪。在跟踪阶段，声呐系统通过不间断地探测目标（在能够探测到目标的前提下），从而形成目标的一系列快照（snapshot）。这些快照包含目标的位置、速度、运动轨迹以及其他相关信息。例如，在对鱼雷、导弹和水雷等目标进行跟踪时，声呐系统会持续地监测目标的动态变化，并将这些信息实时传输给操作者或决策者。通过对目标的持续跟踪，声呐系统可以实现对目标的实时监测和追踪，为应对突发情况或采取相应行动提供及时的数据支持。

（4）导航。在导航阶段，声呐系统进行自我定位，即通过水下导航手段来确定自身的位置和航向。水下导航手段比较单一，通常使用多物理场匹配，即利用多种物理场的信息（如声学、磁学、地形等）进行匹配和定位。声呐系统通过与其他导航系统相结合，能够提供水下航行所需的准确位置信息。通过不断更新自身位置和航向信息，声呐系统可以帮助航行者在水下环境中准确、安全地导航，从而实现预定的航行路径和任务目标。

（5）识别。在识别阶段，声呐系统用于区分目标的类型和性质，这通过对目标声学特性的各类研究来实现。在进行目标识别时，建立和维护数据库以及采用有效的分析方法都至关重要。声呐系统通过对目标的声学回波特性或声成像特征进行分析，可以将目标分类为不同的类型，例如潜艇、鱼雷、海洋生物等，并进一步推断目标的性质，如敌友、威胁程度等。

（6）通信。通信领域对声呐系统的需求日益广泛，其复杂程度远远超过了传统的无线电通信。为了实现可靠的数据传输，必须深入了解声信道的传播特性。声信道的传播特性受到水下环境的影响，包括水的温度、盐度、压力等因素，以及海底地形、水下障碍物等因素的影响。因此，声呐系统在设计和应用过程中需要考虑如何克服这些问题，并优化数据传输的可靠性和效率。通过深刻认识声信道的传播特性，声呐系统可以采用合适的调制解调技术、信号处理算法和传输协议，以适应不同水下环境条件下的通信需求。

（7）自导。自导阶段涉及对鱼雷等武器系统的控制，通常采用自导技术。在自导过程中，声呐系统扮演着关键角色，通过不断检测和跟踪目标，以及分析环境信息，实现对鱼雷的精确引导和控制。声呐系统可以通过探测目标的声学信号、识别目标类型，并结合预先设定的引导算法，实现对鱼雷飞行路径的动态调整和修正。

（8）对抗。对抗阶段涉及侦查参数，并采用一系列手段来迷惑敌方的观测系统，这种对抗可以分为主动对抗和被动对抗两种方式。在主动对抗中，声呐系统通过发射特定的信号或干扰源，来干扰敌方的声呐观测系统。这包括发射伪装信号、噪声干扰或频率跳变等技术，旨在降低敌方观测的准确性和精度，使其难以确定目标位置和特征。而被动对抗则是利用声呐系统的特性，采取隐身措施，以规避敌方的观测和侦察。这包括减小声呐反射面积、调整航行速度和深度，或者采取隐身涂装等技术，减少被侦测的可能性。

图像声呐常采用主动工作模式，其结构如图2.4所示。主动声呐系统通常由换能器基阵（通常为收发两用）、发射机（包括波形发生器、发射波束形成器）、定时中心、接收机、指示器、控制同步设备等几个部分组成。主动声呐通常可用来探测水下目标，并提供关键的信息，如目标的距离、方位、航速、航向等运动要素。通过发射声波脉冲并接收其回波，主动声呐系统可以精确测量声波信号的传播时间和特性，从而计算出目标与声呐之间的距离。同时，通过分析回波的方向和相位，可以确定目标的方位角度，从而实现对目标的定位和追踪。此外，主动声呐还能监测目标的运动状态，包括航速和航向，为水下作战和导航提供参考数据。这种能力使得主动声呐可以为用户在海上安全、军事行动和科学研究等领域提供关键的水下情报和导航支持。

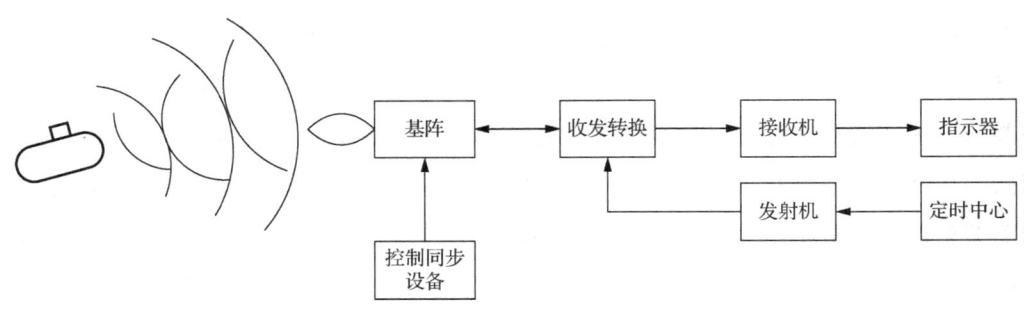

图2.4　主动声呐结构图

## 2.1.2 图像声呐应用

如图 2.5 所示,图像声呐的应用范围非常广泛,包括但不限于鱼群定位、水深测量、海床建模、打捞救援、海底管道救助。此外,图像声呐在军事领域可用于探测和追踪水雷、潜艇等水下目标物。这些功能使得图像声呐成为一种多用途的水下探测工具,被广泛应用在海洋科学、环境保护和国防安全等领域。

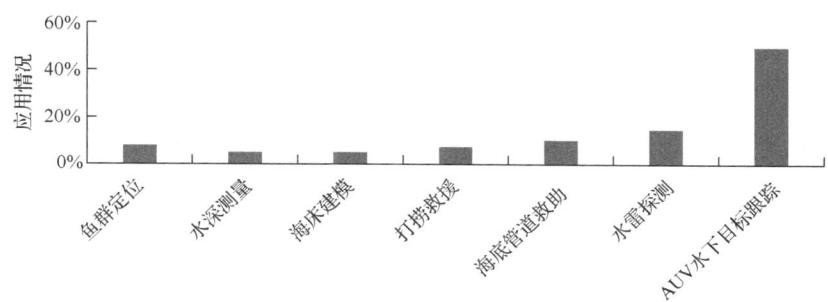

图 2.5　图像声呐的应用范围

图像声呐主要分为前视声呐、侧扫声呐和合成孔径声呐等类型[17](见表 2.1),可安装在自主或非自主水下航行器上。这些声呐系统在航行过程中不断发射和接收声波信号,以实现对水下目标的检测和识别。通过应用这些声呐,水下航行器能够获取关键的环境信息,并有效地执行目标搜索和定位。

表 2.1　三种图像声呐的性能特征

| 声呐类型 | 原理 | 优点 | 缺点 |
| --- | --- | --- | --- |
| 前视声呐 | 形成一个或多个波束对扇形进行扫描,通过转动波束来对整个水下区域进行探测 | 多频率,低能耗,小尺寸 | 分辨率低,目标信息量少,对噪声敏感,旁瓣干扰严重 |
| 侧扫声呐 | 根据水下目标物对入射声波的反向散射原理来探测目标形态,将数据记录逐行排列,从而直观地提供水下目标物形态的声成像 | 探测覆盖面大 | 分辨率低,精度低,数据及处理量大 |
| 合成孔径声呐 | 利用小孔径基阵的移动,通过对不同位置接收信号的相关处理,获得移动方向上的合成孔径,从而得到方位方向的高分辨率 | 分辨率高,工作频率要求低,精度高 | 对设备成像要求高,检测速度低,数据处理量大 |

### 2.1.2.1　目标检测

水下目标检测算法主要依赖声呐图像中的高亮部分、阴影部分和海底混响部分。高亮部分代表目标反射声波形成的区域,阴影区域则是目标背面没有声波反射而形成的声波混响,其余部分则是海底混响。在声呐图像中,阴影部分通常是水下目标识别的主要检测区域。在进行后续处理和识别之前，必须对检测到的声呐图像进行去噪处理，以提高图像的清晰度和检测的准确性。常见的声图像检测方法如表 2.2 所示。

#### 2.1.2.2 水下目标识别

水下目标识别涉及从水声信号或水下图像中提取目标特征并对其进行分类。其中，特征提取是最关键的步骤，因为良好的特征提取可使特征向量中包含更多可用信息，同时减少干扰信息，从而提高分类效果。然而，水下环境的限制使得声波成为目前唯一能够有效传播的能量形式，因此声呐成为目前水下目标识别最成熟的技术载体[18]。此外，海水介质的非均匀性会导致声信号的衰减和畸变，同时水温、漂浮物和颗粒会增加声波传输过程中的多径效应，使得水下传输信道变得复杂多样。

表 2.2 基于声图像的检测方法归类

| 过程 | 方法 | 原理 | 适用范围 | 局限性 |
| --- | --- | --- | --- | --- |
| 特征提取 | 主成分分析和判别分析 | 寻找一个预测向量的最优集合，在特征空间中达到很好的区分效果 | 声呐数据样本受到异常值影响 | 计算复杂，非线性特征提取较难 |
| | 算法融合 | 对声呐图像中的点线面特征进行提取 | 大部分声呐图像 | 融合后需要对数据进行分离以便各方法分别作用 |
| 特征分类 | 神经网络 | 神经网络具有并行处理及自学习能力，降低运算密度，提高实时性 | 水下目标较少，杂波少 | 计算量大，参数优化困难，过度拟合 |
| | 融合框架 | 基于 DS 理论（Dempster-Shafer theory），DS 理论是概率论的扩展，能够处理异构系统的组合问题并且能够消除混淆分类 | 大部分声呐图像 | 易造成虚警问题，需要训练数据，需要先验知识 |

#### 2.1.2.3 水下多目标跟踪方法

水下多目标跟踪是指利用一系列声呐图像序列，在复杂的水下背景中提取目标信息并实现目标追踪的过程。水下多目标跟踪算法的主要挑战在于解决水下目标的不确定性和测量不确定性问题。水下目标的不确定性包括目标的新生、衍生和消失，以及水下杂波干扰等，这导致无法准确监测区域内目标数量的信息。而水下目标测量的不确定性则源于缺乏跟踪环境的先验信息，以及传感器观测和水下环境的不确定性和随机性，这些因素破坏了回波与水下目标之间的对应关系，使得无法确定测量是否来自感兴趣的目标。常用的多目标跟踪方法如表 2.3 所示。

表 2.3 多目标跟踪方法归类

| 跟踪方法 | 改进方法 | 原理 | 适用范围 | 局限性 |
| --- | --- | --- | --- | --- |
| 数据关联 | 概率数据关联→联合概率数据关联算法 综合概率数据关联算法→联合综合概率数据关联算法→多普勒数据关联算法 | 用数据关联的方法确定水下传感器所得的测量与目标源之间的对应关系,然后分别估计每个水下目标的状态,通过对量测的分配将多目标处理问题转化为并行的单目标跟踪问题 | 水下目标少,杂波干扰少 | 当水下目标较多且存在大量水下杂波和虚警时,关联会带来组合爆炸、计算量急剧增加等问题 |
| 概率假设密度(probability hypothesis density,PHD)滤波器 | 单独 PHD 滤波器→PHD 滤波器和粒子技术结合→CPHD 滤波器 | 递推传递目标状态的分布信息以提取多目标的个数和状态 | 水下低信噪比环境 | 跟踪精度 |
| 卡尔曼滤波器 | 标准卡尔曼滤波器→扩展卡尔曼滤波器→无迹卡尔曼滤波器→容卡尔曼滤波器→伪线性卡尔曼滤波器 | 通过对状态真实值进行最优估计,并对其进行量测更新以保证能够随时跟踪目标状态 | 水下多目标环境,非准确目标 | 收敛速度慢,稳定性问题,高维精准度下降 |

针对上述问题,目前存在两种主要的解决方法:一种是传统的基于数据关联的多目标跟踪方法,例如联合概率数据关联算法等;另一种则是非关联的多目标跟踪方法,如基于有限集统计学(finite set statistics,FISST)理论,其中主要涉及随机有限集(random finite set,RFS)方法。然而,由于 RFS 方法需要进行复杂的高级微积分运算,因此在实际应用中执行起来比较困难。为解决这一问题,可以将概率假设密度滤波器作为 RFS 框架下多目标完全概率密度函数的一阶统计矩近似产物,从而提高 RFS 方法的实际可执行性。

## 2.1.3 声呐技术指标

声呐方程是目前被广泛采用的用于声呐技术验证的重要手段,它将换能器、水声信道、噪声、混响、最佳检测和信号波形设计等概念有机地结合在一起,形成了一个完整的框架。

战术指标涉及反映和表征战术性能的参数,如作用距离、方位角和俯仰角范围、盲区、分辨率、搜索速度。

(1)作用距离。在声呐的战术指标中,通常将作用距离视为最为关键的参数。作用距离即声呐在特定条件下能够有效地探测目标并获取数据的最大距离。

假设探测 $N$ 次,漏报 $n$ 次,有检测概率:

$$P_\mathrm{D} = \frac{N-n}{N} \tag{2.1}$$

漏报概率:

$$1 - P_\mathrm{D} = \frac{n}{N} \tag{2.2}$$

假设探测 $N$ 次，虚警 $n$ 次，有虚警概率 $P_{FA}$：

$$P_{FA} = \frac{n}{N} \qquad (2.3)$$

（2）方位角和俯仰角范围。方位角是在水平面内测量的角度，而俯仰角则是在垂直面内测量的角度。这两个角度的范围定义了声呐系统可以搜索的空间区域。如果目标位于这个空间区域内，探测系统就能发现或测量到它。

（3）盲区。盲区是在声呐作用范围内，由于受特定条件限制而无法探测到目标的区域，通常用图形、角度或距离范围来表示。盲区可根据形成原因分为多种类型，包括尾部盲区、物理盲区、脉冲宽度盲区和混响盲区等。

尾部盲区是由舰艇尾流造成的盲区。因为舰艇尾部的螺旋桨噪声较大，舰艇尾部会形成一个强散射区，导致声呐难以接收来自该方向的信号。尾部盲区大约在舰艇后部尾线范围内。

物理盲区是由声音在传播过程中声线发生弯曲而形成的盲区。射线声学研究表明，由于垂直方向上声速存在梯度，声线会发生弯曲，导致形成一些声阴影区域。如果目标位于这些阴影区域内，声呐将无法探测到目标。图 2.6 展示了在几种典型声速梯度条件下，换能器在特定深度所造成的盲区情况。图 2.7 描述了由声速梯造成的声传播图，其中暗色区域为声无法覆盖的区域，即盲区。

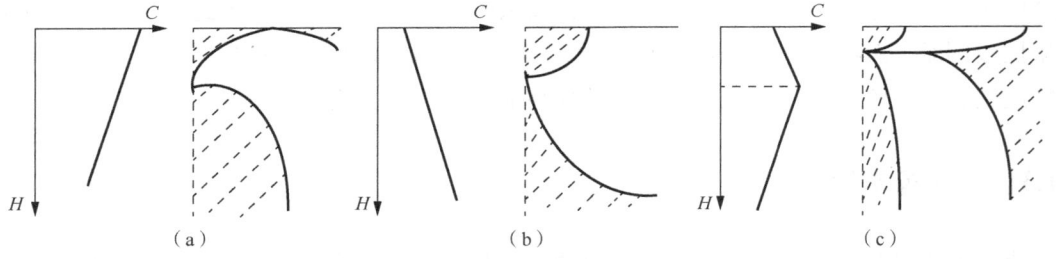

图 2.6　几种典型声速梯度下的物理盲区

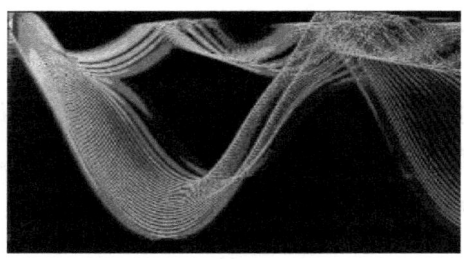

图 2.7　声传播图

脉冲宽度盲区的形成原因是，声呐在发射脉冲信号时，因信号极强，接收机往往处在关闭状态，而且出于技术考虑，关闭时间还要大于脉冲持续时间。考虑到声传播单程距离 $R$ 与传播时间 $t$ 及声速 $c$ 之间满足如下关系：

$$2R = ct \tag{2.4}$$

假设脉冲持续时间为 $\tau$，脉冲盲区的距离 $R_\tau$ 为

$$R_\tau = \frac{1}{2}c\tau \tag{2.5}$$

（4）分辨率。分辨率表示声呐系统对空间的两个相邻目标的分辨能力。

角度分辨率：声呐在角度维度分辨多个目标的能力。在图 2.8（a）中，目标Ⓐ和Ⓑ分处于两个不同的波束，因此具有可分辨能力；在图 2.8（b）中，目标Ⓐ和Ⓑ同处于一个波束中，会被视为单个目标，此时无法分辨。

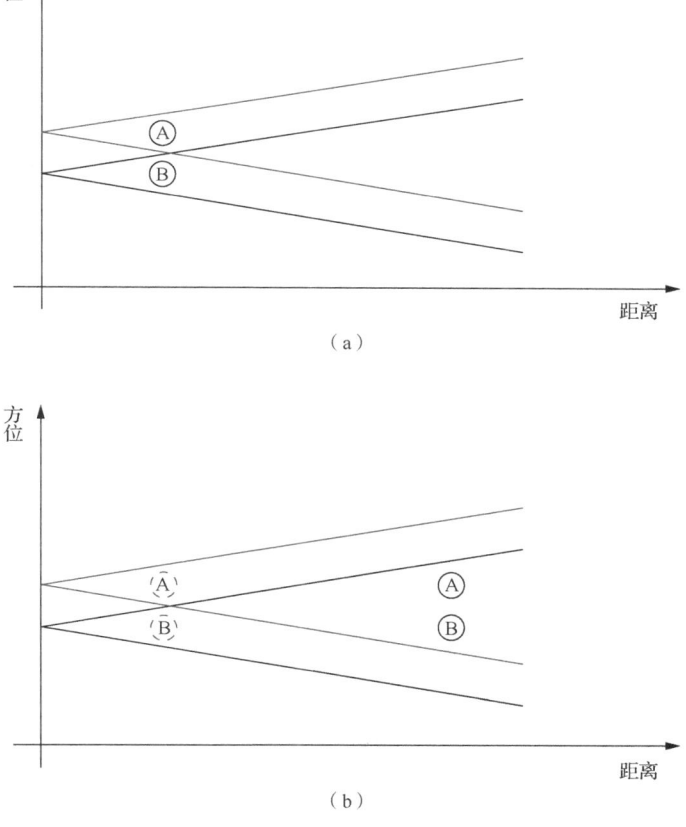

图 2.8 角度分辨力图示

距离分辨率：声呐在同一个波束内，在距离（对应时间）维度上对多个目标的分辨能力。如图 2.9（a）所示，在同一个波束覆盖范围内，两个目标Ⓐ和Ⓑ不具有可区分性；但是在该波束的幅度曲线上，目标会形成两个脉冲，如图 2.9（b）所示，在距离上两个脉冲是可

以清晰区分的。在图 2.9（c）中，两个目标的脉冲距离过近，导致目标不可分辨。因此距离分辨率的能力受限于声呐波束数据脉冲宽度。

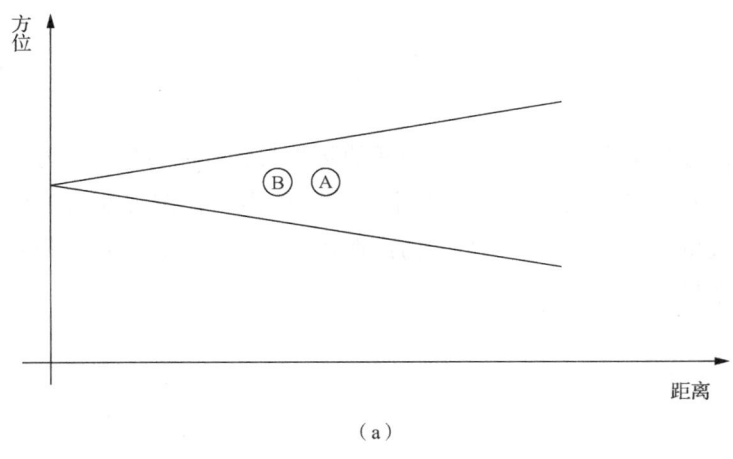

（a）

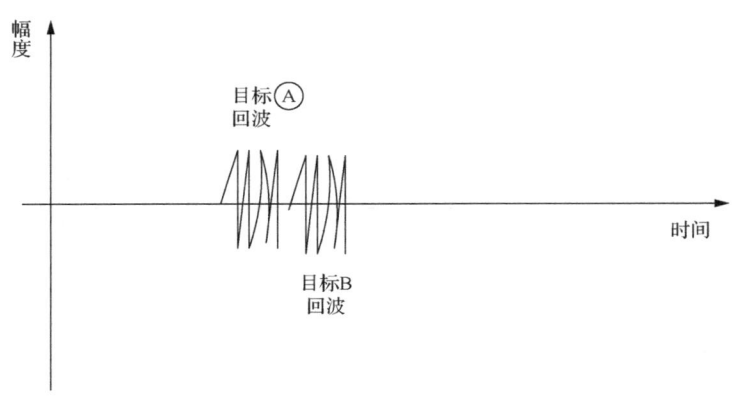

（b）

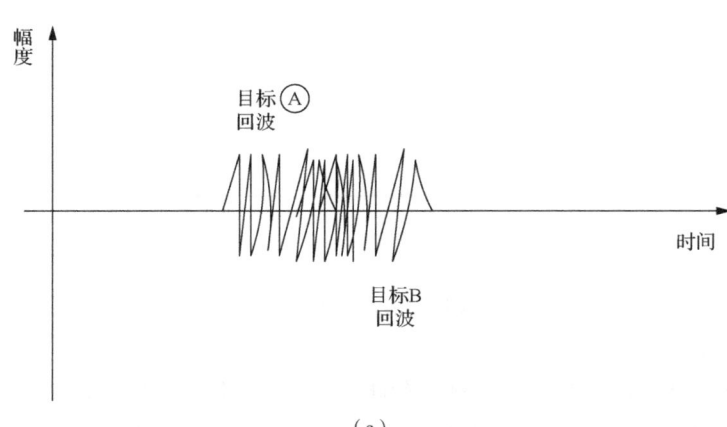

（c）

图 2.9　距离分辨率图示

（5）搜索速度。这是指单位时间内可搜索的空间区域的大小，例如单波束与多波束。

技术指标是确保实现战术指标所需的技术参数，例如发射功率、脉冲重复频率、工作频率、接收灵敏度、脉冲宽度等，主要涉及声呐设备自身的技术性能。技术指标应当由声呐设计师制定。声呐种类繁多，每部声呐都有自己各自的技术指标体系，下面列出声呐设计中常关注的一些指标：①信号波形。根据主动声呐应用场合与功能的不同，可以采用不同的信号波形，例如不同种类、脉冲宽度、重复周期等的信号波形。②发射声源级。直接影响声呐的作用距离，不仅与发射电路有关，还与发射换能器（阵列）的性能指标有关。③工作频率/带宽。直接影响声呐的作用距离和距离分辨率，不仅与发射/接收电路有关，而且与发射/接收换能器（阵列）的性能指标有关。④接收灵敏度。接收换能器感知弱信号的能力，保证一定作用距离上具有更高的信号输出。⑤检测域。结合作用距离等战术指标与具体信号处方案给出的对接收机输入信噪比要求。⑥波束宽度。对应空间分辨率，取决于基阵孔径相对于波长的大小。⑦波束数量。波束在观测面内分布的疏密程度。⑧采样频率。表征采样样本的时间间隔，对应距离分辨率。⑨处理能力。信号处理机完成声呐系统需要的处理算法的运算能力，如 FFT、滤波等。⑩接口能力。满足声呐系统信息流传输带宽要求的各环节的数字接口类型。

## 2.2　声呐基阵技术

基阵是声呐的重要组成部分，是由水声换能器阵元按一定规律构成的具有一定形状的组合，如图 2.10 所示为典型的多波束声呐基阵阵型。换能器及基阵技术是一门综合性技术，它涉及多个学科，包括声学、电子学、结构力学、材料力学、高分子化学等。其物理基础是振动声学，它既有很强的理论性又有很强的实践性，理论与实践结合是研究换能器及基阵的方法[19]。

图 2.10　典型多波束声呐基阵阵型

基阵可形成一定的指向性，以满足定向和空间滤波的要求。基阵从功能上可分为发射阵和接收阵，也可一阵兼作接收和发射两种用途，称为收发共用阵。限于工作环境条件的特殊性，为了提高基阵的抗干扰能力，基阵要带有声障板，以消除或减弱载体的结构振动噪声和辐射噪声对基阵的影响，以及改变阵的方向特性。对发射基阵还必须考虑阵元之间的互辐射影响，以达到指向性与声源级的要求。

基阵外面有一层透声性能好，满足一定线型的膜，称为透声窗。透声窗除具有透声功能外，还具有隔离流噪声的作用。基阵设计包括阵形及阵元数目、受力状态及承压构件、声去耦及声屏蔽、声障板及透声窗等内容。

一个无方向性的水听器在海洋环境中只能确定有无目标，而不能判定目标的方位。只有把若干个水听器放在一起，组成一个水听器阵（亦称接收基阵）。再辅之以信号处理的方法，才能确定目标的方位以及分辨不同方位的多个目标。把多个水听器的信号加以延时处理，从而确定目标方位的技术称为波束形成。

波束形成是声呐信号处理的主要组成部分，无论是被动声呐还是主动声呐，都要有波束形成系统。它可以被看作是一种空间滤波器，使得基阵只在某一方向具有较高的灵敏度，而抑制来自别的方向的噪声和干扰。显然，这也是声呐方程中空间增益的主要来源。

很早之前，人们对波束成形的理论就有较系统的研究，特别是雷达系统的天线理论，可作为声呐的借鉴。这些工作包括一般的指向性分析、增益的计算及基元信号的加权。常常以发射换能器基阵来定义这些基本参数，这些参数描述了系统把高频电流能量转换成声波能量并按照要求辐射出去的能力。

指向性函数定义：在离开换能器基阵一定距离处，描述声辐射场相对值与空间方向的函数关系，表示为 $f(\theta,\phi)$。

方向图：根据指向性函数绘制的图形。为便于比较不同换能器的方向特性，常采用归一化指向性函数，定义为

$$D(\theta,\phi) = \frac{f(\theta,\phi)}{f(\theta,\phi)|_{\max}} \qquad (2.6)$$

以换能器为原点建立球坐标，设信号的入射或辐射方向为 $(\theta,\phi)$，如果保持信号强度不变，那么这个系统的输出 $D(\theta,\phi)$ 就反映了它对不同方向信号的灵敏度，称为该基阵的指向性函数。

从直观上来说，指向性函数的概念表达了基阵和波束形成系统的这样一种能力：①把信

号集中于某一方向；②抑制其他方向的干扰和噪声。

指向性函数是声呐系统的基本特征之一，它是声呐设计者应当优先考虑的问题。下面以图 2.11 归一化的平面指向性图为例，说明刻画向性函数 $D(\theta)$ 的主要参数。

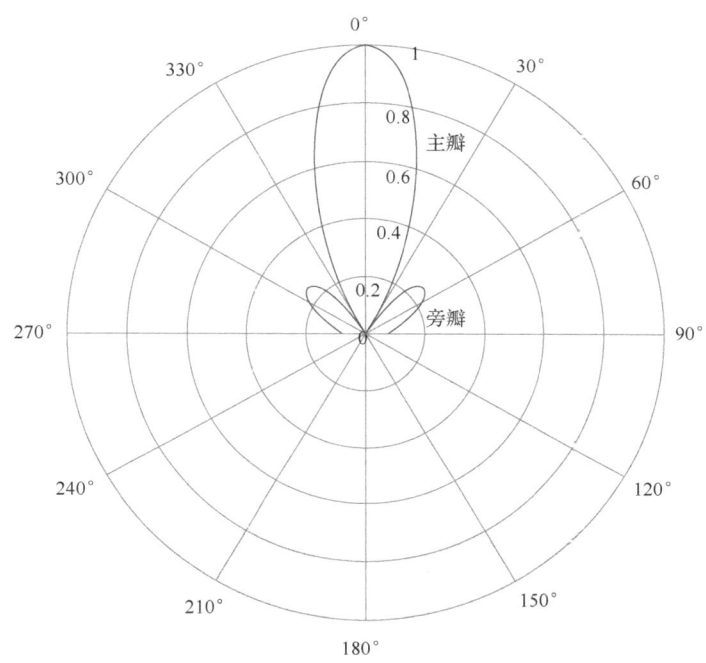

图 2.11 归一化的平面指向性图

1. 主瓣方向

主瓣方向是指 $D(\theta)$ 极大值所在的方向 $\theta = 0°$。

2. 主瓣宽度

从极大值开始，下降到半功率点的地方，设 $D(\theta_0) = 0.707$，称 $\Delta\theta = 2\theta_0$ 为主瓣宽度。

在一些特殊的场合，如果 $D(\theta)$ 有零点，把最靠近主瓣的第一对零点的宽度作为主瓣宽度。在后面的内容中，如果不特别说明，凡是讲到主瓣宽度的地方，均指半功率点宽度。

3. 旁瓣高度

在方向图曲线中，除极大值之外的次极大值都称为副瓣（或旁瓣）。最大旁瓣值和主瓣值之比取对数的分贝值，称为旁瓣高度。例如，图 2.12 波束方向图中主瓣方向值 $D(0) = 1$，最大旁瓣值 $D(\theta_1) = 0.1$，则旁瓣高度为 $-20\lg D(\theta_1) = -20\text{dB}$。

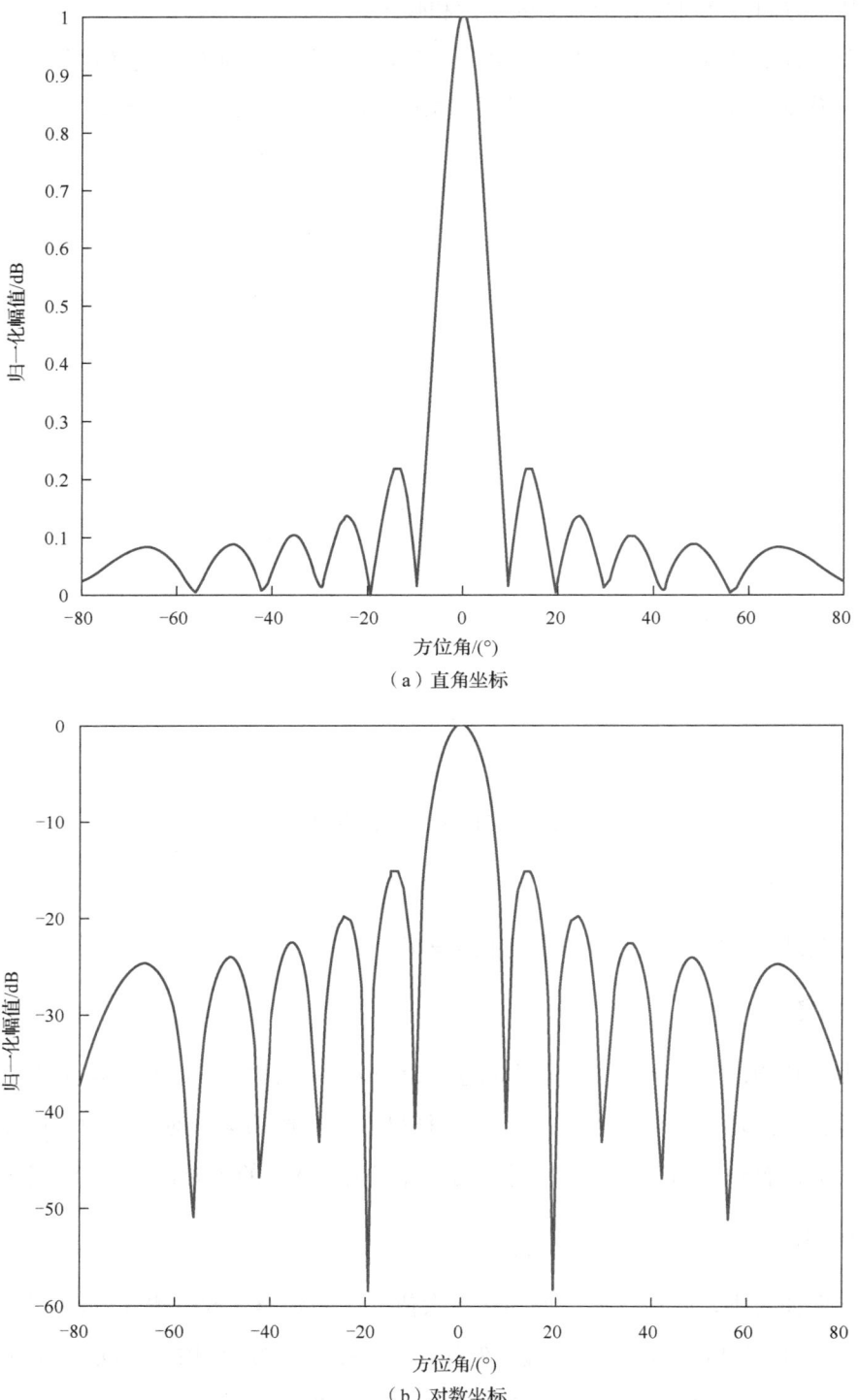

图 2.12 波束方向图

4. 指向性系数 DI

在相同辐射功率下,换能器产生的最大辐射强度与点源换能器在同一点处产生的辐射强度的比值,称为该换能器的方向性系数;方向性系数也可定义为在相同声场强度的情况下,理想点源换能器的总辐射功率与受试换能器总辐射功率的比值。

从工程角度来说,换能器的指向性系数可以理解为其抑制各向同性的、均匀噪声场的能力,表示为

$$\mathrm{DI} = 10\lg \frac{4\pi}{\int_0^{2\pi}\int_0^{\pi} D^2(\theta,\phi)\sin\theta \mathrm{d}\theta \mathrm{d}\phi} \tag{2.7}$$

5. 效率 $\eta$

换能器的效率定义为换能器的辐射功率与输入功率之比,即

$$\eta = \frac{P_r}{P_{\mathrm{in}}} = \frac{P_r}{P_r + P_L} \tag{2.8}$$

由于存在损耗,实际换能器的效率不可能为 100%。

6. 输入阻抗

换能器的输入阻抗定义为换能器输入端的电压与电流之比,即

$$Z_{\mathrm{in}} = \frac{U_{\mathrm{in}}}{I_{\mathrm{in}}} = R_{\mathrm{in}} + \mathrm{j}X_{\mathrm{in}} \tag{2.9}$$

换能器输入阻抗为换能器通过馈线与发射机相连时,换能器与馈线连接端口处,以换能器作为负载的等效阻抗值。在换能器设计和使用中,需要保证阻抗匹配。

7. 频带宽度

换能器的上述所有参数均与工作频率有关,当实际工作频率偏离中心频率时,会引起参数的变化。例如,方向图的畸变、输入阻抗变化等。所以在换能器的工作频带范围内,要求换能器的电参数能够保持在规定的技术要求范围内,对应的频率变化范围称为换能器的频带宽度。

## 2.3 声呐信号分析

如何选择发射信号的波形是图像声呐设计过程中必须考虑的问题之一。不同的信号波形对应不同的信号参数（如振幅、相位、频谱等），会有不同的处理结果，直接影响声呐的性能。因此有必要研究声呐信号的波形特性。信号波形不仅决定了系统的信号处理方法，而且直接影响系统在分辨率、参数测量精度、抑制混响及抗干扰和与信道匹配等方面的性能[20]。

### 2.3.1 常用信号波形的时域、频域分析

#### 2.3.1.1 连续波脉冲

时间函数：连续波（continuous wave，CW）脉冲信号的时间函数可表示为

$$s(t) = \begin{cases} A\mathrm{e}^{\mathrm{j}2\pi f_0 t}, & t \in [0, T] \\ 0, & 其他 \end{cases} \tag{2.10}$$

式中，$A$ 为信号幅值；$f_0$ 为载波频率。CW 脉冲信号的时间函数的实部如图 2.13 所示。

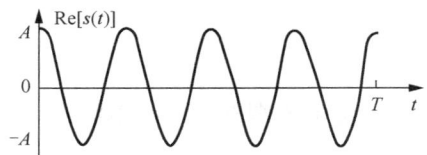

图 2.13 CW 脉冲信号实部波形

频谱函数：对式（2.10）进行傅里叶变换，得到 CW 脉冲信号的频谱函数，如图 2.14 所示。

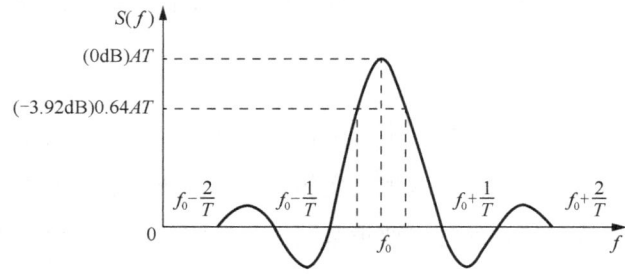

图 2.14 CW 脉冲信号频谱示意图

$$S(f) = AT \cdot \frac{\sin(\pi(f-f_0)T)}{\pi(f-f_0)T} \tag{2.11}$$

当 $f = f_0$ 时，$S(f) = AT$；当 $f = f_0 \pm \frac{1}{T}$ 时，$S(f) = 0$。

若将信号的带宽 $B$ 定义为频谱峰值左右第一零点间距的一半，则 $B = \frac{1}{T}$，将 $f = f_0 \pm \frac{1}{2T}$ 代入式（2.11）可得在带宽边缘处的频谱幅度为 $S(f) = \frac{2AT}{\pi} \approx 0.64AT$ [15]（等效于-3.92dB）。

### 2.3.1.2 线性调频脉冲信号

时间函数：线性调频（linear frequency modulation，LFM）脉冲信号的时间函数可表示为

$$s(t) = \begin{cases} A\mathrm{e}^{\mathrm{j}(2\pi f_0 t + \pi k t^2)}, & t \in [-T/2, T/2] \\ 0, & 其他 \end{cases} \tag{2.12}$$

其瞬时频率为

$$f(t) = \frac{1}{2\pi}\frac{\mathrm{d}}{\mathrm{d}t}\varphi(t) = f_0 + kt, \quad t \in [-T/2, T/2] \tag{2.13}$$

式中，$k = \frac{F}{T}$ 为信号频率变化率，或称调频斜率，$F$ 为信号的调频宽度。LFM 脉冲信号实部的波形及瞬时频率如图 2.15 所示。

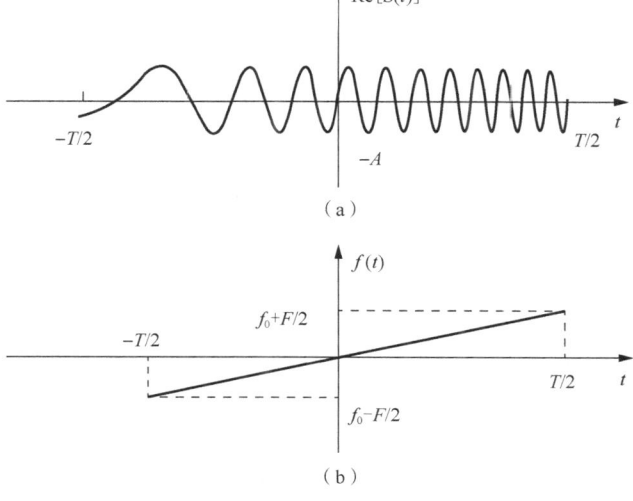

图 2.15 LFM 脉冲实部信号波形及瞬时频率示意图

线性调频信号的频谱计算较为复杂,可以利用菲涅耳积分获得数值解。图 2.16 中是典型的 LFM 脉冲信号的频谱图。

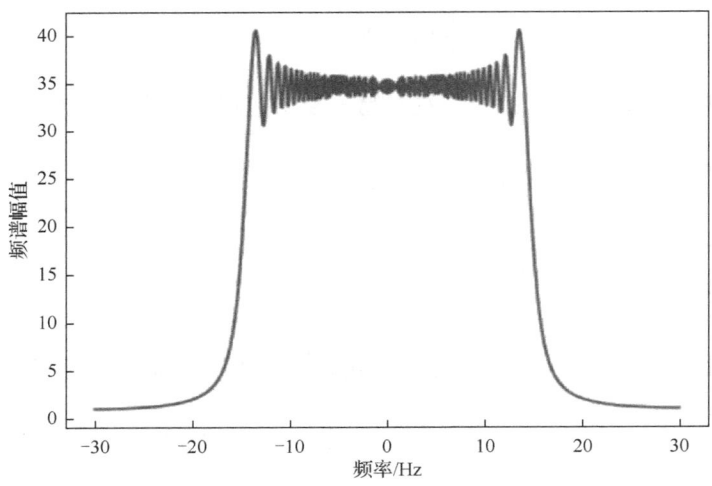

图 2.16　LFM 脉冲信号频谱（幅度谱）

由于信号频率由 $f_0-(F/2)$ 变到 $f_0+(F/2)$,故可推知其频谱宽度大致为 $F$,即信号带宽 $B \approx F$。又由于是线性调频规律,各个频率分量在脉冲信号宽度内所占的时间相同,为 $T/F$,各个频率分量的幅度均为 $A$,故各分量的能量为 $A^2T/F$,从而推知其幅度谱为

$$|S(f)| \approx A\sqrt{\frac{T}{F}}, \quad |f-f_0| \leqslant F/2 \tag{2.14}$$

此结果与数值计算结果大致相同,而且当 $BT \gg 1$ 时近似程度更高。因此可以认为,当 $BT \gg 1$ 时,LFM 脉冲信号的带宽 $B$ 可近似为调频宽度 $F$。通常将具有 $BT \ll 1$ 特性的信号称为复杂信号或可压缩信号,而把 $BT \approx 1$ 的信号称为简单信号或不可压缩信号。CW 脉冲信号为简单信号,LFM 脉冲信号则为复杂信号。

### 2.3.2　信号的多普勒频移

声呐与目标间的相对运动会使接收的信号波形发生改变,表现为信号频率的偏移,称为多普勒频移现象。在发射信号为脉冲形式时,从时域上进行分析可在物理概念上得到清晰的理解。

声呐发射一段正弦波,起始点为 $A$,终止点为 $B$,在空间延伸的长度为 $D$（对应脉冲持续时间）,目标以径向速度 $v_r$ 向着声呐飞行（远离声呐飞行时速度为负数,原理相同,如图 2.17 所示）。

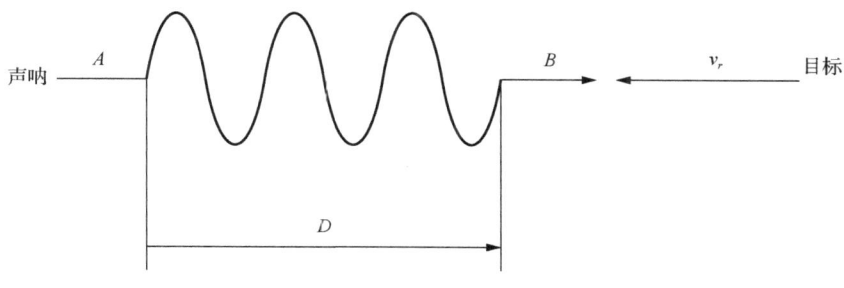

图 2.17 声呐与目标示意图

由于目标向声呐运动，$B$ 点接触目标后，到 $A$ 点接触目标，所需的时间 $\Delta t$ 为

$$\Delta t = \frac{D}{c + v_r} \tag{2.15}$$

当 $A$ 点接触目标时，$B$ 点相对于目标的距离就是反射脉冲的长度 $D'$。在 $\Delta t$ 这段时间内：

$$D' = (c - v_r)\Delta t = \frac{c - v_r}{c + v_r} D \tag{2.16}$$

相当于接收到的脉冲宽度变为

$$T' = \frac{1 - v_r/c}{1 + v_r/c} T = \alpha T \tag{2.17}$$

由于 $v_r/c \ll 1$，系数 $\alpha$ 可以近似为

$$\alpha \approx 1 - \frac{2v_r}{c} = 1 - \delta \tag{2.18}$$

式中，$\delta = \frac{2v_r}{c}$。这里 $\alpha$、$\delta$ 均为与声呐和目标间的相对运动速度 $v$ 和声波传播速度 $c$ 有关的量。注意，相对运动速度 $v$ 是有符号的，当目标与声呐相向运动时为正。

由以上分析可知，声呐与目标间的相对运动使得脉宽为 $T$ 的发射信号经目标反射后，在接收点变为脉宽为 $\alpha T$ 的信号。由于并未对脉宽 $T$ 的选取作任何限制，故以上结论具有普遍意义，即径向运动对信号接收的影响是线性压缩（或伸张）信号的时间标尺。因此当有传播延迟 $\tau$ 时，接收信号可表示为

$$s_\tau(t) = s_T\left(\alpha^{-1}(t-\tau)\right) \approx s_T\left[(1+\delta)(t-\tau)\right] \quad (2.19)$$

其中，发射信号为

$$s_T(t) = \begin{cases} s(t), & t \in [0,T] \\ 0, & 其他 \end{cases} \Rightarrow \alpha^{-1}t \in [0,T] \quad (2.20)$$

考虑窄带信号，发射信号的复数域表达为

$$s_T(t) = \tilde{a}(t)\mathrm{e}^{\mathrm{j}2\pi f_0 t} \quad (2.21)$$

式中，$\tilde{a}(t)$ 为信号的复包络。则经过多普勒时间伸缩的接收信号可以表示为

$$s_r(t) = \tilde{a}\left((1+\delta)(t-\tau)\right)\mathrm{e}^{\mathrm{j}2\pi f_0(1+\delta)(t-\tau)} \quad (2.22)$$

上式表明，目标与声呐的相对运动受两个方面的影响，即信号复包络的时间比例发生变化和载频的移动。多普勒效应引起的复包络产生的时间偏差为

$$\Delta t = T 2v/c \quad (2.23)$$

若信号带宽为 $B$，信号复包络的变化保持在 $1/B$ 内，那么这种影响便可忽略不计，即要满足：

$$\frac{2vT}{c} \ll \frac{1}{B} \text{ 或者 } BT \ll \frac{c}{2v} \quad (2.24)$$

这种情况下，多普勒效应可视为简单的载频偏移。接收回波可简化为

$$\begin{aligned} s_r(t) &= \tilde{a}(t-\tau)\mathrm{e}^{\mathrm{j}2\pi f_0(1+\delta)(t-\tau)} \\ &= s(t-\tau)\mathrm{e}^{\mathrm{j}2\pi \xi(t-\tau)} \end{aligned} \quad (2.25)$$

式中，

$$\xi = f_0 \frac{2v}{c} \quad (2.26)$$

$\xi$ 称为多普勒频移[21]。

## 2.4 图像声呐系统结构与信号处理方法

对于主动声呐系统，发射换能器基阵发射信号，目标反射回波被接收换能器基阵接收，经过数据处理可以对目标实现成像、探测和参数估计，如图 2.18 所示。图中所示为收发同置系统，因此需要通过开关切换实现收发控制。接收信号经放大、滤波后，在数模转换器转换之前，需要将信号的范围控制在数模转换器输入量程以内，采用自动增益控制（automatic gain control，AGC）或时变增益（time variable gain，TVG）技术获取尽量大的电压幅值以降低采样误差。

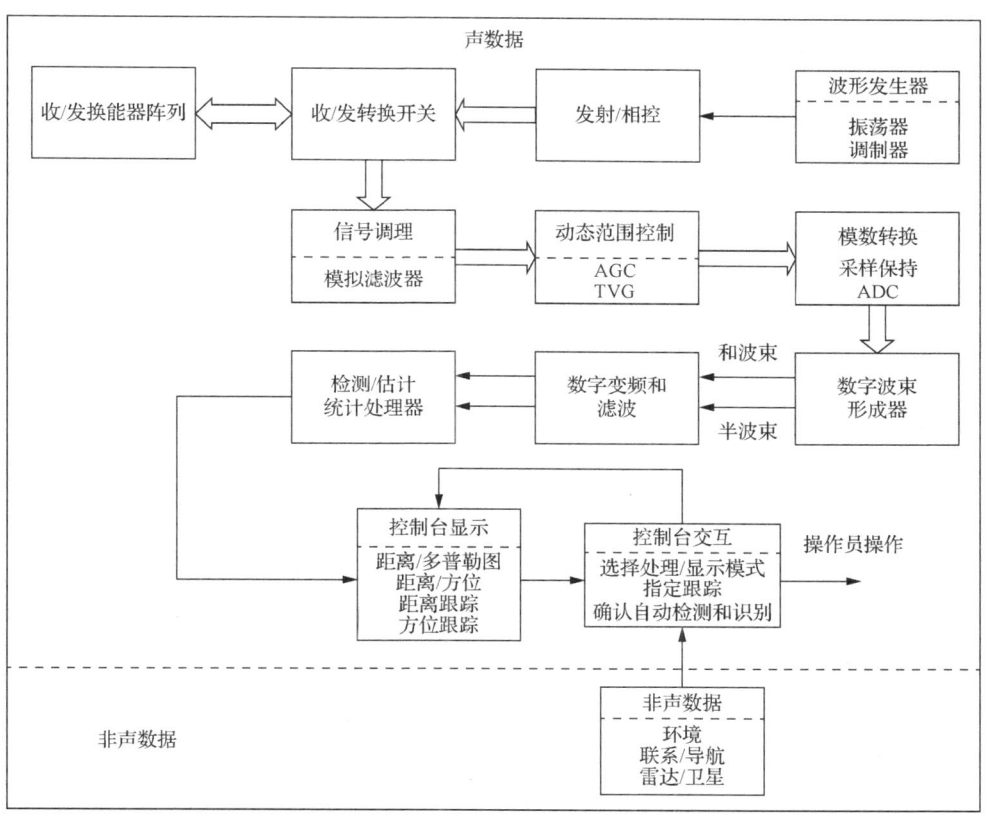

图 2.18 主动声呐系统结构

注：ADC 为模数转换器（analog digital converter）

## 2.4.1 声呐发射机、接收机技术指标

### 2.4.1.1 发射机技术指标

脉冲宽度：信号脉冲持续时间 $T_p$ 与最小探测距离 $R_{\min}$ 和距离分辨率 $\Delta R$ 的关系满足：

$$T_p \leqslant \frac{2R_{\min}}{c} \text{ 并且 } T_p \leqslant \frac{2\Delta R}{c} \tag{2.27}$$

瞬时电功率：指发射机发射信号持续时间内消耗的平均功率。

$$P_i = \frac{U_{\max}^2}{2R} \tag{2.28}$$

注意到，发射声源级也需要根据 $P_i$ 来计算，满足下述关系：

$$\text{SL} = 170.8 + 10\lg P_i + 10\lg \eta + \text{DI} \tag{2.29}$$

平均电功率：指整个探测周期内发射机的输出平均功率[19]：

$$P_a = \frac{T_p}{T} P_i \tag{2.30}$$

式中，$T$ 为脉冲重复周期。

信号发射频次：信号发射频次通常称为帧率，表示每秒钟发射机发射探测信号的次数，计算为 $1/T$，$T$ 为脉冲重复周期。帧率决定了声呐测量的更新速率，在声呐性能方面，帧率越高，平均功率越大，发射机功耗压力越大，同时也对换能器基阵提出了更高的要求。

功率放大器效率：将电源的电能转换为辐射信号的能量的效率。电源的电能转换为辐射信号时，存在能量损耗。与基阵效率不同，这里的损耗能量是指转换为电路的热能。

此外，针对不同的应用和环境条件，发射机还有其他特定的要求，例如供电参数、可靠性、维修性和抗冲击能力等。

### 2.4.1.2 接收机技术指标

灵敏度：接收机灵敏度是指接收机能正常工作时允许的输入端最小信号。常用最小输入电压来表示，它表示接收机能够接收最小信号的能力。这个能力一方面取决于系统的放大倍数，另一方面取决于接收机输入端的噪声和接收机的处理增益（接收机输出信噪比相对于输入信噪比提高的倍数）。

输入噪声越小，处理增益越大，允许的放大倍数越大，则在接收机的输入端能够接收到的最小信号越小，换句话说就是接收机的灵敏度越高。

对于主动声呐，在相同的发射声源级条件下，接收机灵敏度越高的声呐作用距离越远。由于噪声总是存在的，有时在规定输入端噪声电平后，用接收机正常工作时输入端的最小信噪比来表示接收机灵敏度。

检测阈：接收机的检测阈是在一定置信级下输入端需要的最小信号/噪声比。

接收机的放大倍数：接收机输出的信号电压与输入最小信号电压的比值。接收机输出电压应该与模数转换器输入电压量程相适应，接收机输入最小信号电压则由声呐来确定。需要在已知接收水听器电压灵敏度时，由接收目标信号声压得到接收机输入电压。

通频带：接收机放大倍数从最大值下降 3dB 时的频率宽度。通频带说明了接收机对信号放大的频率范围，在此频率范围内信号可以得到较大的放大，而在这个范围之外的噪声和干扰则被有效地抑制。在主动声呐中，接收机的通频带要考虑发射信号的带宽，例如声呐与目标间相对运动所引起的多普勒频率偏移、接收机和发射机主振的频率偏移等。

抗干扰性能：接收机必须具有良好的抗干扰能力，使源自接收机外部和内部的干扰不影响接收机的正常工作。抗干扰性能要由接收机硬件电路和信号处理部件共同获得，例如电磁兼容性等。

可靠性与可维修性也是接收机的重要指标，关于这方面的详细要求和计算读者可参阅有关书籍。

其他指标，如工作环境条件的要求，体积、质量、造价、功耗等也是重要的指标。要强调，以上指标不是孤立的，而是彼此有关、互相制约的。所以，在进行声呐设备的设计和制造时，要加以全面考虑，并且要根据实际用途来具体决定。

## 2.4.2 声呐接收机工作特性

### 2.4.2.1 概率分布基础

矢量高斯分布也称为多元变量正态分布，可以视为单变量高斯分布的扩展。在波束形成方法中，用于描述单快拍模型中阵列采样的似然函数。假设 $M$ 维复矢量变量 $\boldsymbol{x} \in \mathbf{C}^M$ 满足高斯分布，记为 $\boldsymbol{x} \sim CN(\boldsymbol{\mu}, \boldsymbol{\Sigma})$。注意到，这里采用的标记方式与矩阵高斯分布是一致的，但是二者能够保证不混淆，因为变量和均值的维度截然不同。概率密度函数的表达式为

$$p(\boldsymbol{x}|\boldsymbol{\mu},\boldsymbol{\Sigma}) = \frac{1}{(2\pi)^{M/2}|\boldsymbol{\Sigma}|^{1/2}} \exp\left(-\frac{1}{2}(\boldsymbol{x}-\boldsymbol{\mu})^{\mathrm{H}}\boldsymbol{\Sigma}^{-1}(\boldsymbol{x}-\boldsymbol{\mu})\right) \qquad (2.31)$$

均值也称为期望，$E[\boldsymbol{x}] = \boldsymbol{\mu}$，可以进一步表示为

$$E[x_i] = \mu_i \tag{2.32}$$

式中，$i = 1, 2, \cdots, M$，协方差矩阵 $\boldsymbol{\Sigma}$ 的第 $i$ 行、第 $j$ 列元素 $\Sigma_{ij}$ 可以表示为 $\Sigma_{ij} = E[(x_i - \mu_i)^* \cdot (x_j - \mu_j)]$，$1 \leqslant i, j \leqslant M$，并且 $\boldsymbol{\Sigma}$ 满足正定性。可见，协方差矩阵表征了各元素之间的相关性，当协方差矩阵为对角阵时，即非对角元素均为 0，意味着各元素之间相互独立。参考标量高斯分布中，方差与不确定度之间的互逆关系，定义 $\boldsymbol{\Sigma}^{-1}$ 为精度矩阵。写成整体形式为

$$E[(\boldsymbol{x} - \boldsymbol{\mu})(\boldsymbol{x} - \boldsymbol{\mu})^{\mathrm{H}}] = \boldsymbol{\Sigma} \tag{2.33}$$

下面讨论线性变换下变量的分布情况。假设变量 $\boldsymbol{x} \sim CN(\boldsymbol{\mu}, \boldsymbol{\Sigma})$，通过线性变换引入新变量：

$$\boldsymbol{y} = \boldsymbol{A}\boldsymbol{x} + \boldsymbol{b} \tag{2.34}$$

式中，变换矩阵 $\boldsymbol{A} \in \mathbf{C}^{M \times N}$ 为常数阵，矢量 $\boldsymbol{b} \in \mathbf{C}^N$ 也与变量 $\boldsymbol{x}$ 无关，则根据变换关系得到

$$E[\boldsymbol{y}] = \boldsymbol{A}\boldsymbol{\mu} + \boldsymbol{b} \tag{2.35}$$

$$E[(\boldsymbol{y} - E[\boldsymbol{y}])(\boldsymbol{y} - E[\boldsymbol{y}])^{\mathrm{H}}] = \boldsymbol{A}\boldsymbol{\Sigma}\boldsymbol{A}^{\mathrm{H}} \tag{2.36}$$

即 $\boldsymbol{y} \sim CN(\boldsymbol{A}\boldsymbol{\mu} + \boldsymbol{b}, \boldsymbol{A}\boldsymbol{\Sigma}\boldsymbol{A}^{\mathrm{H}})$。上述变换关系广泛应用于贝叶斯理论中。

注意到，式（2.36）用到的关系式 $E[\boldsymbol{x}\boldsymbol{x}^{\mathrm{H}}] = \boldsymbol{\Sigma} + \boldsymbol{\mu}\boldsymbol{\mu}^{\mathrm{H}}$，由式（2.33）可以得到。

由此可以得到结论：若一元实变量满足 $x \sim N(\mu, \sigma^2)$，则有

$$\frac{x - \mu}{\sigma} \sim N(0, 1) \tag{2.37}$$

常常使用上述结论将一般形式的高斯分布转化为标准正态分布来处理。

### 2.4.2.2　信号检测基础

声呐基阵所收到的时间波形 $x(t)$ 有两种假设：波形 $x(t)$ 中仅含有噪声，即 $x(t) = n(t)$，记为 $H_0$ 假设；波形 $x(t)$ 中含有信号和噪声，即 $x(t) = s(t) + n(t)$，记为 $H_1$ 假设。如令 $D_0$ 表示选择 $H_0$ 假设，$D_1$ 表示选择 $H_1$ 假设。对 $x(t)$ 可能有四种结论[22]：①正确判断信号存在，这种结论的概率为检测概率 $P_{\mathrm{D}}$，记作 $\mathrm{Pr}(D_1 | H_1)$；②宣称信号存在而事实上仅有噪声，这种结论的

概率为虚警概率 $P_{FA}$，记作 $\Pr(D_1|H_0)$；③宣称信号不存在，而事实上有信号，这种结论的概率称为漏检概率，记为 $\Pr(D_0|H_1)$；④正确判断仅有噪声存在，这种结论的概率记为 $\Pr(D_0|H_0)$[21]。

因为 $\Pr(D_1|H_1)$ 与 $\Pr(D_0|H_1)$ 互不相容，$\Pr(D_1|H_0)$ 与 $\Pr(D_0|H_0)$ 互不相容，所以在检测过程中常用的概率是检测概率 $P_D = \Pr(D_1|H_1)$ 和虚警概率 $P_{FA} = \Pr(D_1|H_0)$。

因为缺乏出现事件 $H_0$ 和 $H_1$ 的概率的先验知识，即不知道 $\Pr(H_0)$ 和 $\Pr(H_1)$，不能对上述四种可能结论分配代价。假设能够知道的是噪声和信号的概率密度函数，所以在鱼雷声自导中普遍采用奈曼-皮尔逊检测器，它是在给定虚警概率 $P_{FA}$ 下使检测概率 $P_D$ 最大的一种检测器。

奈曼-皮尔逊检测器采用下述似然比检测：

$$L(x) = \frac{\Pr(x|H_1)}{\Pr(x|H_0)} \tag{2.38}$$

式中，$L(x)$ 为似然比。当 $L(x) > \gamma$ 时，选 $H_1$；当 $L(x) < \gamma$ 时，选 $H_0$。

下面依据 NP 检测理论分析零均值平稳高斯白噪声背景下已知信号的检测。其中，白噪声是指噪声级为常数，与频率无关，同时样本幅值服从高斯分布。

零均值高斯白噪声的概率密度函数为

$$p_\omega(x) = \frac{1}{\sqrt{2x}\sigma} e^{-\frac{x^2}{2\sigma^2}} \tag{2.39}$$

式中，$\sigma^2$ 为 $x$ 的方差，与噪声功率成正比。

现在考虑更一般的信号检测问题

$$\begin{aligned} H_0 &: x[n] = \omega[n], \quad n = 0, 1, \cdots, N-1 \\ H_1 &: x[n] = A + \omega[n], \quad n = 0, 1, \cdots, N-1 \end{aligned} \tag{2.40}$$

请注意，当前的问题实际上是对多变量高斯概率密度函数（probability density function，PDF）平均值的测试。如果下式成立则 NP 检测器判定为 $H_1$：

$$\frac{(2\pi\sigma^2)^{-\frac{N}{2}} \exp\left(-\frac{1}{2\sigma^2} \sum_{n=0}^{N-1} (x[n]-A)^2\right)}{(2\pi\sigma^2)^{-\frac{N}{2}} \exp\left(-\frac{1}{2\sigma^2} \sum_{n=0}^{N-1} (x[n])^2\right)} > \gamma \tag{2.41}$$

两边取对数得到

$$-\frac{1}{2\sigma^2}\left(-2A\sum_{n=0}^{N-1}x[n]+NA^2\right)>\ln\gamma \tag{2.42}$$

可简化为

$$\frac{A}{\sigma^2}\sum_{n=0}^{N-1}x[n]>\ln\gamma+\frac{NA^2}{2\sigma^2} \tag{2.43}$$

由于 $A>0$，最终有

$$\frac{1}{N}\sum_{n=0}^{N-1}x[n]>\frac{\sigma^2}{NA}\ln\gamma+\frac{A}{2}=\gamma' \tag{2.44}$$

NP 检测器将样本均值 $\bar{x}=\frac{1}{N}\sum_{n=0}^{N-1}x[n]$ 与阈值 $\gamma'$ 进行比较。这在逻辑上是合理的，因为样本均值可以认为是 $A$ 的估计。如果估计值大且为正，那么信号可能存在。在宣布存在信号之前，估计值的大小取决于噪声功率，并且高噪声功率可能造成估计值偏高。为了避免这种可能性，调整 $\gamma'$ 以控制 $P_{FA}$，其中较大的阈值会使得 $P_{FA}$（以及 $P_D$）降低。

为了确定检测性能，首先注意到测试统计数据

$$T(\boldsymbol{x})=\frac{1}{N}\sum_{n=0}^{N-1}x[n] \tag{2.45}$$

在每个假设下都服从高斯分布。均值为

$$\begin{aligned} E(T(\boldsymbol{x});H_0)&=E\left(\frac{1}{N}\sum_{n=0}^{N-1}\omega[n]\right)\\ &=\frac{1}{N}\sum_{n=0}^{N-1}E(\omega[n])\\ &=0 \end{aligned} \tag{2.46}$$

同样，

$$E(T(\boldsymbol{x});H_1)=A \tag{2.47}$$

方差为

$$\begin{aligned}\operatorname{var}(T(\boldsymbol{x});H_0) &= \operatorname{var}\left[\frac{1}{N}\sum_{n=0}^{N-1}\omega[n]\right] \\ &= \frac{1}{N^2}\sum_{n=0}^{N-1}\operatorname{var}(\omega[n]) \\ &= \frac{\sigma^2}{N}\end{aligned} \quad (2.48)$$

类似地，$\operatorname{var}[T(\boldsymbol{x});H_1] = \dfrac{\sigma^2}{N}$。注意到噪声样本是不相关的，因此，

$$T(\boldsymbol{x}) \sim \begin{cases} N\left[0,\dfrac{\sigma^2}{N}\right], & H_0\text{情况} \\ N\left[A,\dfrac{\sigma^2}{N}\right], & H_1\text{情况} \end{cases} \quad (2.49)$$

得到

$$\begin{aligned}P_{\mathrm{FA}} &= \operatorname{Pr}\{T(\boldsymbol{x}) > \gamma';H_0\} \\ &= Q\left(\frac{\gamma'}{\sqrt{\sigma^2/N}}\right)\end{aligned} \quad (2.50)$$

以及

$$\begin{aligned}P_{\mathrm{D}} &= \operatorname{Pr}\{T(\boldsymbol{x}) > \gamma';H_1\} \\ &= Q\left(\frac{\gamma' - A}{\sqrt{\sigma^2/N}}\right)\end{aligned} \quad (2.51)$$

式中，$Q(x)$ 为右尾概率，定义为

$$\begin{aligned}Q(x) &= \int_x^\infty \frac{1}{\sqrt{2\pi}}\exp\left(-\frac{1}{2}t^2\right)\mathrm{d}t \\ &= 1 - \varPhi(x) \\ &= 1 - \int_{-\infty}^x \frac{1}{\sqrt{2\pi}}\exp\left(-\frac{1}{2}t^2\right)\mathrm{d}t\end{aligned} \quad (2.52)$$

其中，$\varPhi(x)$ 为标准正态 PDF 的累积分布函数（cumulative distribution function，CDF）。

因为$1-Q$是单调递增的CDF，可以通过$Q$函数是单调递减性质将$P_D$与$P_{FA}$联系起来[23]。因此，将$Q$的逆表示为$Q^{-1}$。从式（2.50）中可得出阈值为

$$\gamma' = \sqrt{\frac{\sigma^2}{N}} Q^{-1}(P_{FA}) \qquad (2.53)$$

$$P_D = Q\left( Q^{-1}(P_{FA}) - \sqrt{\frac{NA^2}{\sigma^2}} \right) \qquad (2.54)$$

可以看出，对于给定的$P_{FA}$，检测性能随着$NA^2/\sigma^2$递增，或者说随着信号能量噪声比（energy noise ratio，ENR）递增。不同$P_{FA}$值的检测性能如图2.19所示。

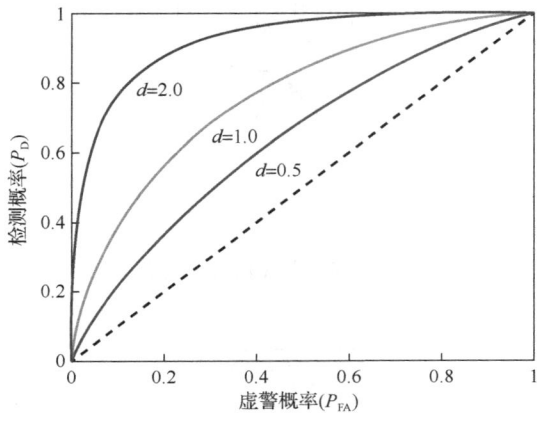

图2.19 检测性能曲线

前面的例子说明的假设检验问题称为均值偏移高斯问题。假设$T$的PDF为

$$T(x) \sim \begin{cases} N(\mu_0, \sigma^2), & H_0 \text{情况} \\ N(\mu_1, \sigma^2), & H_1 \text{情况} \end{cases} \qquad (2.55)$$

式中，$\mu_1 > \mu_0$。因此，希望在两个假设之间做出决定，这两个假设的差异在于$T$的平均值的变化。在前面的例子中$T(x) = \bar{x}$。对于这种类型的检测，其性能的特征在于偏转系数$d^2$，其定义为

$$\begin{aligned} d^2 &= \frac{\left(E(T;H_1) - E(T;H_0)\right)^2}{\mathrm{var}(T;H_0)} \\ &= \frac{(\mu_1 - \mu_0)^2}{\sigma^2} \end{aligned} \qquad (2.56)$$

当 $\mu_0 = 0$ 时，$d^2 = \dfrac{\mu_1^2}{\sigma^2}$ 可以解释为信噪比（signal-to-noise ratio，SNR）。为验证检测性能对 $d^2$ 的依赖性，有

$$P_{FA} = \Pr\{T(\boldsymbol{x}) > \gamma'; H_0\}$$
$$= Q\left(\dfrac{\gamma' - \mu_0}{\sigma}\right) \tag{2.57}$$

$$P_D = \Pr\{T(\boldsymbol{x}) > \gamma'; H_1\}$$
$$= Q\left(\dfrac{\gamma' - \mu_1}{\sigma}\right)$$
$$= Q\left(\dfrac{\mu_0 + \sigma Q^{-1}(P_{FA}) - \mu_1}{\sigma}\right)$$
$$= Q\left(Q^{-1}(P_{FA}) - d\right) \tag{2.58}$$

由于 $\mu_1 > \mu_0$，因此检测性能与偏转系数是单调的。

### 2.4.2.3 接收预处理

声呐系统中的信号预处理也称为信号调理，其电路组成如图 2.20 所示，旨在对信号进行修饰和调整，使其在进入声呐多路信号处理系统前符合后续处理的要求。

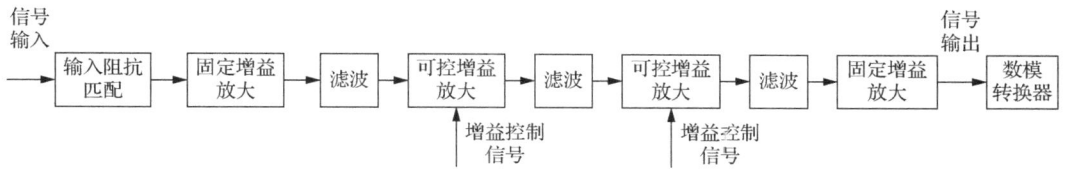

图 2.20 信号预处理电路组成示意图

信号预处理通常分为四个部分：抗混叠滤波、固定增益、程控增益（AGC、TVG）和数模转换。前三个部分通常称为接收机（硬件）。尽管在硬件实现上声呐信号预处理并不复杂，但它却处于整个声呐信号处理系统的前沿。下面简要介绍增益控制的目的：①根据实时变化的输入噪声级（背景噪声或混响）调整增益，以保持输出噪声级的恒定，有利于后续信号处理。②确保接收信号的大动态范围适应有限的接收机终端，使系统能够检测到微弱信号，同时在接收最大期望信号时不至于饱和。保证接收机前端输入信号在最弱和最强时不被限幅（将调理后的信号最大幅度控制在数模转换的满量程电压范围内），并尽量减小 AD 量化噪声的影响。

根据以上分析，增益放大电路应该具有可调范围。最大增益是在背景噪声或混响条件下，无限幅的增益；而最小增益则是在最近作用距离条件下（即信号最强），同样是无限幅的增益。最大增益和最小增益之间的差值即增益的变化范围。在这里，最小增益可以视为增益放大电路中的固定增益部分，而增益变化范围则为可变增益的部分。

在主动声呐工作时，海洋环境噪声级不随距离变化，而混响级随距离下降，回声级也随距离下降。在近距离工作时，混响的影响大于环境噪声；而在远距离工作时，环境噪声的影响则大于混响。

假设主动声呐接收到的目标回波信号幅度如图 2.21 所示，而图 2.22 展示了理想的增益控制曲线，其增益数值与混响噪声级之和成反比，能够实现上述理想增益控制目标。

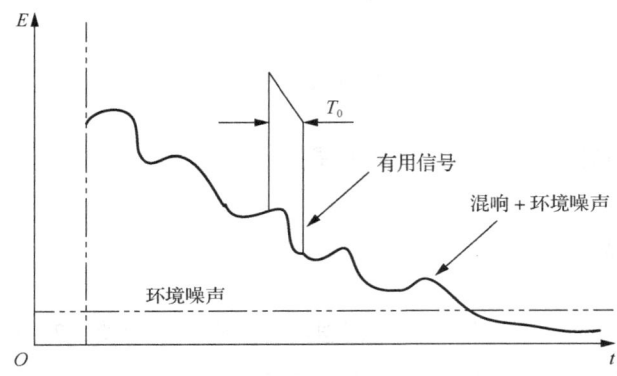

图 2.21 主动声呐接收信号示意图

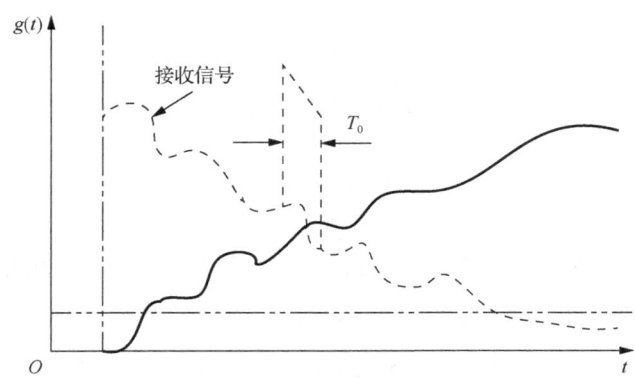

图 2.22 理想增益控制曲线

例如，假设在噪声背景下工作的主动声呐有如下参数：声源级 SL=220dB；接收阵元指向性 GS=0dB；噪声级 NL=70dB；目标强度 TS=-30dB；最小传播损失（对应最近作用距离）$TL_{min}$=20dB；水听器接收灵敏度级 Sh=-190dB；数模转换器满量程电压 $V_F$=10V。则有最大

回波级 $EL_{max}=SL-TL_{min}+TS=220-30-20=170(dB)$，最大信号回波幅度 $20lgV_s=EL_{max}+GS+Sh=-20dB \rightarrow V_{max}=0.1V$，噪声回波幅度 $20lgV_n=NL+GS+Sh=-120dB \rightarrow V_n=1\mu V$。按照前面分析，可以得到最大和最小增益 $G_{max}=20lg(V_F/V_n)=140dB$、$G_{min}=20lg(V_F/V_{max})=40dB$。

最后，简要给出接收机 TVG 控制原理。TVG 主要用于主动声呐，因为主动声呐中的噪声加混响的功率以距离或时间为函数，可以近似地计算出来，因此可以采用预先规定的增益变化规律。例如，球面波衰减下的回波级为 $EL=SL-2TL+TS$、$TL=2\alpha R+40\log(R)$，得到 TVG 曲线为 $2\alpha R+40\log(R)+G$，TVG 曲线往往根据实际工况可设，如设定不同的起点 $G$、斜率等，如图 2.23 所示。

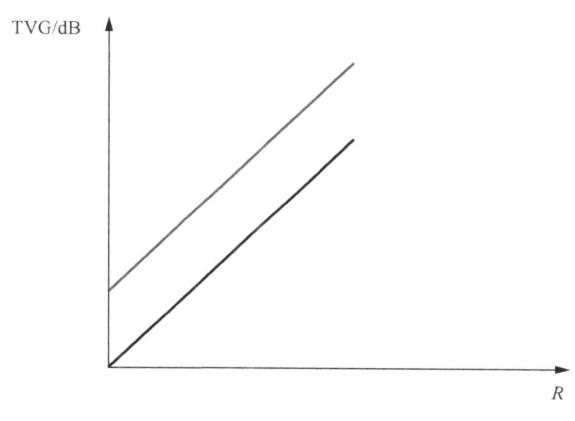

图 2.23　TVG 增益与 $R$ 的关系

## 2.4.3　波束形成基础

### 2.4.3.1　阵列信号模型

在讨论波束形成在空域滤波中的作用机理前，需要先根据水下声信号传播模型以及阵列阵元位置在时域和频域上构建阵列信号处理模型。

主动声呐系统同时包含发射阵列和接收阵列（有时候二者是同置的），被动声呐则只包含接收阵列。然而，在当前水下波束形成方法的讨论中，这两种声呐系统具有通用性。这是因为多波束声呐方案通常采用发射和接收正交排布的阵列。发射阵列采用相控阵，用于在空间中提高声源级或辐射声能量；而接收阵列则并行接收，波束形成主要用于在角度上提高分辨率。因此，在发射阵元之间不存在分集问题，因此不需要进行分集处理。这使得接收阵列波束形成的结果在所有方向上具有相同的附加相位，从幅值上看并不影响角度或幅值估计结果。尽管主动声呐在声信号传播方面引入了恒定的附加相位，但从幅值结果上看并没有影响，因此只需考虑接收阵列的工作方式。其工作原理如图 2.24 所示。在这里，引入以下假设：①被动声呐的接收换能器阵列接收来自主动声源的信号，而主动声呐的接收阵列则记录目标反射回波，然而，在进行处理时，将其视为来自目标本身的辐射信号。②接收换能器具有全向性，即可以接收来自各个方向的声源信号。③由于球面波辐射引起的几何衰减忽略不计。

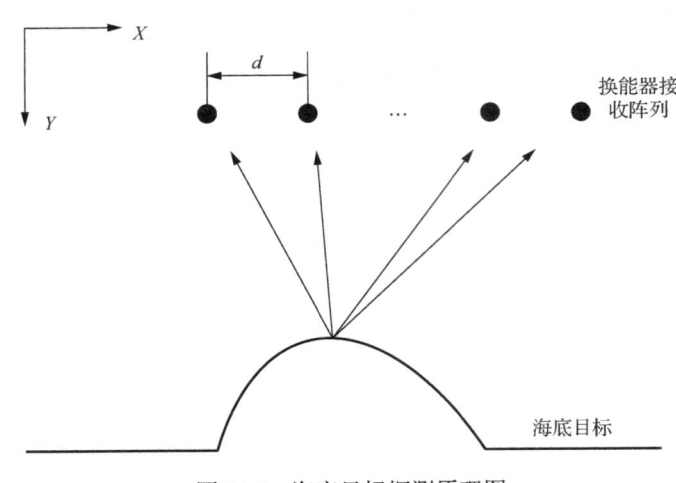

图 2.24 海底目标探测原理图

假设系统包含 $N$ 个均匀排布的接收阵元，阵元之间的间距为 $d$，海底目标的散射点位置矢量表示为 $r$，阵列中心位置设为坐标原点，基于上述假设，第 $n$ 个接收阵元记录的回波在频域表示为

$$S_n(f) = \int_r s(\boldsymbol{r}, f) \exp(-\mathrm{j} 2\pi f \tau_n(\boldsymbol{r})) \mathrm{d}\boldsymbol{r} \tag{2.59}$$

式中，$f$ 为信号的载波频率；$s(\boldsymbol{r}, f)$ 为散射点的目标强度，是待重构的主要参数，理论上与频率和位置矢量有关，但实际上隐含了与散射体的材质、形状等物理特征的关系，或者可以简单认为，$s(\boldsymbol{r}, f)$ 是在 $\boldsymbol{r}$ 位置处待恢复的目标源/声源信号。目标点和接收阵元之间的单程时延为

$$\tau_n(\boldsymbol{r}) = -\frac{|\boldsymbol{r}|}{c}\left(\sqrt{1+\frac{n^2 d^2}{|\boldsymbol{r}|^2} - \frac{2nd\sin\theta}{|\boldsymbol{r}|}} - 1\right) \approx \frac{nd}{c}\sin\theta - \frac{n^2 d^2}{2c|\boldsymbol{r}|}\cos^2\theta \tag{2.60}$$

式中，$\theta$ 为距离目标与阵元之间的矢量与阵列法向矢量的夹角；公式中采用了菲涅耳近似，假设 $N$ 为偶数，则 $n = -N/2+1, \cdots, N/2$；$c$ 为声信号在水下的传播速度，在这里认为是常量；

$|r|$ 为目标点位置与阵列中心的单程距离,此处认为阵列中心为原点。

目前在阵列信号处理中,常用的近似主要有以下两种。

(1)考虑聚焦参考距离为 $r$,并且对式(2.60)的二次方项做近似 $\theta=0°$,即假设散射点集中于阵列中央附近,则

$$\tau_n(\theta) \approx \frac{nd}{c}\sin\theta - \frac{n^2d^2}{2cr} \tag{2.61}$$

(2)完全忽略二次方项,只保留公式中的一阶近似,即

$$\tau_n(\theta) \approx \frac{nd}{c}\sin\theta \tag{2.62}$$

显然,式(2.61)具有稍高的精度,但是式(2.62)能够建立起快速傅里叶变换关系,更有利于快速实现,因此应用更为广泛,在本书中采用式(2.62)近似。将式(2.62)代入式(2.59)并忽略雅可比行列式,转换到关于角度 $\theta$ 的积分:

$$S_n(f) = \int_\theta s(\theta,f)\exp(-\mathrm{j}2\pi f\tau_n(\theta))\mathrm{d}\theta \tag{2.63}$$

当采用窄带信号,如单频脉冲信号作为探测信号时,假设工作频率为 $f_0$,则只考虑频率成分 $f_0$,并对式(2.63)两端做傅里叶逆变换,得到时间域窄带信号的波束形成模型:

$$S_n(t) = \int_\theta s(\theta,t-\tau_n(\theta))\mathrm{d}\theta \tag{2.64}$$

在工程应用中,以 $N$ 个接收通道的数据来估计信号源分布 $s(\theta,t)$,如果直接采用原始的积分式(2.63)或式(2.64),显然无法给出解析解。广泛采用的办法是,将积分离散化并构建线性方程组求解。最简单的冲激函数离散方法为:对 $\theta$ 均匀离散为 $\theta_i \in (\theta_{\mathrm{start}},\Delta\theta,\theta_{\mathrm{end}})$,其中下标 start 表示起始量,end 表示终止量,$\Delta$ 表示采样间隔,采样点数为 $M$。则 $s(\theta,f)$ 被离散划分为一维网格 $\boldsymbol{x} \in \mathbf{C}^M$;测量数据 $S_n(f)$ 为 $N$ 个感受器接收到的频域信号,在相应频率一次测量的结果为 $\boldsymbol{y} \in \mathbf{C}^N$。相位项 $\exp(-\mathrm{j}2\pi f\tau_n(\theta))$ 构建了阵列流形矩阵(manifold matrix),该线性模型离散化后对应矩阵 $\boldsymbol{A} \in \mathbf{C}^{N\times M}$,其第 $n$ 行、第 $m$ 列元素可表示为[24]

$$a_{nm} = \exp\left(-\mathrm{j}2\pi f\frac{nd}{c}\sin\theta_m\right) \tag{2.65}$$

经过上述数据离散,可以根据处理方式分为以下两种情况进行讨论。

（1）单快拍模型又称为单次测量模型，实际上是指进行一次测量后得到数据 $y$，然后开始进行处理并输出波束形成的结果。按照这种测量时序，可以连续地完成模型的求解。在这个阶段，暂时不讨论具体的方法，只介绍建模和处理方式。显然，能够得到单快拍模型为

$$y = Ax + n \tag{2.66}$$

式中，$n$ 为加性噪声，根据其服从的分布方式规定似然函数。一般来说，波束形成过程就是在已知测量数据 $y$ 和具体阵列对应的流形矩阵 $A$，对离散化的声源信号 $x$ 进行估计或计算。

（2）多快拍模型也称为多次测量模型，是指在进行波束形成求解时，同时处理多个快拍的数据。假设接收到 $L$ 次的测量数据，根据求解方法的不同，输出的波束形成结果可能是矢量（$L=1$）或矩阵（$L$ 个声源估计量 $x_1, x_2, \cdots, x_L$）。参考单快拍模型式（2.66），实际上相当于求解线性方程，根据其特征，存在种类丰富的求解器可供选用。为求解方便，有时希望把多快拍的模型转化为式（2.66）形式求解，这就形成了第一种多快拍线性模型的构建方法：将待计算的声源信号写成矩阵形式 $X \in \mathbb{C}^{M \times L}$，然后按列重排为一维矢量 $x_s \in \mathbb{C}^{ML \times 1}$。具体地说，

$$X = [x_1, x_2, \cdots, x_L] \xrightarrow{\text{按列重排}} x_s = \begin{bmatrix} x_1 \\ x_2 \\ \vdots \\ x_L \end{bmatrix} \tag{2.67}$$

式中，$x_i (i=1,2,\cdots,L)$ 为 $X \in \mathbb{C}^{M \times L}$ 的列矢量。按照同样方式，将多次测量数据 $y_1, y_2, \cdots, y_L$ 写成矩阵形式并按列重排为

$$Y = [y_1, y_2, \cdots, y_L] \xrightarrow{\text{按列重排}} y_s = \begin{bmatrix} y_1 \\ y_2 \\ \vdots \\ y_L \end{bmatrix} \tag{2.68}$$

式中，测量数据矩阵 $Y \in \mathbb{C}^{N \times L}$ 按列重排为一维矢量 $y_s \in \mathbb{C}^{NL \times 1}$。最后，由于流形矩阵 $A$ 只与阵列和波长有关，在按这种方式构建模型时，需要在对角线复制 $L$ 次以获得新的流形矩阵，即

$$A_s = \begin{bmatrix} A & & & \\ & A & & \\ & & \ddots & \\ & & & A \end{bmatrix} \tag{2.69}$$

于是 $A_s \in \mathbb{C}^{NL \times ML}$。得到重排后的模型：

$$y_s = A_s x_s + n_s \rightarrow \begin{bmatrix} y_1 \\ y_2 \\ \vdots \\ y_L \end{bmatrix} = \begin{bmatrix} A & & & \\ & A & & \\ & & \ddots & \\ & & & A \end{bmatrix} \begin{bmatrix} x_1 \\ x_2 \\ \vdots \\ x_L \end{bmatrix} + n_s \tag{2.70}$$

影响模型占用内存和运算效率的关键是测量矩阵的大小。例如，采样阵列包含 $N=128$ 个阵元，各阵元单快拍采样点数为 $L=1024$，假设成像区域划分方位角数目 $M=256$，则对于按照式（2.70）重排后的多快拍模型，测量矩阵是尺寸为 $(NL) \times (ML) = 131072 \times 262144$ 的二维复矩阵，对双精度浮点型数据大约需要内存 512GB，显然这对于大多数线上系统是难以负担的。这就需要用到更经常采用的第二种多快拍模型，直接应用声源信号和测量数据的二维矩阵，并考虑到各快拍之间是相互独立的，得到

$$Y = AX + N \Leftrightarrow [y_1, y_2, \cdots, y_L] = A[x_1, x_2, \cdots, x_L] + N \tag{2.71}$$

式中，$N$ 为噪声矩阵，根据矩阵概率密度分布确定似然函数。考虑同样条件下的多快拍模型，测量矩阵的尺寸只有 $N \times M$，占用内存约 500KB，可以实时存储调用，计算效率也高得多，因此可能没办法直接使用单快拍模型现成的求解器，要重新开发基于模型（2.71）的求解方法。

### 2.4.3.2 波束形成原理

在上一节，根据声波信号传播模型得到波束形成待求解的两个线性模型，分别是单快拍模型（2.66）和多快拍模型（2.71），这两种模型涉及的信号估计角度在 $\theta_i \in (\theta_{\text{start}}, \Delta\theta, \theta_{\text{end}})$ 的节点上，工程应用中，$\theta_i$ 也称为预成波束。每个波束对应一个方向节点，因此这两种模型也是基于网格的波束形成方法。从表面上看，只需要对两种模型进行求解即可达成波束形成的任务，但实际上并非这么简单，因为需要同时考虑求解的稳定性和计算量问题。本节从最小二乘估计入手，讨论经典频域波束形成方法的实现机理。

将单快拍模型（2.66）转换成无噪声的方程组求解，即

$$y = Ax \tag{2.72}$$

根据测量矩阵 $A$ 的式（2.65），$N$ 表示阵列的阵元数，$M$ 表示预成波束数目，直觉上看 $M$ 越大，角度划分越细，求解精度应该越高。尽管实际情况不完全是这样，因为主瓣宽度和旁瓣水平不会由于网格划分而更好。但是一般有 $N<M$，这种情况得到的线性方程组未知数大于方程数，式（2.72）称为欠定方程组，显然该方程组的解不唯一。因此需要通过施加某种准则使得方程组的解具有唯一性，最小二乘估计解是线性函数 $Ax$ 对数据 $y$ 的最小二乘逼近，相当于求解下述最小化问题：

$$\hat{x} = \arg\min_{x} \|y - Ax\|_2^2 \tag{2.73}$$

对应代价函数为欧几里得距离的平方：

$$\begin{aligned} L(x) &= \|y - Ax\|_2^2 \\ &= (y - Ax)^{\mathrm{H}}(y - Ax) \\ &= y^{\mathrm{H}}y - y^{\mathrm{H}}Ax - x^{\mathrm{H}}A^{\mathrm{H}}y + x^{\mathrm{H}}A^{\mathrm{H}}Ax \end{aligned} \tag{2.74}$$

显然，代价函数具有二次方形式，为凸函数，全局最优解即为极点位置，于是计算代价函数式（2.74）对于 $x^{\mathrm{H}}$ 的导数：

$$\frac{\mathrm{d}L(x)}{\mathrm{d}x^{\mathrm{H}}} = A^{\mathrm{H}}Ax - A^{\mathrm{H}}y \tag{2.75}$$

设置导数为 0，求解极点：

$$A^{\mathrm{H}}Ax - A^{\mathrm{H}}y = 0 \tag{2.76}$$

得到

$$\hat{x}_{\mathrm{LSE}} = (A^{\mathrm{H}}A)^{-1}A^{\mathrm{H}}y \tag{2.77}$$

式（2.77）为单快拍模型的最小二乘估计（least squares estimation，LSE）。然而，上述估计方式存在严重的问题，$A^{\mathrm{H}}A$ 通常是不可逆的。因为对于测量矩阵 $A \in \mathbb{C}^{N \times M}$，$N<M$ 所以 $A$ 的秩 $\mathrm{rank}(A)=N$，同时有 $\mathrm{rank}(A^{\mathrm{H}}A) = N$，矩阵 $A^{\mathrm{H}}A \in \mathbb{C}^{M \times M}$ 不满秩，因此不可逆。一种补救方法是，通过加上一个对角阵来降低矩阵 $A^{\mathrm{H}}A$ 的条件数，即

$$\hat{x} = (A^H A + \lambda I)^{-1} A^H y \tag{2.78}$$

式中，参数 $\lambda > 0$ 是需要人为调控的，该值越大求解越稳定，该值越小求解精度越高，因此需要平衡考虑取值。

考虑到，当测量噪声水平很高时，即 $\lambda \to \infty$ 时，式（2.78）的估计结果变成：

$$\hat{x}_{CBF} = \lim_{\lambda \to \infty}(A^H A + \lambda I)^{-1} A^H y \approx \lambda^{-1} A^H y \propto A^H y \tag{2.79}$$

其中，角标 CBF 表示传统的波束形成（conventional beamforming, CBF）；$I$ 为单位矩阵。首先，在式（2.79）中，当 $\lambda \to \infty$ 时，求逆的结果主要受主对角元素影响，即 $\lambda I$，输出结果只剩下一个很小的实数 $\lambda^{-1}$。而在成像应用中，一般只关心输出的相对幅值大小，如采用归一化曲线或归一化对数曲线表达，所以可以忽略 $\lambda^{-1}$ 的影响。

下面从另一个角度说明式（2.79）的含义。根据测量矩阵 $A$ 的式（2.65），结合离散化的散射模型

$$S_n(f) = \sum_{\theta} s(\theta, f) \exp\left(-j2\pi f \frac{nd}{c} \sin\theta\right) \tag{2.80}$$

与经典波束形成的基本形式

$$s(\theta, f) = \sum_{m} S_n(f) \exp\left(j2\pi f \frac{nd}{c} \sin\theta\right) \tag{2.81}$$

可以发现，如果将 $h(\theta) = \sin\theta$ 视为一个整体，在离散化时，将 $h(\theta)$ 在其值域范围内均匀地划分为等间隔的取样点，忽略雅可比行列式，由于阵列的排布方式也是均匀线性的，因此以序号 $m$ 为函数的部分也均匀采样，此时阵列采样数据 $S_n(f)$ 与信号源数据 $s(\theta, f)$ 之间存在傅里叶变换关系，除了归一化常数的差别，二者之间只需要执行一次快速傅里叶变换即可转换。这一方面保证了系统线上实现的计算优势，另一方面解释了经典波束形成方法实现信号源计算的合理性。

### 2.4.2.3 均匀线性阵列波束形成

在 CBF 方法中，阵列的排布方式虽然会影响模型中的测量矩阵和观测数据，但不会改变模型对上述方法的适用性。因此，本节仅针对工程中最常见的均匀线性阵列（uniform linear array, ULA）进行 CBF 处理分析，以评估输出结果的特征和不同方法的性能标准，为阵列设计和方法验证奠定基础。对于 ULA 考虑单信号源情况，低设单信号源入射信号以角度 $\theta_0$ 接收，排除噪声存在带来的不确定性，则观测数据：

$$\begin{aligned}\boldsymbol{y}_s &= x\exp\left(-\mathrm{j}2\pi f\frac{\boldsymbol{n}d}{c}\sin\theta_0\right)\\ &= x\exp\left(-\mathrm{j}\frac{2\pi \boldsymbol{n}d}{\lambda}\sin\theta_0\right)\\ &= x\exp\left(-\mathrm{j}\pi\alpha\boldsymbol{n}\sin\theta_0\right)\end{aligned} \tag{2.82}$$

式中，标号矢量 $\boldsymbol{n}=[-N/2+1,\cdots,N/2]^\mathrm{T}$；$x$ 为信号源幅值；$\lambda$ 为信号波长，比值 $\alpha=2d/\lambda$。采用 CBF 方法处理单信号源数据 $\boldsymbol{y}_s$，得到波束输出：

$$\begin{aligned}\hat{\boldsymbol{x}}_{\mathrm{CBF}}(\theta) &= \sum_{n=-N/2+1}^{N/2} x\exp\left(-\mathrm{j}n\pi\alpha(\sin\theta_0-\sin\theta)\right)\\ &= x\exp\left(-\mathrm{j}\left(-\frac{N}{2}+1\right)\pi\alpha(\sin\theta_0-\sin\theta)\right)\frac{\exp(-\mathrm{j}N\pi\alpha(\sin\theta_0-\sin\theta))-1}{\exp(-\mathrm{j}\pi\alpha(\sin\theta_0-\sin\theta))-1}\\ &= x\exp\left(-\mathrm{j}\frac{\pi}{2}\alpha(\sin\theta_0-\sin\theta)\right)\frac{\sin\left(\dfrac{N\pi\alpha(\sin\theta_0-\sin\theta)}{2}\right)}{\sin\left(\dfrac{\pi\alpha(\sin\theta_0-\sin\theta)}{2}\right)}\end{aligned} \tag{2.83}$$

对于 ULA，阵列的指向性函数为 CBF 输出的归一化幅值，不考虑附加相位和信号源幅值 $x$，波束输出幅值：

$$\begin{aligned}&\frac{\sin\left(\dfrac{N\pi\alpha(\sin\theta_0-\sin\theta)}{2}\right)}{\sin\left(\dfrac{\pi\alpha(\sin\theta_0-\sin\theta)}{2}\right)}\\ &=\frac{N\sin\left(\dfrac{N\pi\alpha(\sin\theta_0-\sin\theta)}{2}\right)\bigg/\left(\dfrac{N\pi\alpha(\sin\theta_0-\sin\theta)}{2}\right)}{\sin\left(\dfrac{\pi\alpha(\sin\theta_0-\sin\theta)}{2}\right)\bigg/\left(\dfrac{\pi\alpha(\sin\theta_0-\sin\theta)}{2}\right)}\\ &=\frac{N\mathrm{sinc}\left(\dfrac{N\alpha(\sin\theta_0-\sin\theta)}{2}\right)}{\mathrm{sinc}\left(\dfrac{\alpha(\sin\theta_0-\sin\theta)}{2}\right)}\end{aligned} \tag{2.84}$$

其中，抽样函数 sinc 定义为

$$\mathrm{sinc}(t)=\begin{cases}\dfrac{\sin(\pi t)}{\pi t}, & t\neq 0\\ 1, & t=0\end{cases} \tag{2.85}$$

因此，为归一化幅值，有必要消去 $N$，从而定义阵列的指向性函数为

$$f(\theta) = \frac{\sin\left(\dfrac{N\pi\alpha(\sin\theta_0 - \sin\theta)}{2}\right)}{N\sin\left(\dfrac{\pi\alpha(\sin\theta_0 - \sin\theta)}{2}\right)}$$

$$= \frac{\mathrm{sinc}\left(\dfrac{N\alpha(\sin\theta_0 - \sin\theta)}{2}\right)}{\mathrm{sinc}\left(\dfrac{\alpha(\sin\theta_0 - \sin\theta)}{2}\right)} \tag{2.86}$$

如式（2.86）所示，当声源角度 $\theta_0$ 确定后，阵列的指向性函数幅值极大值的位置就可以确定，这里令 $\theta_0 = 0°$，得到

$$f(\theta) = \frac{\sin\left(\dfrac{N\pi\alpha\sin\theta}{2}\right)}{N\sin\left(\dfrac{\pi\alpha\sin\theta}{2}\right)} \tag{2.87}$$

显然，由于 $N$ 是整数，分母零点对应了函数极大值出现的位置，即

$$\frac{\pi\alpha\sin\theta}{2} = n\pi \Rightarrow \theta = \arcsin\frac{2n}{\alpha} \tag{2.88}$$

式中，$n = 0, \pm 1, \pm 2, \cdots, \pm N$。这里只讨论半波长阵列的情况，即阵元间距 $d = \lambda/2$，$\alpha = 1$。这种阵列是实际工程中最常见的。根据式（2.88），只能取到 $n = 0$，此时指向性函数的极大值出现于：

$$\theta = i\pi \tag{2.89}$$

式中，$i = 0, \pm 1, \pm 2, \cdots$。一般来讲，由于阵列的覆盖能力有限，ULA 只讨论 $[-\pi/2, \pi/2]$ 角度范围，因此只能取到 $\theta = 0°$，即能量的指向性全部集中于 $0°$ 附近，幅值 $|f(\theta)|$ 如图 2.25 所示。信号源的方向 $\theta_0 = 0°$，通过该阵列的指向性函数幅值极大值能够指示该方向，并形成一个尖峰，如图 2.25（b）所示，称为主瓣。主瓣的幅值为 1，当幅值下降到 3dB，约相当于 0.707，对应夹角称为半功率夹角 $\theta_{3\mathrm{dB}}$。显然，半功率夹角直接关系到阵列分辨两个信号源的能力，当信号源之间间距过小，会合成一个尖峰，失去分辨能力，因此在声呐和雷达成像中，常用半功率夹角表征角度或空间分辨率。令式（2.87）中 $f(\theta_s) = 0.707$，通过近似求解得到

$$\theta_s = \arcsin\frac{0.4\lambda}{Nd} \Rightarrow \theta_{3\mathrm{dB}} = 2\theta_s = 2\arcsin\frac{0.4\lambda}{Nd} \tag{2.90}$$

我们观察到，半功率夹角与信号波长以及阵列孔径（即阵列的长度 $Nd$）相关联。通过增加阵列孔径或减小信号波长，可以提高角度分辨率。

另外，由于指向性函数的周期性，两个极小值之间都会存在一个极大值，导致在主瓣两侧都不可避免地会出现多个旁瓣，如图 2.25 所示，通过分析可以得到，理论上幅值最大的第

一旁瓣与主瓣幅值的比值约为 0.2。对于 CBF，旁瓣是伴随主瓣存在的，可以视为在波束形成中由于采用了矩形窗导致频谱泄漏产生的，因此通过加窗能够一定程度上压制旁瓣，但是对主瓣性能会有所损失。

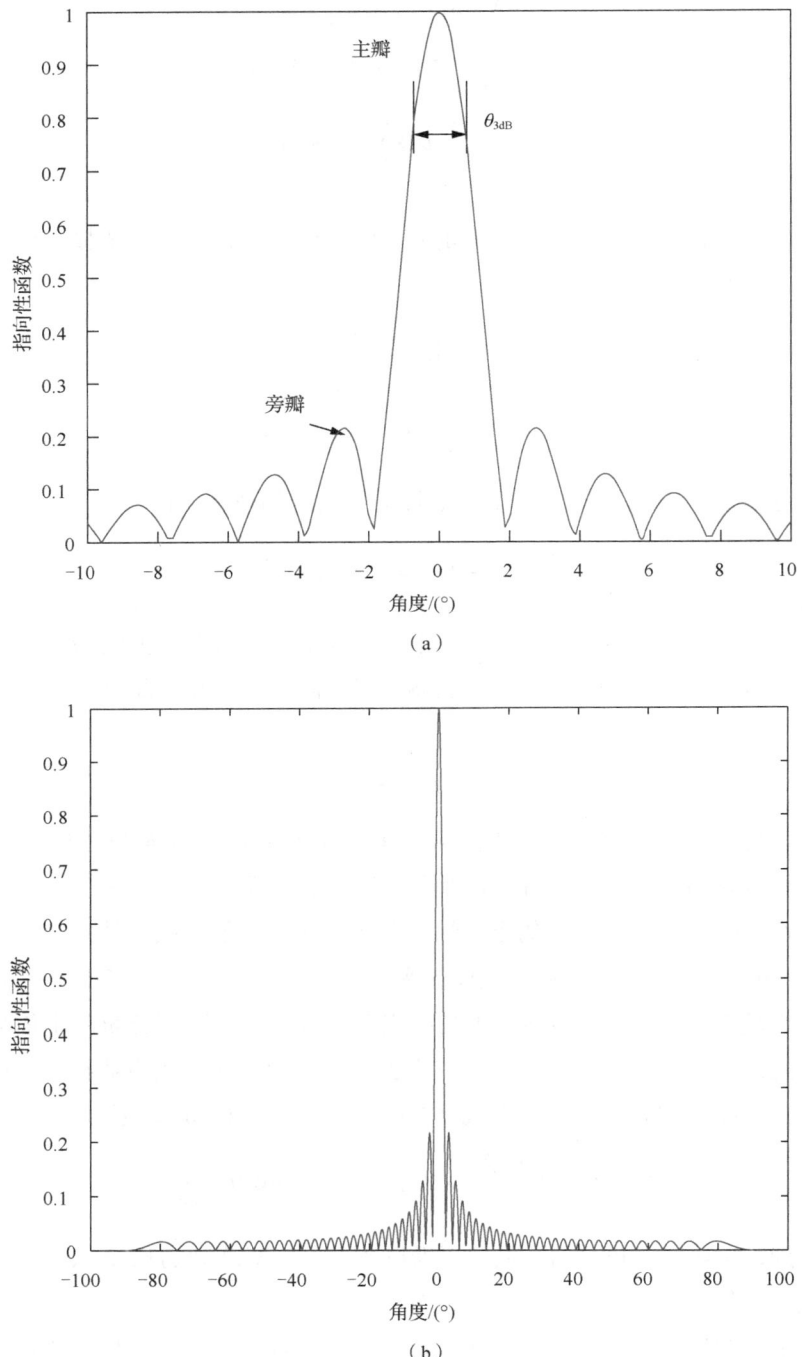

图 2.25　$d = \lambda/2$ 时指向性函数幅值

## 2.4.4 声呐发射机原理

声呐发射机构成框图如图 2.26 所示，其中信号源的主要任务是生成预先定义的发射信号形式，通常包括单频脉冲信号、调制脉冲信号和编码脉冲信号等。这些信号可以通过模拟电路（如模拟震荡电路）或数字电路生成。信号源的形式受到发射信号波形和功率放大电路类型的影响。对于程控发射机，信源模块还包含相应的程控接口电路，如串口或网口。

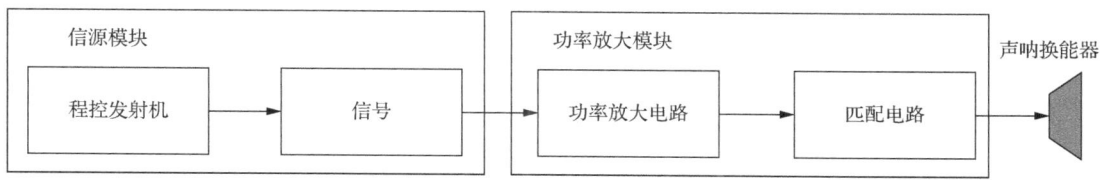

图 2.26 声呐发射机构成框图

功率放大电路的主要任务是对信号源生成的信号进行功率放大，并确保在换能器上获得最大的电功率输出。为了设计高效率、高品质的声呐发射机，必须针对非纯阻性换能器设计匹配电路，使发射机的等效负载呈现为纯阻性，从而实现最大功率输出。

### 2.4.4.1 信号波形产生

介绍两种波形产生器，分别为直接数字合成（direct digital synthesis，DDS）波形产生器和脉冲宽度调制（pulse width modulation，PWM）波形产生器。

DDS 采用数字处理器件结合数模转换器（digital to analog converter，DAC）和滤波器的方式实现，基本思想即数字处理器件根据待产生信号的表达式，实时生成与信号幅度对应的数值或读取事先存储的数字信号幅值至 DAC，将数字信号转换为模拟信号，经滤波器滤波输出至功率放大器，数字处理器件可采用数字信号处理器（digital signal processor，DSP）、现场可编程门阵列（field-programmable gate array，FPGA）、高级精简指令处理器（advanced RISC machine，ARM）等器件。这种波形产生方式具有很强的灵活性，基于不同的信号产生原理，可产生适用于线性功放的多种类型信源信号，也包括基于 DDS 原理的信号生成，即利用数字处理器实现 DDS 的相位累加器功能。

PWM 信号产生器以脉冲宽度调制方式对预发射信号进行采样变换，使生成的数字信号（方波信号）宽度与相应采样信号的幅值间存在对应的变化关系，最终以调制产生的数字方波信号驱动功率管产生具有一定输出功率的变宽方波信号，经后级滤波器或换能器后，还原输出功率得到放大的预发射信号，如图 2.27 所示。

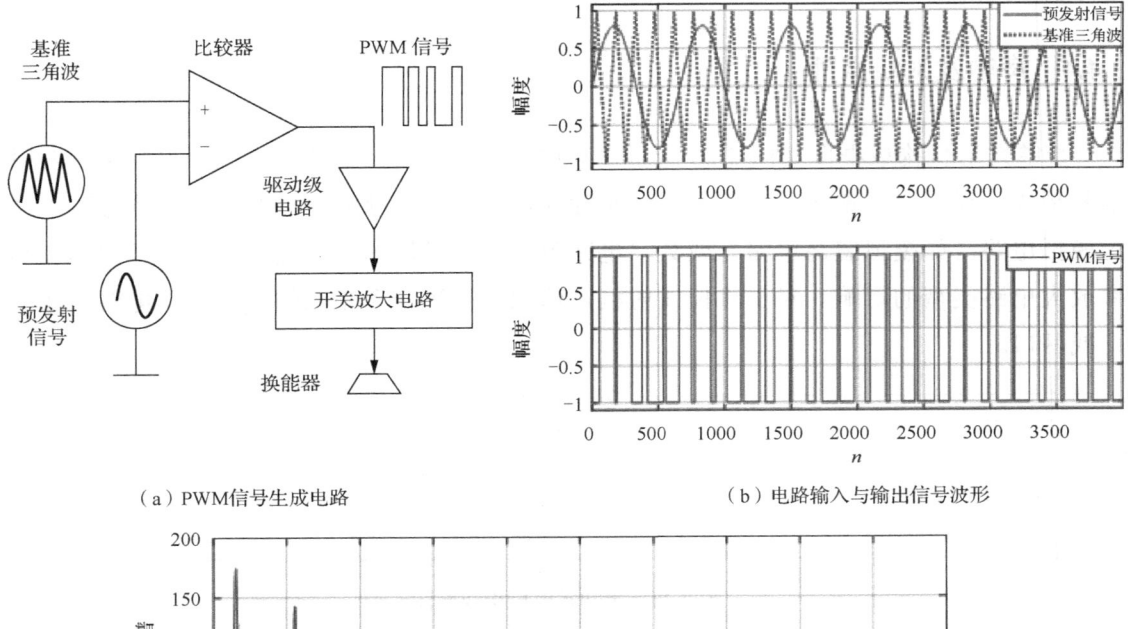

(a) PWM信号生成电路

(b) 电路输入与输出信号波形

(c) PWM信号频谱

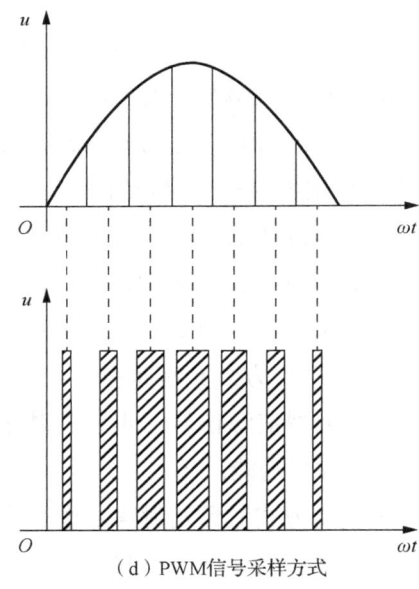

(d) PWM信号采样方式

图 2.27　PWM 信号产生器原理

与发射机设计相关的其他组件，如功率放大器、匹配网络和储能电容的设计不在本书范围内，暂不涉及。

### 2.4.4.2 相控发射原理——发射波束形成

实际上，发射相控的原理与接收波束形成类似，都是完成空域滤波的功能，只不过二者的实现和运用方式是正好相反的。下面从另一个角度理解均匀线阵的相控过程。如图 2.28 所示，假设阵列的各阵元结构相同，并以相同的取向和相等的间距排列成直线，各个阵元的激励振幅相等，相位沿阵的轴线以相同的比例递增或递减。

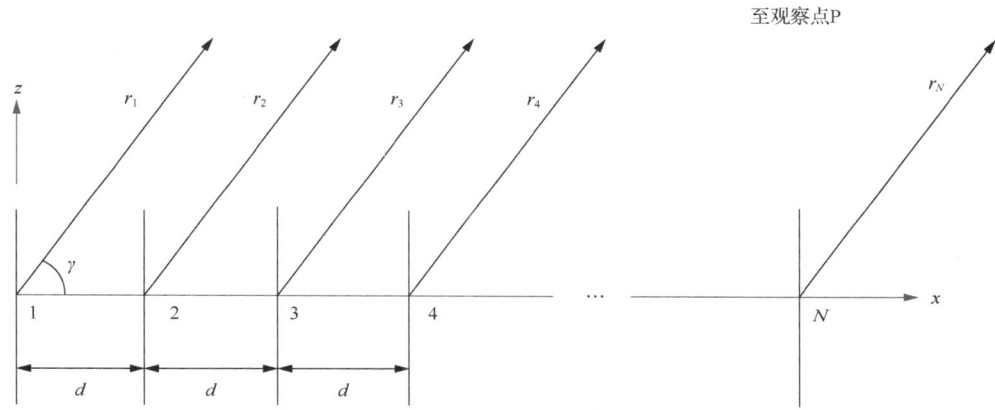

图 2.28 均匀线阵相位说明

在二维平面情况下，$N$ 个阵元沿 $x$ 轴排列，两个相邻阵元的间距为 $d$，激励相位差为 $\xi$，则相邻两阵元辐射场的相位差为

$$\psi = \xi + kd\cos\gamma \tag{2.91}$$

式中，$k$ 为相位常数或波数，表示为 $k = 2\pi/\lambda = 2\pi f/c$。

以阵元 1 为参考，则阵元 2 的辐射场的相位差为 $\psi$，阵元 3 的辐射场的相位差为 $2\psi$，依此类推。换能器阵的总辐射场为各阵元声压场的线性叠加，得到

$$\begin{aligned} P &= P_1 + P_2 + P_3 + \cdots + P_N \\ &= P_1(1 + e^{j\psi} + e^{j2\psi} + e^{j3\psi} + \cdots + e^{j(N-1)\psi}) \end{aligned} \tag{2.92}$$

求和后得到振幅模值：

$$P = P_1\left|\frac{1 - e^{jN\psi}}{1 - e^{j\psi}}\right| = P_1 f_N(\psi) \tag{2.93}$$

其中，$N$ 元均匀直线阵的阵因子表示为

$$f_N(\psi) = \sin\frac{N\psi}{2} \Big/ \sin\frac{\psi}{2} \tag{2.94}$$

表征了阵列辐射声压的指向性。由于阵因子最大值

$$f_{N\max} = \lim_{\psi \to 0}(\sin\frac{N\psi}{2} \Big/ \sin\frac{\psi}{2}) = N \tag{2.95}$$

故 $N$ 元均匀直线阵的归一化阵因子

$$F_N(\psi) = \frac{1}{N}\sin\frac{N\psi}{2} \Big/ \sin\frac{\psi}{2} \tag{2.96}$$

上述阵因子是相位 $\psi$ 的周期函数，周期为 $2\pi$。在单个周期之内，会出现主瓣和多个旁瓣，如图 2.29 所示。

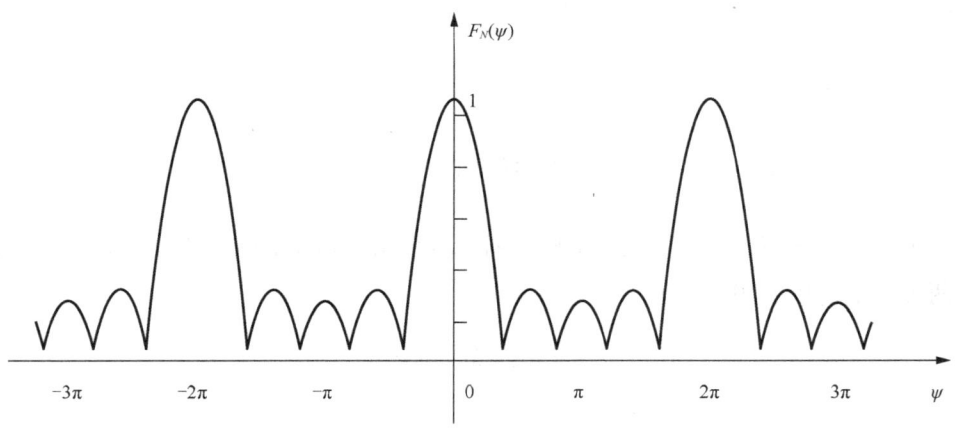

图 2.29　相控指向性图

### 2.4.4.3　匹配滤波原理

声呐的信号处理能够抑制干扰，增强声呐检测信号的能力。不同的信号处理方法，抑制干扰的效果不尽相同。在同等条件下，何种处理方法的抗干扰能力最强是人们所关心的问题，这就是最佳检测系统问题。从理论上研究最佳检测系统应包含两个步骤：一是选择衡量检测系统优劣的准则；二是寻找在这个准则下的最佳检测方式，从而确定最佳检测系统的具体结构。研究最佳检测系统的意义在于，通过对同一准则下的实际系统与最佳系统质

量指标的比较，可以评价实际系统的完善程度，以及探讨是否存在进一步提高质量指标的潜力和途径。

人们称最大信噪比准则下的最佳线性检测系统为匹配滤波器。早已证明，在白噪声干扰下，匹配滤波器的传输函数是输入信号频谱的复共轭。所谓最大信噪比准则，是指在某一时刻 $t_0$，输出信号瞬时功率对噪声平均功率之比最大，即令式（2.97）达到最大。

$$\left(\frac{S}{N}\right)_o = \frac{|s_o(t_o)|^2}{E\left[(n_o(t))^2\right]} = \frac{\left|\frac{1}{2\pi}\int_{-\infty}^{\infty} H(\omega)S_i(\omega)e^{j\omega t_o}d\omega\right|}{\frac{N_o}{4\pi}\int_{-\infty}^{\infty}|H(\omega)|^2 d\omega} \tag{2.97}$$

式中，$S_i(\omega)$ 为输入信号 $s_i(t)$ 的频谱，白噪声的功率谱密度为 $N_o/2$，$H(\omega)$ 为线性滤波器的传输函数。当 $H(\omega)$ 满足式（2.98）时。

$$H(\omega) = 2\pi k S_i^*(\omega)e^{-j\omega t_o} \tag{2.98}$$

输出信噪比式（2.97）将在时刻 $t_0$ 达到最大，此时的线性滤波器就是匹配滤波器。$k$ 为相对放大量，不会影响输出信噪比的大小。当 $k=1$ 时，匹配滤波器输出的信号最大值反映了输入的能量。除用传输函数表示之外，也可用脉冲响应函数来描述匹配滤波器。匹配滤波器的脉冲响应函数为

$$h(t) = k s_t^*(t_0 - t), \quad t \geqslant 0 \tag{2.99}$$

式中，$s^*(t)$ 为信号 $s(t)$ 的共轭。这表明，匹配滤波器的脉冲响应函数 $h(t)$ 是输入信号在时间上反转后再向右平移 $t_0$ 时间。将式（2.98）代入式（2.97），可以得到最大输出信噪比为

$$\left(\frac{S}{N}\right)_{o\max} = \frac{2E}{N_o} \tag{2.100}$$

式中，输入信号的能量 $E$ 为

$$E = \int_{-\infty}^{\infty} |s_i(t)|^2 dt = \frac{1}{2}\int_{-\infty}^{\infty} |S_i(\omega)|^2 d\omega \tag{2.101}$$

匹配滤波器的详细推导可以参考其他资料，这里不做详细说明，只给出一些匹配滤波器的性质。

（1）匹配滤波器在输出端可以给出最大瞬时功率信噪比，其数值为 $2E/N_o$。最大输出信噪比只与输入信号能量 $E$ 和白噪声功率谱密度 $N_o/2$ 有关，而与输入信号具体形状和噪声分布规律（如高斯分布或是其他分布）无关。

（2）若匹配滤波器输入噪声带宽为 $\Delta F_n$，输入信号有效持续时间为 $T$，信号有效幅度为 $A$，则匹配滤波器处理增益为

$$G = \frac{(S/N)_{o\max}}{(S/N)_i} = \frac{2E/N_o}{A^2/(N_o \Delta F_n)} = \frac{2A^2 T/N_o}{A^2/(N_o \Delta F_n)} = 2\Delta F_n T \tag{2.102}$$

当噪声带宽 $\Delta F_n$ 选择为信号的有效带宽 $B$ 时（即信号在输入匹配滤波器之前，先经过带宽为 $B$ 的滤波器滤波），匹配滤波器的信噪比处理增益完全由信号参数决定，此时的处理增益为

$$G = 2BT \tag{2.103}$$

（3）匹配滤波器具有时延适应性。对信号 $s_i(t)$ 匹配的滤波器，对信号 $s_i(t-\tau)$ 同样是最佳的匹配滤波器，只是最大瞬时信噪比出现的时刻延迟了时间 $\tau$。这就是说，可以采用对某一时刻（比如发射时刻）匹配的滤波器去处理延迟量未知的回波信号（相当于目标的距离未知），而匹配滤波器的性能不下降。

（4）匹配滤波器对频移信号一般不具有适应性。信号的频移通常是由目标与声呐之间的相对运动造成的。这意味着，用匹配滤波器去检测运动目标时，处理性能将下降。

（5）匹配滤波器对相移信号的适应问题。由于匹配滤波器是线性滤波器，用与发射信号 $s_i(t)$ 匹配的滤波器处理初相位为 $\varphi$ 的回波 $s_i(t)e^{j\varphi}$ 时，其输出为 $s_o(t)e^{j\varphi}$。若初相 $\varphi$ 是在 $[-\pi,\pi]$ 均匀分布的随机变量，则匹配滤波器的输出均值为 $s_o(t)/2$。于是，匹配滤波器对于初相未知信号的检测其处理增益降低 3dB，即

$$G = BT \tag{2.104}$$

（6）匹配滤波器的传输函数是输入信号频谱的复共轭。从物理意义上理解匹配滤波器有两个功能：其一，信号幅度谱与滤波器传输函数的幅度谱一致，因而滤波器可以在不损失信号的前提下尽可能地滤去带外噪声；其二，滤波器的相位响应与信号的相位相反，这样就可以使信号各个频率分量在某一时刻 $t_o$ 同相相加，最大限度地利用信号各个频率分量的能量达到最大瞬时功率。

（7）匹配滤波器与相关器的关系。信号 $x(t)$ 与 $s(t)$ 的相关函数定义为

$$R_{xs}(\tau) = \int_{-\infty}^{\infty} x(t)s^*(t-\tau)\mathrm{d}t \tag{2.105}$$

若令 $x(t) = s(t) + n(t)$，通过匹配滤波器 $h(t) = s^*(t_o - t)$，输出

$$\begin{aligned}
y(t) &= \int_{-\infty}^{\infty} x(\tau)h(t-\tau)\mathrm{d}\tau \\
&= \int_{-\infty}^{\infty} x(\tau)s^*(t_o - (t-\tau))\mathrm{d}\tau \\
&= \int_{-\infty}^{\infty} x(\tau)s^*(\tau - (t-t_o))\mathrm{d}\tau \\
&= R_{xs}(t - t_o)
\end{aligned} \tag{2.106}$$

如果信号 $s(t)$ 与噪声 $n(t)$ 不相关，则

$$y(t) = R_{ss}(t - t_o) \tag{2.107}$$

式中，$R_{ss}(t)$ 为信号 $s(t)$ 的自相关函数。

由此可见，当 $t_o = 0$ 时，匹配滤波器就是一个互相关器，二者等效。尽管匹配滤波器的输出形式与信号的相关函数形式相同，但匹配滤波器与相关器有明显的区别。匹配滤波器输出的是相关函数的全景图形，而相关器对于一个时延 $\tau$，只得到一个相关函数值。如果用相关器获得相关函数的全景，则需连续改变时延值 $\tau$。如果时延值是离散的，则只能得到对应不同 $\tau$ 值的离散相关函数值。

# 第3章 海洋电磁学理论与技术

## 3.1 海洋电磁波的传播

海洋电磁学是海洋物理的一个分支学科,主要研究海洋的电磁特性,以及海洋中频率低于红外线的电磁场运动形态和规律。电磁波在海水中传播时激起传导电流,导致电磁波的能量急剧衰减,频率愈高,衰减愈快。由麦克斯韦方程组可得出兆赫以上的电磁波在海水中的穿透深度小于25cm,海水对这种电磁波来说是很强的屏蔽层。

在时变的情况下,电场和磁场相互激励,在空间形成电磁波,时变电磁场的能量以电磁波的形式进行传播。根据电磁波的波面形状,可将电磁波分为平面波、柱面波和球面波。均匀平面波是指电磁波的场矢量只沿着它的传播方向变化,在与波传播方向垂直的无限大平面内,电场强度和磁场强度的方向、振幅和相位都保持不变[25-30]。

### 3.1.1 麦克斯韦方程组

电流的周围空间存在磁场,磁场对位于场中的电流或运动电荷有作用力,这种作用力称为磁场力。若一个电量为 $q_0$ 的电荷以速度 $v$ 在磁场 $B$ 中运动,它所受到的磁场力为 $\boldsymbol{F}_m = q_0 \boldsymbol{v} \times \boldsymbol{B}$,该式表明静止电荷不会受到磁场力的作用,运动电荷所受磁场力与电荷运动方向和磁场方向的夹角有关,当电荷运动方向与磁场方向一致时,电荷所受磁场力为 0,当电荷运动方向与磁场方向垂直时,电荷受到的磁场力最大。磁感应强度 $B$ 的大小为

$$B = \lim_{q_0 \to 0} \frac{F_m|_{\max}}{q_0 v} \tag{3.1}$$

真空中的静止细导线回路 $C_1$ 和 $C_2$ 分别载有恒定电流 $I_1$ 和 $I_2$,电流元 $I_1 \mathrm{d}\boldsymbol{l}_1$ 的位置矢量为 $\boldsymbol{r}_1$,电流元 $I_2 \mathrm{d}\boldsymbol{l}_2$ 的位置矢量为 $\boldsymbol{r}_2$。回路 $C_1$ 对回路 $C_2$ 的作用力 $\boldsymbol{F}_{12}$ 为

$$\boldsymbol{F}_{12} = \frac{\mu_0}{4\pi} \oint_{C_2} \oint_{C_1} \frac{I_2 \mathrm{d}\boldsymbol{l}_2 \times (I_1 \mathrm{d}\boldsymbol{l}_1 \times \boldsymbol{R}_{12})}{R_{12}^3} \tag{3.2}$$

若回路 $C$ 中的电流为 $I$,则整个回路产生的磁感应强度等于回路上各电流所产生的磁感应强度的叠加。设回路上的电流元 $I\mathrm{d}\boldsymbol{l}'$ 的位置矢量为 $\boldsymbol{r}'$,场点的位置矢量为 $\boldsymbol{r}$,则电流 $I$ 产

生的磁感应强度矢量为

$$B(r) = \frac{\mu_0}{4\pi} \oint_C \frac{I\mathrm{d}l' \times R}{R^3} \tag{3.3}$$

对于体电流密度为 $J(r')$ 的分布电流，电流元为 $J(r')\mathrm{d}V'$，有 $I\mathrm{d}l' = J(r')\mathrm{d}V'$。因此有

$$B(r) = \frac{\mu_0}{4\pi} \int_V \frac{J(r') \times R}{R^3} \mathrm{d}V' \tag{3.4}$$

利用矢量恒等式，上式可以写为

$$B(r) = \frac{\mu_0}{4\pi} \int_V \nabla \times \frac{J(r')}{R} \mathrm{d}V' = \nabla \times \frac{\mu_0}{4\pi} \int_V \frac{J(r')}{R} \mathrm{d}V' \tag{3.5}$$

对上式两端取散度，有

$$\nabla \cdot B(r) = 0 \tag{3.6}$$

上式为磁通连续性原理的微分形式。上式表明，磁感应强度 $B$ 的散度恒为 0，即磁场是一个无通量源的矢量场。将上式在体积 $V$ 上积分，并利用散度定理有

$$\oint_S B(r)\mathrm{d}S = \int_V \nabla \cdot B(r)\mathrm{d}V = 0 \tag{3.7}$$

上式为磁通连续性原理的积分形式。上式表明，穿过任意闭合面的磁感应强度的通量等于 0，磁感应线（磁力线）是无头无尾的闭合线。

有电介质存在情况下，考虑到极化电荷对电场的影响，电场强度 $E$ 等于自由电荷在真空中产生的电场 $E_0$ 与极化电荷在真空中产生的电场 $E_P$ 的叠加。取一个闭合面 $S$，则电场强度 $E$ 穿出闭合面 $S$ 的通量为

$$\oint_S E\mathrm{d}S = \oint_S (E_0 + E_P)\mathrm{d}S = \frac{1}{\varepsilon_0} \int_V \rho(r)\mathrm{d}V = \frac{1}{\varepsilon_0}(q + q_P) \tag{3.8}$$

式中，$q$ 为闭合面 $S$ 内总的自由电荷；$q_P$ 为闭合面 $S$ 内总的极化电荷。将 $q_P = -\oint_S P\mathrm{d}S$ 代入上式，有

$$\oint_S (\varepsilon_0 E + P)\mathrm{d}S = q \tag{3.9}$$

因此，矢量 $(\varepsilon_0 E + P)$ 的通量仅与所包围的自由电荷 $q$ 有关。定义一个描述电场的辅助

矢量 $D$，称为电位移矢量，定义为 $D = \varepsilon_0 E + P$，其中 $P$ 为极化强度矢量，因此上式可以写为

$$\oint_S D \mathrm{d}S = q \tag{3.10}$$

上式为电介质中高斯定理的积分形式。上式表明，电位移矢量穿过任一闭合面的通量等于该闭合面内总的自由电荷，而与极化电荷无关。根据散度定理，由 $\oint_S D \mathrm{d}S = \int_V \nabla \cdot D \mathrm{d}V$，可得 $\int_V \nabla \cdot D \mathrm{d}V = \int_V \rho \mathrm{d}V$。由于此式对任意体积 $V$ 都成立，故得到

$$\nabla \cdot D = \rho \tag{3.11}$$

上式为电介质中高斯定理的微分形式，表明电介质内任一点的电位移矢量的散度等于该点的自由电荷体密度，即 $D$ 的通量源是自由电荷，电位移矢量线从正的自由电荷出发而终止于负的自由电荷。

法拉第等人通过实验发现导体回路所围面积的磁通量发生变化时，回路中就会出现感应电动势，并引起感应电流。感应电动势与穿过回路所围面积的磁通量的时间变化率成正比。若规定回路中感应电动势的参考方向与穿过该回路所围面积的磁通量 $\varPhi$ 符合右手螺旋定则，则感应电动势为

$$\varepsilon_{\mathrm{in}} = -\frac{\mathrm{d}\varPhi}{\mathrm{d}t} = -\frac{\mathrm{d}}{\mathrm{d}t}\int_S B \mathrm{d}S \tag{3.12}$$

式（3.12）为法拉第电磁感应定律。导体内存在感应电流表明导体内必然存在感应电场 $E_{\mathrm{in}}$，感应电动势可以表示为感应电场的积分，即

$$\varepsilon_{\mathrm{in}} = \oint_C E_{\mathrm{in}} \mathrm{d}l \tag{3.13}$$

式中，$C$ 为积分路径。因此有

$$\oint_C E_{\mathrm{in}} \mathrm{d}l = -\frac{\mathrm{d}}{\mathrm{d}t}\int_S B \mathrm{d}S \tag{3.14}$$

因此感应电场的环流不等于 0，感应电场是涡旋电场，感应电场线是闭合曲线。从上式可以看出回路中的感应电动势与构成回路的导体性质无关，只要回路所围面积的磁通量发生变化，回路就会产生感应电动势，即存在感应电场。当空间中还有由电荷产生的库仑电场 $E_C$ 时，总电场等于库仑电场 $E_C$ 与感应电场 $E_{\mathrm{in}}$ 的叠加，即 $E = E_{\mathrm{in}} + E_C$。由于 $\oint_C E_C \mathrm{d}l = 0$，有

$$\oint_C \boldsymbol{E} d\boldsymbol{l} = -\frac{d}{dt}\int_S \boldsymbol{B} d\boldsymbol{S} \qquad (3.15)$$

式（3.15）是推广了的法拉第电磁感应定律的积分形式。如果回路是静止的，则穿过回路的磁通量变化是由磁场随时间变化引起的。此时 $\oint_C \boldsymbol{E} d\boldsymbol{l} = -\frac{d}{dt}\int_S \boldsymbol{B} d\boldsymbol{S}$，右端对时间求导只是时变磁场 $\boldsymbol{B}$ 对时间求偏导，即得

$$\oint_C \boldsymbol{E} d\boldsymbol{l} = -\int_S \frac{\partial \boldsymbol{B}}{\partial t} d\boldsymbol{S} \qquad (3.16)$$

上式为法拉第电磁感应定律的积分形式，表明电场强度沿任意闭合曲线的环量，等于穿过以该曲线为周界的任一曲面的磁通量变化率的负值。利用斯托克斯定理，上式可表示为

$$\int_S (\nabla \times \boldsymbol{E}) d\boldsymbol{S} = -\int_S \frac{\partial \boldsymbol{B}}{\partial t} d\boldsymbol{S} \qquad (3.17)$$

由于上式对任意回路所围成的面积 $S$ 都成立，故必有

$$\nabla \times \boldsymbol{E} = -\frac{\partial \boldsymbol{B}}{\partial t} \qquad (3.18)$$

上式为静止回路位于时变磁场中的法拉第电磁感应定律的微分形式，解释了时变磁场产生电场这一重要特性，表明时变磁场要产生电场，是电场的涡旋源。

对于高斯定理 $\nabla \cdot \boldsymbol{D} = \rho$，将其代入电荷守恒定律得

$$\nabla \cdot \boldsymbol{J} = -\frac{\partial \rho}{\partial t} = -\frac{\partial}{\partial t}(\nabla \cdot \boldsymbol{D}) = -\nabla \cdot \frac{\partial \boldsymbol{D}}{\partial t} \qquad (3.19)$$

因此，可以得到

$$\nabla \cdot \left(\boldsymbol{J} + \frac{\partial \boldsymbol{D}}{\partial t}\right) = 0 \qquad (3.20)$$

位移电流也会产生磁场，而且与传导电流一样，也是磁场的涡旋源。因此，在时变的情况下，应在 $\nabla \times \boldsymbol{H} = \boldsymbol{J}$ 的右边加上位移电流密度，将其修正为

$$\nabla \times \boldsymbol{H} = \boldsymbol{J} + \frac{\partial \boldsymbol{D}}{\partial t} \qquad (3.21)$$

将式（3.21）在以任意闭合曲线 $C$ 为边界的曲面 $S$ 上积分，由于 $\int_S \nabla \times \boldsymbol{H} d\boldsymbol{S} = \oint_C \boldsymbol{H} d\boldsymbol{l}$，故得到

$$\oint_C \boldsymbol{H} \cdot \mathrm{d}\boldsymbol{l} = \int_S \left( \boldsymbol{J} + \frac{\partial \boldsymbol{D}}{\partial t} \right) \cdot \mathrm{d}\boldsymbol{S} \qquad (3.22)$$

式（3.22）为时变电磁场中安培环路定理的积分形式。

### 3.1.2 海洋电磁波特性

海水因含有丰富的电解质，如氯化钠等，具有良好的导电性，这种导电性使海水能够有效地传导电流。导电媒质内部有许多能自由运动的带电粒子，它们在外电场的作用下可以做宏观定向运动而形成电流。在线性和各向同性的导电媒质内，任意一点的电流密度矢量 $\boldsymbol{J}$ 与该点的电场强度 $\boldsymbol{E}$ 成正比，并且有

$$\boldsymbol{J} = \sigma \boldsymbol{E} \qquad (3.23)$$

式中，$\sigma$ 为媒质的导电率。上式为线性、各向同性导电媒质的本构关系。在导电媒质中，电荷受电场力的作用而运动，因此电场要对电荷做功。设体密度为 $\rho$ 的电荷在电场力的作用下以平均速度 $\boldsymbol{v}$ 运动，则作用于体积元 $\mathrm{d}V$ 内电荷的电场力为 $\mathrm{d}\boldsymbol{F} = \rho \mathrm{d}V \boldsymbol{E}$。若在 $\mathrm{d}t$ 时间内，电荷的移动距离为 $\mathrm{d}\boldsymbol{l}$，则电场力所做的功为

$$\mathrm{d}W = \mathrm{d}\boldsymbol{F} \cdot \mathrm{d}\boldsymbol{l} = \rho \mathrm{d}V \boldsymbol{E} \cdot \boldsymbol{v} \mathrm{d}t = \boldsymbol{J} \cdot \boldsymbol{E} \mathrm{d}V \mathrm{d}t \qquad (3.24)$$

式中，$\boldsymbol{J} = \rho \boldsymbol{v}$。电场力 $\mathrm{d}\boldsymbol{F}$ 所做的功转换成了热能，称为焦耳损耗。

### 3.1.3 海洋电磁波的数学与物理模型

在时变的情况下，电场和磁场相互激励，在空间形成电磁波，时变电磁场的能量以电磁波的形式进行传播。由麦克斯韦方程可以建立电磁波的波动方程，它揭示了时变电磁场的运动规律，即电磁场的波动性。线性、各向同性的均匀无损耗媒质中，电场强度和磁场强度满足的麦克斯韦方程为

$$\begin{cases} \nabla \times \boldsymbol{H} = \boldsymbol{J} + \varepsilon \dfrac{\partial \boldsymbol{E}}{\partial t} \\ \nabla \times \boldsymbol{E} = -\mu \dfrac{\partial \boldsymbol{H}}{\partial t} \\ \nabla \cdot \boldsymbol{H} = 0 \\ \nabla \cdot \boldsymbol{E} = \dfrac{\rho}{\varepsilon} \end{cases} \qquad (3.25)$$

对上式进行数学推导，可以得到电场强度和磁场强度满足的波动方程如下：

$$\begin{cases} \nabla^2 \boldsymbol{E} - \mu\varepsilon \dfrac{\partial^2 \boldsymbol{E}}{\partial t^2} = \mu \dfrac{\partial \boldsymbol{J}}{\partial t} + \dfrac{1}{\varepsilon}\nabla\rho \\ \nabla^2 \boldsymbol{H} - \mu\varepsilon \dfrac{\partial^2 \boldsymbol{H}}{\partial t^2} = -\nabla \times \boldsymbol{J} \end{cases} \quad (3.26)$$

在无源空间中，电流密度和电荷密度处处为零，即 $\rho = 0$、$\boldsymbol{J} = 0$，因此可以得到无源空间中，电场强度和磁场强度满足的波动方程为

$$\begin{cases} \nabla^2 \boldsymbol{E} - \mu\varepsilon \dfrac{\partial^2 \boldsymbol{E}}{\partial t^2} = 0 \\ \nabla^2 \boldsymbol{H} - \mu\varepsilon \dfrac{\partial^2 \boldsymbol{H}}{\partial t^2} = 0 \end{cases} \quad (3.27)$$

在正弦电磁场中，矢量 $\boldsymbol{F}(r,t)$ 对时间的导数可用复数形式表示为

$$\frac{\partial \boldsymbol{F}(r,t)}{\partial t} = \frac{\partial}{\partial t}\operatorname{Re}\left[\dot{\boldsymbol{F}}_m(r)\mathrm{e}^{\mathrm{j}\omega t}\right] = \operatorname{Re}\left\{\frac{\partial}{\partial t}\left[\dot{\boldsymbol{F}}_m(r)\mathrm{e}^{\mathrm{j}\omega t}\right]\right\} = \operatorname{Re}\left[\mathrm{j}\omega\dot{\boldsymbol{F}}(r)\mathrm{e}^{\mathrm{j}\omega t}\right] \quad (3.28)$$

利用此运算规律，可将麦克斯韦方程组写为

$$\begin{cases} \nabla \times \operatorname{Re}\left[\dot{\boldsymbol{H}}_m(r)\mathrm{e}^{\mathrm{j}\omega t}\right] = \operatorname{Re}\left[\dot{\boldsymbol{J}}_m(r)\mathrm{e}^{\mathrm{j}\omega t}\right] + \operatorname{Re}\left[\mathrm{j}\omega\dot{\boldsymbol{D}}_m(r)\mathrm{e}^{\mathrm{j}\omega t}\right] \\ \nabla \times \operatorname{Re}\left[\dot{\boldsymbol{E}}_m(r)\mathrm{e}^{\mathrm{j}\omega t}\right] = \operatorname{Re}\left[-\mathrm{j}\omega\dot{\boldsymbol{B}}_m(r)\mathrm{e}^{\mathrm{j}\omega t}\right] \\ \nabla \cdot \operatorname{Re}\left[\dot{\boldsymbol{B}}_m(r)\mathrm{e}^{\mathrm{j}\omega t}\right] = 0 \\ \nabla \cdot \operatorname{Re}\left[\dot{\boldsymbol{D}}_m(r)\mathrm{e}^{\mathrm{j}\omega t}\right] = \operatorname{Re}\left[\dot{\rho}_m(r)\mathrm{e}^{\mathrm{j}\omega t}\right] \end{cases} \quad (3.29)$$

将微分算子 $\nabla$ 与实部符号 Re 交换顺序，有

$$\begin{cases} \operatorname{Re}\left[\nabla \times \dot{\boldsymbol{H}}_m(r)\mathrm{e}^{\mathrm{j}\omega t}\right] = \operatorname{Re}\left[\dot{\boldsymbol{J}}_m(r)\mathrm{e}^{\mathrm{j}\omega t}\right] + \operatorname{Re}\left[\mathrm{j}\omega\dot{\boldsymbol{D}}_m(r)\mathrm{e}^{\mathrm{j}\omega t}\right] \\ \operatorname{Re}\left[\nabla \times \dot{\boldsymbol{E}}_m(r)\mathrm{e}^{\mathrm{j}\omega t}\right] = \operatorname{Re}\left[-\mathrm{j}\omega\dot{\boldsymbol{B}}_m(r)\mathrm{e}^{\mathrm{j}\omega t}\right] \\ \operatorname{Re}\left[\nabla \cdot \dot{\boldsymbol{B}}_m(r)\mathrm{e}^{\mathrm{j}\omega t}\right] = 0 \\ \operatorname{Re}\left[\nabla \cdot \dot{\boldsymbol{D}}_m(r)\mathrm{e}^{\mathrm{j}\omega t}\right] = \operatorname{Re}\left[\dot{\rho}_m(r)\mathrm{e}^{\mathrm{j}\omega t}\right] \end{cases} \quad (3.30)$$

由于表达式对于任何时刻 $t$ 都成立，因此去掉 Re 等式依然成立，于是

$$\begin{cases} \nabla \times \dot{\boldsymbol{H}}_m(\boldsymbol{r}) = \dot{\boldsymbol{J}}_m(\boldsymbol{r}) + \mathrm{j}\omega \dot{\boldsymbol{D}}_m(\boldsymbol{r}) \\ \nabla \times \dot{\boldsymbol{E}}_m(\boldsymbol{r}) = -\mathrm{j}\omega \dot{\boldsymbol{B}}_m(\boldsymbol{r}) \\ \nabla \cdot \dot{\boldsymbol{B}}_m(\boldsymbol{r}) = 0 \\ \nabla \cdot \dot{\boldsymbol{D}}_m(\boldsymbol{r}) = \dot{\rho}_m(\boldsymbol{r}) \end{cases} \tag{3.31}$$

上式为时谐电磁场的复矢量所满足的麦克斯韦方程,也称为麦克斯韦方程的复数形式。上式又可以写为

$$\begin{cases} \nabla \times \boldsymbol{H} = \boldsymbol{J} + \mathrm{j}\omega \boldsymbol{D} \\ \nabla \times \boldsymbol{E} = -\mathrm{j}\omega \boldsymbol{B} \\ \nabla \cdot \boldsymbol{B} = 0 \\ \nabla \cdot \boldsymbol{D} = \rho \end{cases} \tag{3.32}$$

对于导电媒质,当电导率有限时,存在欧姆损耗。损耗的大小与媒质性质、随时间变化的频率有关。一些媒质的损耗在低频时可以忽略,但在高频时不能忽略。在时谐电磁场中,对于介电常数为$\varepsilon$、导电率为$\sigma$的导电媒质,$\nabla \times \boldsymbol{H} = \boldsymbol{J} + \mathrm{j}\omega \boldsymbol{D}$可写为

$$\nabla \times \boldsymbol{H} = \sigma \boldsymbol{E} + \mathrm{j}\omega\varepsilon \boldsymbol{E} = \mathrm{j}\omega\left(\varepsilon - \mathrm{j}\frac{\sigma}{\omega}\right)\boldsymbol{E} = \mathrm{j}\omega\varepsilon_c \boldsymbol{E} \tag{3.33}$$

其中,$\varepsilon_c = \varepsilon - \mathrm{j}\dfrac{\sigma}{\omega}$,这类导电媒质的欧姆损耗以负虚部形式反映在媒质的本构关系中,称$\varepsilon_c$为导电媒质的等效复介电常数或等效复电容率。

对于时谐电磁场,波动方程可以写为

$$\begin{cases} \nabla^2 \boldsymbol{E} + k^2 \boldsymbol{E} = 0 \\ \nabla^2 \boldsymbol{H} + k^2 \boldsymbol{H} = 0 \end{cases} \tag{3.34}$$

式中,$k = \omega\sqrt{\mu\varepsilon}$。式(3.34)为时谐电磁场的复矢量$\boldsymbol{E}$和$\boldsymbol{H}$在无源空间中所满足的波动方程,称为亥姆霍兹方程。如果媒质是有损耗的,即介电常数或磁导率为复数,则$k$也相应地变为复数$k_c$。对于电导率$\sigma \neq 0$的导电媒质,等效复介电常数$\varepsilon_c$代替$\varepsilon$,因此有

$$\begin{cases} \nabla^2 \boldsymbol{E} + k_c^2 \boldsymbol{E} = 0 \\ \nabla^2 \boldsymbol{H} + k_c^2 \boldsymbol{H} = 0 \end{cases} \tag{3.35}$$

## 3.1.4 海洋电磁波的传播原理

海水是良导体，导电媒质的典型特征是电导率 $\sigma \neq 0$，当电磁波在导电媒质中传播时，必然有传导电流 $\boldsymbol{J} = \sigma \boldsymbol{E}$，这将导致电磁能量损耗。在均匀的导电媒质中，由

$$\nabla \times \boldsymbol{H} = \boldsymbol{J} + \mathrm{j}\omega\varepsilon\boldsymbol{E} = \sigma\boldsymbol{E} + \mathrm{j}\omega\varepsilon\boldsymbol{E} = \mathrm{j}\omega\left(\varepsilon - \mathrm{j}\frac{\sigma}{\omega}\right)\boldsymbol{E} = \mathrm{j}\omega\varepsilon_c\boldsymbol{E} \tag{3.36}$$

可得到

$$\nabla \cdot \boldsymbol{E} = \frac{\rho}{\varepsilon} = \frac{1}{\mathrm{j}\omega\varepsilon_c}\nabla \cdot (\nabla \times \boldsymbol{H}) = 0 \tag{3.37}$$

由此可见，在均匀的导电媒质中虽然传导电流密度 $\boldsymbol{J} \neq 0$，但不存在自由电荷密度，即 $\rho = 0$。在均匀的导电媒质中，电场强度和磁场强度满足的亥姆霍兹方程为

$$\begin{cases} (\nabla^2 + k_c^2)\boldsymbol{E} = 0 \\ (\nabla^2 + k_c^2)\boldsymbol{H} = 0 \end{cases} \tag{3.38}$$

式中，$k_c = \omega\sqrt{\mu\varepsilon_c}$ 为导电媒质中的波数，为复数。在讨论导电媒质中电磁波的传播时，式（3.38）又可写为

$$\begin{cases} (\nabla^2 - \gamma^2)\boldsymbol{E} = 0 \\ (\nabla^2 - \gamma^2)\boldsymbol{H} = 0 \end{cases} \tag{3.39}$$

式中，$\gamma = \mathrm{j}k_c = \mathrm{j}\omega\sqrt{\mu\varepsilon_c}$ 为传播常数，仍为复数。假定电磁波是沿 $z$ 轴正方向传播的均匀平面波，且电场只有 $E_x$ 分量，则 $(\nabla^2 - \gamma^2)\boldsymbol{E} = 0$ 的解为

$$\boldsymbol{E} = \boldsymbol{e}_x E_x = \boldsymbol{e}_x E_{xm} \mathrm{e}^{-\gamma z} \mathrm{e}^{\mathrm{j}\phi_x} \tag{3.40}$$

由于 $\gamma$ 是复数，令 $\gamma = \alpha + \mathrm{j}\beta$，代入上式得

$$\boldsymbol{E} = \boldsymbol{e}_x E_x = \boldsymbol{e}_x E_{xm} \mathrm{e}^{-\alpha z} \mathrm{e}^{-\mathrm{j}\beta z} \mathrm{e}^{\mathrm{j}\phi_x} \tag{3.41}$$

式中，第一个因子 $\mathrm{e}^{-\alpha z}$ 为电场的振幅随传播距离 $z$ 的增加而呈指数衰减，因而称为衰减因子，$\alpha$ 称为衰减常数；第二个因子 $\mathrm{e}^{-\mathrm{j}\beta z}$ 是相位因子，$\beta$ 称为相位常数。与电场强度对应的瞬时值形式为

$$E(z,t) = \text{Re}\left[E(z)e^{j\omega t}\right] = \text{Re}\left[e_x E_{xm} e^{-\alpha z} e^{-j\beta z} e^{j\phi_x} e^{j\omega t}\right] = e_x E_{xm} e^{-\alpha z} \cos(\omega t - \beta z + \phi_x) \quad (3.42)$$

由于 $\nabla \times E = -j\omega\mu H$，可得到导电媒质中的磁场强度复矢量为

$$H = e_y \sqrt{\frac{\varepsilon_c}{\mu}} E_{xm} e^{-\gamma z} e^{j\phi_x} = e_y \frac{1}{\eta_c} E_{xm} e^{-\gamma z} e^{j\phi_x} \quad (3.43)$$

式中，$\eta_c = \sqrt{\mu/\varepsilon_c}$ 为导电媒质的本征阻抗。磁场强度的瞬时值形式为

$$H(z,t) = \text{Re}\left[H(z)e^{j\omega t}\right] = e_y \frac{1}{|\eta_c|} E_{xm} e^{-\alpha z} \cos(\omega t - \beta z + \phi_x - \phi) \quad (3.44)$$

磁场强度复矢量与电场强度复矢量之间满足：

$$H = \frac{1}{\eta_c} e_z \times E \quad (3.45)$$

这表明，在导电媒质中，电场、磁场与传播方向 $e_z$ 之间仍然相互垂直，并遵循右手螺旋定则。由 $\gamma = \alpha + j\beta$ 和 $\gamma = jk_c = j\omega\sqrt{\mu\varepsilon_c}$，可得到

$$\gamma^2 = \alpha^2 - \beta^2 + j2\alpha\beta = -\omega^2\mu\varepsilon_c = -\omega^2\mu\varepsilon + j\omega\sigma \quad (3.46)$$

由此可解得

$$\begin{cases} \alpha = \omega\sqrt{\dfrac{\mu\varepsilon}{2}\left(\sqrt{1+\left(\dfrac{\sigma}{\omega\varepsilon}\right)^2} - 1\right)} \\ \beta = \omega\sqrt{\dfrac{\mu\varepsilon}{2}\left(\sqrt{1+\left(\dfrac{\sigma}{\omega\varepsilon}\right)^2} + 1\right)} \end{cases} \quad (3.47)$$

良导体指 $\dfrac{\sigma}{\omega\varepsilon} \gg 1$ 的媒质，在良导体中，传导电流起主要作用，而位移电流的影响很小，可忽略不计。在 $\dfrac{\sigma}{\omega\varepsilon} \gg 1$ 情况下，传播常数 $\gamma$ 可近似为

$$\gamma = j\omega\sqrt{\mu\varepsilon\left(1 - j\frac{\sigma}{\omega\varepsilon}\right)} \approx \sqrt{j\omega\mu\sigma} = (1+j)\sqrt{\frac{\omega\mu\sigma}{2}} = (1+j)\sqrt{\pi f\mu\sigma} \quad (3.48)$$

即 $\alpha \approx \beta \approx \sqrt{\pi f\mu\sigma}$，良导体的本征阻抗为

$$\eta_c = \sqrt{\frac{\mu}{\varepsilon_c}} = \sqrt{\frac{\mu}{\varepsilon - j\frac{\sigma}{\omega}}} \approx \sqrt{\frac{j\omega\mu}{\sigma}} = (1+j)\sqrt{\frac{\pi f \mu}{\sigma}} = \sqrt{\frac{2\pi f \mu}{\sigma}} e^{j\pi/4} \qquad (3.49)$$

在良导体中，电磁波的衰减常数随波的频率、媒质的磁导率和电导率的增加而增大。因此高频电磁波在良导体中的衰减常数非常大。

### 3.1.5 海洋电磁波传播的应用

由于电磁波在良导体中的衰减很快，在传播很短的一段距离后就几乎衰减完，因此，良导体中的电磁波局限于导体表面附近的区域，这种现象称为趋肤效应[31-38]。工程上常用趋肤深度（或穿透深度）来表征电磁波的趋肤程度，其定义为电磁波的幅值衰减为 $1/e$ 时电磁波所传播的距离。因此有 $e^{-\alpha\delta} = 1/e$，故有

$$\delta = \frac{1}{\alpha} = \sqrt{\frac{2}{\omega\mu\sigma}} = \frac{1}{\sqrt{\pi f \mu \sigma}} \qquad (3.50)$$

在良导体中，电磁波的趋肤深度随着波频率、媒质的磁导率和电导率的增加而减小。在高频时，良导体的趋肤深度非常小，以致在实际中可以认为电流仅存在于导体表面很薄的一层内。已知海水的媒质参数为：相对介电常数 $\varepsilon_r = 81$，相对磁导率 $\mu_r = 1$，电导率 $\sigma = 4$，电磁波频率为 $5 \times 10^6$ Hz。故衰减常数为 $\alpha = \sqrt{\pi f \mu \sigma} = 8.89$。若电场强度幅值减小到 1/1000，则有

$$e^{-\alpha z} = 1/1000 \qquad (3.51)$$

此时，解得电磁波传播的距离为

$$z = 0.777 \text{m} \qquad (3.52)$$

## 3.2 海洋电磁波的界面反射

对于由空气垂直入射到海水的电磁波，其模型可以等价为理想介质（媒质 1）向理想导体（媒质 2）的垂直入射。假定入射波是沿 $z$ 方向的直线极化波（场强沿 $x$ 轴正向），则入射波电场和磁场分别为

$$\begin{cases} \boldsymbol{E}_i(z) = \boldsymbol{e}_x E_{im} \mathrm{e}^{-\mathrm{j}\beta_1 z} \\ \boldsymbol{H}_i(z) = \boldsymbol{e}_z \times \dfrac{1}{\eta_1} \boldsymbol{E}_i(z) = \boldsymbol{e}_y \dfrac{E_{im}}{\eta_1} \mathrm{e}^{-\mathrm{j}\beta_1 z} \end{cases} \quad (3.53)$$

媒质 1 中的反射波电场和磁场分别为

$$\begin{aligned} \boldsymbol{E}_r(z) &= \boldsymbol{e}_x E_{rm} \mathrm{e}^{\mathrm{j}\beta_1 z} \\ \boldsymbol{H}_r(z) &= -\dfrac{1}{\mathrm{j}\omega\mu_1} \nabla \times \boldsymbol{E}_r(z) = -\dfrac{1}{\mathrm{j}\omega\mu_1} \boldsymbol{e}_y \dfrac{\partial E_x}{\partial z} = -\dfrac{1}{\mathrm{j}\omega\mu_1} \boldsymbol{e}_y E_{rm} \mathrm{j}\beta_1 \mathrm{e}^{\mathrm{j}\beta_1 z} \\ &= -\boldsymbol{e}_y \sqrt{\dfrac{\varepsilon_1}{\mu_1}} E_{rm} \mathrm{e}^{\mathrm{j}\beta_1 z} = -\boldsymbol{e}_z \times \dfrac{1}{\eta_1} \boldsymbol{E}_r(z) = -\boldsymbol{e}_y \dfrac{1}{\eta_1} E_{rm} \mathrm{e}^{\mathrm{j}\beta_1 z} \end{aligned} \quad (3.54)$$

因此,媒质 1 中的合成波电场和磁场分别为

$$\begin{cases} \boldsymbol{E}_1(z) = \boldsymbol{E}_i(z) + \boldsymbol{E}_r(z) = \boldsymbol{e}_x (E_{im} \mathrm{e}^{-\mathrm{j}\beta_1 z} + E_{rm} \mathrm{e}^{\mathrm{j}\beta_1 z}) \\ \boldsymbol{H}_1(z) = \boldsymbol{H}_i(z) + \boldsymbol{H}_r(z) = \boldsymbol{e}_y \dfrac{1}{\eta_1} (E_{im} \mathrm{e}^{-\mathrm{j}\beta_1 z} - E_{rm} \mathrm{e}^{\mathrm{j}\beta_1 z}) \end{cases} \quad (3.55)$$

因为媒质 2 是理想导体,所以媒质 2 中的电场和磁场均为零,故没有透射波,$\boldsymbol{E}_2(z) = 0$。根据边界条件,在 $z=0$ 的分界平面上,电场的切向分量连续,应有 $E_{1x} = E_{2x}$,将 $\boldsymbol{E}_1(z) = \boldsymbol{E}_i(z) + \boldsymbol{E}_r(z) = \boldsymbol{e}_x(E_{im}\mathrm{e}^{-\mathrm{j}\beta_1 z} + E_{rm}\mathrm{e}^{\mathrm{j}\beta_1 z})$ 代入边界条件,可得到 $E_{im} + E_{rm} = 0$,即 $E_{rm} = -E_{im}$。故媒质 1 中合成波的电场和磁场分别为

$$\begin{cases} \boldsymbol{E}_1(z) = \boldsymbol{e}_x E_{im}(\mathrm{e}^{-\mathrm{j}\beta_1 z} - \mathrm{e}^{\mathrm{j}\beta_1 z}) = -\boldsymbol{e}_x \mathrm{j} 2 E_{im} \sin\beta_1 z \\ \boldsymbol{H}_1(z) = \boldsymbol{e}_y \dfrac{1}{\eta_1} E_{im}(\mathrm{e}^{-\mathrm{j}\beta_1 z} + \mathrm{e}^{\mathrm{j}\beta_1 z}) = \boldsymbol{e}_y \dfrac{2}{\eta_1} E_{im} \cos\beta_1 z \end{cases} \quad (3.56)$$

合成波电场和磁场的瞬时值表示式分别为

$$\begin{cases} \boldsymbol{E}_1(z,t) = \mathrm{Re}\left[\boldsymbol{E}_1(z)\mathrm{e}^{\mathrm{j}\omega t}\right] = \boldsymbol{e}_x 2 E_{im} \sin\beta_1 z \sin\omega t \\ \boldsymbol{H}_1(z,t) = \mathrm{Re}\left[\boldsymbol{H}_1(z)\mathrm{e}^{\mathrm{j}\omega t}\right] = \boldsymbol{e}_y \dfrac{2}{\eta_1} E_{im} \cos\beta_1 z \cos\omega t \end{cases} \quad (3.57)$$

## 3.3 海洋电磁波的测量原理

点电荷 $q$ 在任意一点处的电场强度为

$$E(r) = \frac{qR}{4\pi\varepsilon_0 R^3} \tag{3.58}$$

式中，$R$ 为点电荷 $q$ 到位置 $r$ 的距离向量；$\varepsilon_0$ 为媒质的介电常数。不考虑方向时，点电荷 $q$ 在位置 $r$ 处的电场强度大小为

$$E(r) = \frac{q}{4\pi\varepsilon_0 R^2} \tag{3.59}$$

电偶极子是相距很小距离 $d$ 的两个等值异号点电荷组成的电荷系统，场点 $P(r,\theta,\phi)$ 的电场强度 $E$ 是 $+q$ 产生的电场强度 $E_+$ 和 $-q$ 产生的电场强度 $E_-$ 的矢量和，在球坐标系中，场点 $P(r,\theta,\phi)$ 的位置矢量为 $r = e_r r$，两个点电荷的位置矢量分别为 $r'_+ = \frac{e_z d}{2}$ 和 $r'_- = -\frac{e_z d}{2}$。根据 $E(r) = \sum_{i=1}^{N} \frac{q_i R_i}{4\pi\varepsilon_0 R_i^3}$ 有

$$E(r) = \frac{q}{4\pi\varepsilon_0}\left(\frac{r_2}{r_2^3} - \frac{r_1}{r_1^3}\right) \tag{3.60}$$

因为 $E(r) = -\nabla\varphi(r)$，因此有

$$E(r) = \frac{q}{4\pi\varepsilon_0}\left(\frac{r_2}{r_2^3} - \frac{r_1}{r_1^3}\right) = -\frac{q}{4\pi\varepsilon_0}\nabla\left(\frac{1}{r_2} - \frac{1}{r_1}\right) = -\nabla\varphi(r) \tag{3.61}$$

$$\varphi(r) = \frac{q}{4\pi\varepsilon_0}\left(\frac{1}{r_2} - \frac{1}{r_1}\right) = \frac{q}{4\pi\varepsilon_0}\frac{r_1 - r_2}{r_1 r_2} \tag{3.62}$$

式中，$\begin{cases} r_1 = \sqrt{r^2 + (d/2)^2 + rd\cos\theta} \\ r_2 = \sqrt{r^2 + (d/2)^2 - rd\cos\theta} \end{cases}$。对于远离电偶极子的场点 $r \gg d$，有

$$\begin{cases} r_1 = r + \dfrac{d}{2}\cos\theta \\ r_2 = r - \dfrac{d}{2}\cos\theta \end{cases} \tag{3.63}$$

将该式代入式（3.62）可以得到

$$\varphi(r) = \frac{qd\cos\theta}{4\pi\varepsilon_0 r^2} = \frac{\boldsymbol{p} \cdot \boldsymbol{e}_r}{4\pi\varepsilon_0 r^2} = \frac{\boldsymbol{p} \cdot \boldsymbol{r}}{4\pi\varepsilon_0 r^3} \qquad (3.64)$$

式中，$\boldsymbol{p} = q\boldsymbol{d}$ 表示电偶极矩，方向由负电荷指向正电荷。主动电流场探测与定位的原理是模拟弱电鱼的捕猎方式，弱电鱼在探测物体和实现定位的过程中，通过体内的放电组织发射低频电信号（一般不超过1kHz），在身体附近建立起一个低频电流场，并通过一种遍布于弱电鱼体表的组织器官接收弱电鱼身体周围的电信号，一旦有外来物闯入弱电鱼附近的电流场区域，必然会使电流场受到扰动而发生畸变，相应地，通过接收传感器接收到的电流场信号也就会发生变化。这样弱电鱼就可以通过接收到的电信号变化情况来感知周围环境的变化。当弱电鱼的周围存在物体时，弱电鱼产生的主动电流场会因为物体的特性（如物体的电导率、形状、大小等）不同而发生不同的变化。

根据基本的电流场理论，通过一对偶极子就可以建立一个简单的电流场。基于基本的电磁场分析理论，当有物体进入这对偶极子所建立的电流场时，由于突然闯入的物体与周围的导电介质的电导率、介电常数等导电性能不同，必然会引起电流场发生变化，直观的表示就是电场线的畸变。当被测物体材料特性不一样时，弱电鱼检测到的电场信号也会不一样，那么，就可以判定闯入电场内的物体是无机物还是有机物，是导电物体还是绝缘物体等[39-41]，如图3.1所示。

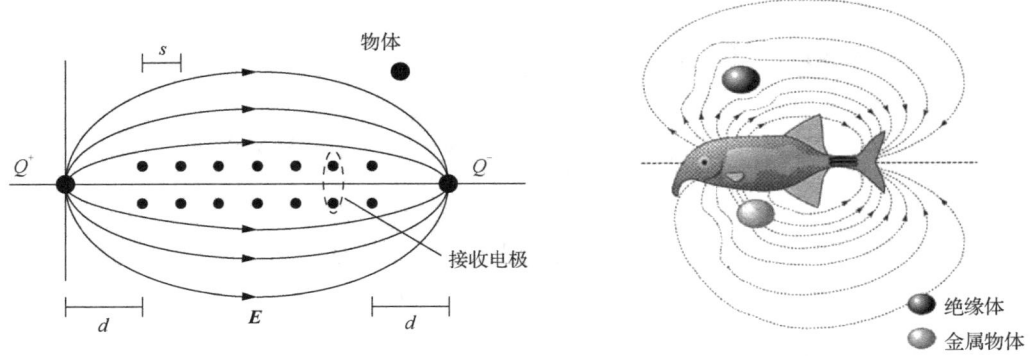

图3.1 弱电鱼主动电流场定位系统模型

外物进入时，引起的电场变化主要体现在电场幅值的变化上，当电场中的物体很大或具有很明显的电容特性时，将会引起电场的相位发生变化。当有电阻率高于海水电阻率的物体出现在探测电场区域时，电流向低阻值路径方向流动，呈现出电场线绕开被测物的趋势，如图3.2（a）所示。这种电场的重新分布会影响弱电鱼体表电场，并被弱电鱼体表的电场接收细胞感知。这就像被测物在探测电场中投影，从而弱电鱼通过探测电场的变化可以获得被测物的位置、几何形状，甚至电阻率高低等特征信息。当探测电场区域中有电阻率低于海水电阻率的物体出现时，根据电流向低阻值路径方向流动的规律，电场线将呈现出进入被测物的趋势，好像电场线被被测物"吸收"一样，即出现与高电阻率被测物相反的情况，如图 3.2（b）所示。

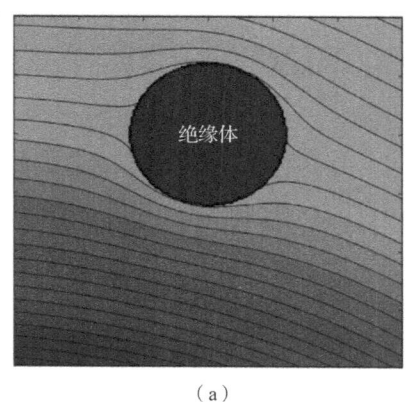 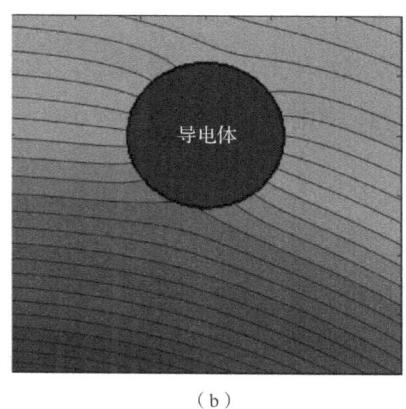

图 3.2　海水中的目标对电场线的影响

以理想球体为探测物体来讨论被测物体对形成的主动电流场造成的扰动并进行水下目标主动电场探测理论分析。假设海水是无限均匀介质，其电导率为 $\sigma_0$，球体模型的电导率为 $\sigma_1$，球的半径为 $r_0$，其中 $r_0$ 远远小于水中电场的范围，均匀电场的电流密度为 $J_0$，电场强度为 $E_0$，图 3.3 为球形物体对电场扰动示意图，我们把模型放入球极坐标系中，将坐标系的原点置于球体中心，令均匀电场 $\boldsymbol{E}_0$ 的方向与极轴 $x$ 的方向相同。现在来推导球体对于电场中的一点 $N$ 处的扰动。

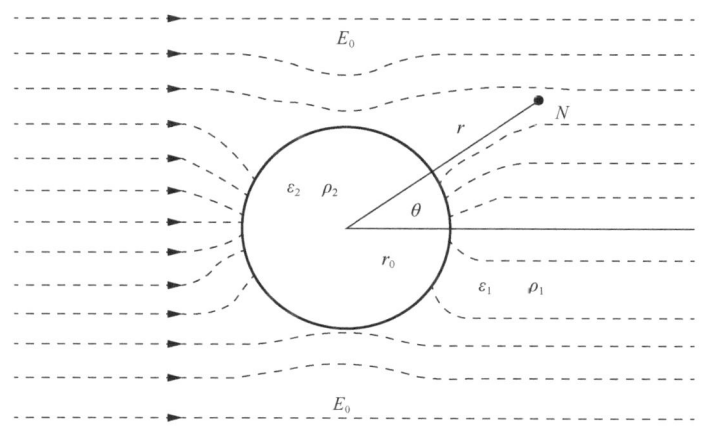

图 3.3　球形物体对电场扰动示意图

设海水的电阻率为 $\rho_0$，球体的电阻率为 $\rho_1$，电阻率与电导率的关系为 $\rho_0 = 1/\sigma_0$、$\rho_1 = 1/\sigma_1$。被测物体球体内部的电势 $\varphi_1$ 和球体外部的电势 $\varphi_2$ 由下式给出：

$$\begin{cases} \varphi_1 = \varphi_0 + \varphi_{1a} \\ \varphi_2 = \varphi_0 + \varphi_{2a} \end{cases} \tag{3.65}$$

式中，$\varphi_{1a}$ 和 $\varphi_{2a}$ 分别为球体内部电场的感应电势和球体外部电场的感应电势；$\varphi_0$ 为水中电场的电势。设海水中的电场强度为 $E_0$，选定电场空间中的一点 $O$ 为坐标原点，而任意点 $P$ 的位置矢量为 $r$，则有

$$\varphi(P) - \varphi(O) = \int_P^O E_0 \cdot d\boldsymbol{l} = -\int_O^P E_0 d\boldsymbol{r} = -E_0 \cdot \boldsymbol{r} \tag{3.66}$$

若选择 $O$ 点为电位参考点，则有

$$\varphi(P) = -E_0 \cdot \boldsymbol{r} \tag{3.67}$$

海水中，电流密度矢量 $\boldsymbol{J}_0$ 和电场强度 $E_0$ 有如下关系：

$$\boldsymbol{J}_0 = \sigma_0 E_0 = \frac{1}{\rho_0} E_0 \tag{3.68}$$

因此有

$$\varphi_0 = -E_0 \cdot \boldsymbol{r} = -\rho_0 \boldsymbol{J}_0 \cdot \boldsymbol{r} = -\rho_0 J_0 r \cos\theta \tag{3.69}$$

球坐标系中，空间中任意一点的电势满足拉普拉斯方程，有

$$\nabla^2 \varphi(r,\theta) = \frac{1}{r^2}\frac{\partial}{\partial r}(r^2 \frac{\partial \varphi}{\partial r}) + \frac{1}{r^2 \sin\theta}\frac{\partial}{\partial \theta}(\sin\theta \frac{\partial \varphi}{\partial \theta}) = 0 \tag{3.70}$$

并且需要满足在球体分界面上电势和电流密度法线分量连续的条件：

$$\begin{cases} \varphi_1(r,\theta) = \varphi_2(r,\theta), & r = r_0 \\ \dfrac{1}{\rho_1}\dfrac{\partial \varphi_2(r,\theta)}{\partial r} = \dfrac{1}{\rho_2}\dfrac{\partial \varphi_1(r,\theta)}{\partial r}, & r = r_0 \end{cases} \tag{3.71}$$

通过分离变量法解式（3.70），可以解得球体内部电场的感应电势 $\varphi_{1a}$ 和球体外部电场感应电势 $\varphi_{2a}$ 分别为

$$\begin{cases} \varphi_{1a}(r,\theta) = \sum_{n=0}^{\infty} A_n r^n \mathrm{P}_n(\cos\theta) \\ \varphi_{2a}(r,\theta) = \sum_{n=0}^{\infty} B_n r^{-(n+1)} \mathrm{P}_n(\cos\theta) \end{cases} \quad (3.72)$$

式中，$\mathrm{P}_n(\cos\theta)$ 为第一类勒让德函数，由下式给出：

$$\mathrm{P}_n(\cos\theta) = \frac{1}{2^n n!} \frac{\mathrm{d}^n}{\mathrm{d}(\cos\theta)^n} (\cos^2\theta - 1)^n, \quad n=0,1,2,\cdots \quad (3.73)$$

根据边界条件式（3.71），可以得到

$$A_n = \begin{cases} -\dfrac{\rho_1 - \rho_0}{2\rho_1 + \rho_0} J_0 \rho_0, & n=1 \\ 0, & n \ne 1 \end{cases} \quad (3.74)$$

$$B_n = \begin{cases} -\dfrac{\rho_1 - \rho_0}{2\rho_1 + \rho_0} J_0 r_0^3, & n=1 \\ 0, & n \ne 1 \end{cases} \quad (3.75)$$

式中，$A_n$ 和 $B_n$ 为系数。因此，可以得到电场中被测球体内部和外部的电势表达式为

$$\begin{cases} \varphi_1(r,\theta) = -\left(1 + \dfrac{\rho_1 - \rho_0}{2\rho_1 + \rho_0}\right) J_0 r \rho_0 \cos\theta \\ \varphi_2(r,\theta) = -\left(1 + \dfrac{\rho_1 - \rho_0}{2\rho_1 + \rho_0}\left(\dfrac{r_0}{r}\right)^3\right) J_0 r \rho_0 \cos\theta \end{cases} \quad (3.76)$$

由于 $E_0 = \rho_0 J_0$，因此球体外的电势为

$$\begin{aligned} \varphi_2(r,\theta) &= -\left(1 + \frac{\rho_1 - \rho_0}{2\rho_1 + \rho_0}\left(\frac{r_0}{r}\right)^3\right) J_0 \rho_0 \cos\theta \\ &= -E_0 r \cos\theta - \frac{\rho_1 - \rho_0}{2\rho_1 + \rho_0} \frac{r_0^3}{r^2} E_0 \cos\theta \end{aligned} \quad (3.77)$$

式中第二项为球体的感应电场产生的电场扰动，球体对外部电场的电势扰动为

$$\delta\varphi_2(r,\theta) = -\frac{\rho_1 - \rho_0}{2\rho_1 + \rho_0}\frac{r_0^3}{r^2}E_0\cos\theta = -\frac{\rho_1 - \rho_0}{2\rho_1 + \rho_0}\left(\frac{r_0}{r}\right)^3 \boldsymbol{E}_0 \cdot \boldsymbol{r} \tag{3.78}$$

写为电导率的形式：

$$\delta\varphi_2(r,\theta) = \frac{\sigma_1 - \sigma_0}{2\sigma_0 + \sigma_1}\frac{r_0^3}{r^2}E_0\cos\theta = \frac{\sigma_1 - \sigma_0}{2\sigma_0 + \sigma_1}\left(\frac{r_0}{r}\right)^3 \boldsymbol{E}_0 \cdot \boldsymbol{r} \tag{3.79}$$

当球体为理想导体时，其电导率 $\sigma_1$ 远大于海水的电导率 $\sigma_0$，因此理想导体球体对海水电势的扰动为

$$\delta\varphi_2(r,\theta) = \frac{\sigma_1 - \sigma_0}{2\sigma_0 + \sigma_1}\left(\frac{r_0}{r}\right)^3 \boldsymbol{E}_0 \cdot \boldsymbol{r} \approx \left(\frac{r_0}{r}\right)^3 \boldsymbol{E}_0 \cdot \boldsymbol{r} \tag{3.80}$$

当球体为绝缘体时，其电导率 $\sigma_1 = 0$，此时球体对海水电势的扰动为

$$\delta\varphi_2(r,\theta) = \frac{\sigma_1 - \sigma_0}{2\sigma_0 + \sigma_1}\left(\frac{r_0}{r}\right)^3 \boldsymbol{E}_0 \cdot \boldsymbol{r} \approx -\frac{1}{2}\left(\frac{r_0}{r}\right)^3 \boldsymbol{E}_0 \cdot \boldsymbol{r} \tag{3.81}$$

# 第4章 海洋光学理论与技术

## 4.1 光在海水中的传播特性

在研究水体中光波的传播特性时,需考虑水体介质对光波传输的影响。光在水体中的散射与吸收是评价水体光学特性的核心要素。此外,光的传播效率还受到水温、盐度及悬浮颗粒大小和分布等因素的影响[42-45]。随着技术进步,水下光学传感技术的发展为复杂海洋环境中光学参数的精确测量提供了可能,这对水下光通信、海洋生物监测及气候变化研究等领域的应用具有重大意义。综上所述,水中光波的研究是一个涵盖理论、实验及实际应用的多学科交叉领域,每一项研究都能促进我们对该领域的理解和应用能力的提升[46-50]。

### 4.1.1 海水固有光学性质

水体的光学特性可细分为本质光学特性和表现光学特性。本质光学特性指的是那些不受入射光源强度或角度影响的稳定属性,这些属性能够通过特定的光学指标进行量化描述。作为研究水体中光线传播规律的关键数据,本质光学指标反映了水体内部成分的物理状态,具体包括但不限于吸收率、散射率及体积散射函数等。

对于海洋环境而言,海水的本质光学特性主要受控于水体内的多种组分。当光线穿越海水时,无论是水分子还是海水中存在的各类物质,均会对光场产生影响。在探讨海水内光线的传递机制时,光场受到的主要影响为衰减效应,这种衰减是由水体各组成部分的吸收作用和散射作用共同引起的。海水主要由纯净水、矿物质、无机盐类、藻类细胞、细胞残骸、悬浮泥沙及微生物等组成,上述组分中的一些,如溶解态矿物质、细胞残骸和微生物,对海水光学特性的影响较小,几乎可以忽略不计。因此,对于海水光学特性具有显著影响的组分主要是水分子、浮游生物、有色可溶性有机物质以及不含色素的悬浮颗粒。

当光量子与物质发生交互作用时,可能会出现光量子消失的情况,此时光量子的能量会转化为其他形式的能量,比如热能或者储存在化学键中的能量,这一过程被称为吸收。在海水环境中,光的吸收现象体现为光能在水体中传播时逐步减少,即部分光量子的能量转变为热运动能或化学潜能等形式,这属于热力学上的不可逆过程,导致了沿初始路径前进的光量子数量减少。与吸收不同的是,散射过程仅涉及光量子传播方向的改变,并没有导致光能的实际损失,而是使水下的光强分布发生了变化。换言之,在海水散射过程中,光束中的某些光量子的方向发生变化，导致原本沿直线传播的光强有一部分转向了其他方向。海水的散射效应主要由水分子及海水中与入射光波长尺度相近的悬浮颗粒引起。鉴于有色可溶性有机物质对海水光学性质的影响仅限于吸收作用，因此海水的散射特性主要由纯净水、浮游生物及不含色素的悬浮颗粒的散射行为决定。

海洋中溶解物质和颗粒物的物理特性会随着它们浓度的变化而有所不同，这直接导致了海水本质光学特性的相应变化。此外，在不同的散射角度和波长条件下，公海与近岸海域之间的体积散射函数也可能存在数量级上的差异。深入理解海洋中不同成分如何影响本质光学特性，构成了海洋光学研究的核心议题之一。

表 4.1 中总结了海洋光学中常用固有光学性质的术语、单位和符号。

表 4.1　固有光学性质的术语、单位和符号

| 物理量 | 国际单位制 | 符号 |
| --- | --- | --- |
| 吸收系数 | $m^{-1}$ | $a$ |
| 散射系数 | $m^{-1}$ | $b$ |
| 后向散射系数 | $m^{-1}$ | $b_b$ |
| 前向散射系数 | $m^{-1}$ | $b_f$ |
| 光束衰减系数 | $m^{-1}$ | $c$ |
| 体散射函数 | $m^{-1} \cdot sr^{-1}$ | $\beta$ |
| 体散射相位函数 | $sr^{-1}$ | $\tilde{\beta}$ |
| 单次散射反射率 | 无单位 | $\omega_0$ |

## 4.1.2　海水对光的吸收

光信号在水下传播过程中，其强度的减弱及方向的变化主要由海水对光的吸收作用和散射作用所引起。为了更直观地理解吸收系数和散射系数的物理含义，可以通过一个简化的几何模型来进行说明。图 4.1 展示了一个假设的水体模型，该模型具有 $\Delta r$ 的厚度和 $\Delta V$ 的水体体积。

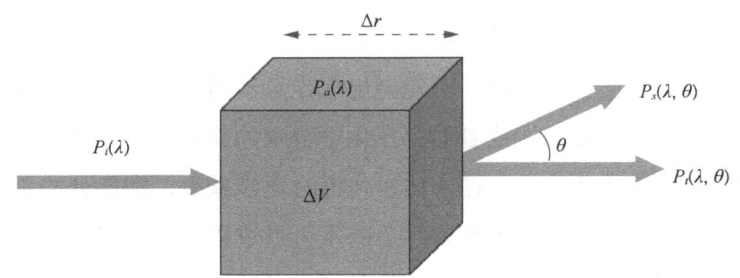

图 4.1　固有光学性质的吸收、散射模型示意图

一束入射功率为 $P_i$ 的光在水介质中传播,有一小部分被水吸收的表示为 $P_a$,一部分被散射的功率用 $P_s$ 表示,其余直接穿过水体的光功率用 $P_t$ 表示。因此,当用波长为 $\lambda$ 的光束照射水时,入射光功率 $P_i$ 可以表示为

$$P_i(\lambda) = P_a(\lambda) + P_s(\lambda) + P_t(\lambda) \tag{4.1}$$

定义 $A$ 为吸光度,$B$ 为散射度,它们的表达式为

$$\begin{aligned} A(\lambda) &= \frac{P_a(\lambda)}{P_i(\lambda)} \\ B(\lambda) &= \frac{P_s(\lambda)}{P_i(\lambda)} \end{aligned} \tag{4.2}$$

当模型厚度 $\Delta r$ 取极限趋于无穷小时,可得到吸收系数 $a$ 和散射系数 $b$ 的表达式:

$$\begin{aligned} a(\lambda) &= \lim_{\Delta r \to 0} \frac{\Delta A(\lambda)}{\Delta r} = \frac{\mathrm{d} A(\lambda)}{\mathrm{d} r} \\ b(\lambda) &= \lim_{\Delta r \to 0} \frac{\Delta B(\lambda)}{\Delta r} = \frac{\mathrm{d} B(\lambda)}{\mathrm{d} r} \end{aligned} \tag{4.3}$$

光束衰减系数 $c(\lambda)$ 是吸收系数 $a$ 和散射系数 $b$ 的线性组合,表示水下的整体衰减:

$$c(\lambda) = a(\lambda) + b(\lambda) \tag{4.4}$$

各类型水吸收系数和散射系数的典型值如表 4.2 所示。

表 4.2　典型的吸收系数和散射系数的值[51]

| 水类型 | $a/(\mathrm{m}^{-1})$ | $b/(\mathrm{m}^{-1})$ | $c/(\mathrm{m}^{-1})$ |
| --- | --- | --- | --- |
| 纯海水 | 0.053 | 0.003 | 0.056 |
| 较为清洁的海水 | 0.114 | 0.037 | 0.151 |
| 太平洋海水 | 0.105 | 0.118 | 0.223 |
| 大西洋海水 | 0.110 | 0.120 | 0.330 |

传播损耗因子 $L_P$ 为波长 $\lambda$ 和距离 $z$ 的函数,定义为

$$L_P(\lambda, z) = \mathrm{e}^{-c(\lambda)z} \tag{4.5}$$

由表 4.2 可知,越浑浊的水体对光的衰减越大,水下光通信系统的通信难度越大。海水的整体吸收是由纯水 $a_w(\lambda)$、浮游植物 $a_{phy}(\lambda)$、凝胶 $a_g(\lambda)$ 及非藻类物质悬浮液 $a_n(\lambda)$ 等物质对光的吸收共同构成。因此,海水的总吸收系数 $a(\lambda)$ 的表达式如下,其中 $C$ 为无机和有机颗粒的浓度。

$$a(\lambda) = C_w a_w(\lambda) + C_{phy} a_{phy}(\lambda) + C_g a_g(\lambda) + C_n a_n(\lambda) \tag{4.6}$$

纯海水由多种溶解的盐类构成,其中包括氯化钠、氯化钾、氯化钙等,这些盐类的存在使得海水在可见光谱的蓝绿色区域,即大约 400~500nm 范围内,表现出较低的光吸收率。这种特性意味着,在这个波长区间内,光可以穿透更深的水层,因此蓝绿色是海洋最常呈现的颜色。

浮游植物在清澈海水中随深度增加而分布变化,它们对光的衰减作用也随深度、地理位置、一天中的时间和季节的不同而有所差异。特别是在浮游植物丰富的区域,如赤道附近、海岸线(尤其是面向东方的海岸)以及高纬度的海域,叶绿素含量较高,这会导致蓝绿色光谱区域的吸收峰更加明显。叶绿素是浮游植物中的一种关键色素,负责吸收光能并将其用于光合作用,它在蓝绿光谱区域的吸收特征非常明显。

另外,海洋中还存在一种被称为凝胶的物质,这类物质主要由死亡的植物组织或腐烂的有机物组成。它们在蓝光谱区域显示出较高的吸收峰值,但通常在开阔海域中的浓度较低,而在靠近陆地的沿海水域中的浓度较高。在这种环境中,由于含有更多的有机物质,黄红色的光谱成分会更为突出。

综上所述,海水中的溶解盐类、浮游植物以及有机凝胶等组分,对水体的光学特性有着重要影响,尤其在蓝绿光谱区域的表现尤为显著。这些因素不仅决定了水色的变化,也是研究海洋生态和环境变化的重要依据。

### 4.1.3 散射的具体分类

在光散射理论中,瑞利散射和米氏散射代表了两种关键模型。瑞利模型是早期提出的简化理论,其适用条件严格限定于尺寸远小于波长,且为介电(非吸收)材料的球形粒子。相比之下,米氏理论提供了完备的电磁学解析解,它能精确描述任意尺寸(包括与波长相当或更大)的均匀球形粒子的散射行为,无论粒子是否具有吸收性。

#### 4.1.3.1 瑞利散射

当粒子尺度远小于入射光波长的时候,各方向的散射光强度不同,入射光波长 $\lambda$ 的四次方与散射光强度 $I(\lambda)_{\text{incident}}$ 成反比,如式(4.7)所示。

$$I(\lambda)_{\text{scattering}} \propto \frac{I(\lambda)_{\text{incident}}}{\lambda^4} \tag{4.7}$$

式中,$I(\lambda)_{\text{scattering}}$ 为瑞利散射。瑞利散射又被称为分子散射,属于一种光学散射现象。

许多日常观察到的自然现象都可以基于瑞利散射原理来解释。如图4.2所示，地球被一层大气包裹着，当太阳光照射到地球时，光线会在大气中的分子或是尘埃颗粒上发生散射，导致太阳光从各个方向照射到观察者的眼睛，这就是为什么白天整个天空看起来都是明亮的。如果不存在大气层对太阳光的散射作用，那么即使在白天，我们也只能看到一个明亮的太阳，周围天空则会显得非常黑暗——这一现象实际上已经在没有大气层的月球上通过照片得到了证实。

晴朗无云的天空之所以呈现蔚蓝色，正是瑞利散射规律作用的结果。图4.2（a）展示了在晴天条件下，造成散射的主要成分是大气中的气体分子。根据瑞利散射理论，散射光的强度与入射光波长的四次方成反比，这意味着气体分子对太阳光中较短波长的光（如蓝色光）的散射强度远远大于对较长波长光（如红色光）的散射强度。因此，相对于其他颜色的光，更多的蓝色光被散射到各个方向，最终进入观察者的眼睛，使天空呈现出美丽的蔚蓝色。

此外，瑞利散射理论同样可以用来解释一天中太阳颜色的变化规律，即中午时太阳几乎是白色的，而在早晨和傍晚则变为红色。如图4.2（a）所示，当太阳位于正上方时，其光线几乎垂直穿过大气层，这时大气层的厚度相对较小，短波长光的散射效果不明显，各种波长的光几乎遭受相同的散射损失，因此太阳看起来接近白色；相反，如图4.2（b）所示，早晨和傍晚时，太阳光斜射地球表面，必须穿过更厚的大气层，导致短波长光（如蓝色和绿色光）大部分被散射掉，而长波长光（如红色光）因为散射较少而能够直接到达观察者的视线中，因此太阳呈现出温暖的红色调。这些自然现象的解释不仅加深了我们对物理世界运行方式的理解，同时也展示了科学理论在日常生活中的实际应用。

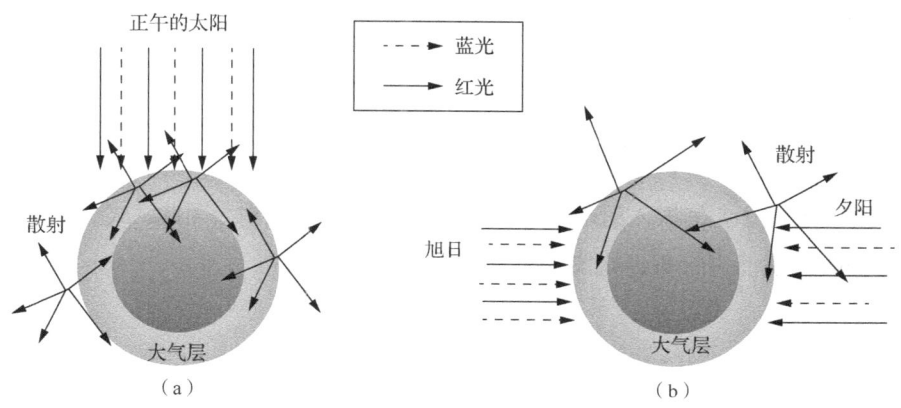

图4.2 阳光穿越大气时发生的散射

#### 4.1.3.2 米氏散射

米氏散射可用于描述大多数球形粒子散射系统。米氏散射的关键假设：①粒子是一个球体；②粒子是均匀的。图 4.3 所示为米氏散射的球坐标散射几何，对应于单个球形粒子上的单个入射光线。利用这个坐标系，可以定义米氏散射参数，其中 $m_0$ 表示周围介质的折射率，$m$ 表示散射粒子的折射率，通常用复数表示为 $m = n - ik$，$n$ 表示光的折射，即 $n$ 等于真空中的光速除以介质中的光速，而复数项 $k$ 与吸收有关，值得注意的是，对于任何物质，$k$ 的值从来都不完全为零，接近于零的物质被称为电介质。物质的吸收系数 $a(\mathrm{cm}^{-1})$ 与折射率的复数部分 $k$ 的关系为 $a = 4\pi k/\lambda$。

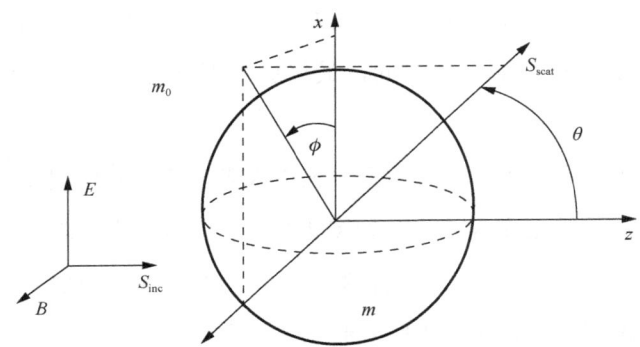

图 4.3 米氏散射的球坐标散射几何

对于每个散射角 $(\theta, \phi)$，相对于散射面垂直和水平偏振的散射辐射强度分别表示为

$$I_\phi = I_0 \frac{\lambda^2}{4\pi^2 r^2} i_1 \sin^2 \phi \tag{4.8}$$

$$I_\theta = I_0 \frac{\lambda^2}{4\pi^2 r^2} i_2 \cos^2 \phi \tag{4.9}$$

式中，$I_0$ 为入射光强度；$i_1$、$i_2$ 为角强度函数。

对于理想球形粒子，偏振入射辐射产生相似的偏振散射辐射。因此，式（4.8）和式（4.9）可以根据微分散射截面进行重新定义，即

$$I_{VV} = I_0 \frac{1}{r^2} \sigma'_{VV} \tag{4.10}$$

$$I_{HH} = I_0 \frac{1}{r^2} \sigma'_{HH} \tag{4.11}$$

式（4.10）和式（4.11）中，下标分别指入射光和散射光的偏振状态，其方向由散射平面确定。具体而言，下标 $VV$ 是指相对于散射平面的垂直偏振入射光和垂直偏振散射光（即 $\phi = 90°$）。类似地，下标 $HH$ 是指相对于散射平面的水平偏振入射光和水平偏振散射光（即 $\phi = 0°$）。对于非偏振入射光，散射辐射强度为

$$I_{\text{scat}} = I_0 \frac{1}{r^2} \sigma'_{\text{scat}} \tag{4.12}$$

式中，$\sigma'_{\text{scat}}$ 是 $\sigma'_{VV}$ 和 $\sigma'_{HH}$ 的平均值。

值得注意的是，上述量对散射角 $\theta$ 的依赖性是通过微分截面的，它们提供了关于单个散射光的光强度表达式，这些方程也可以根据进入立体角的散射能量率重新考虑。角散射辐射强度如图 4.4 所示。

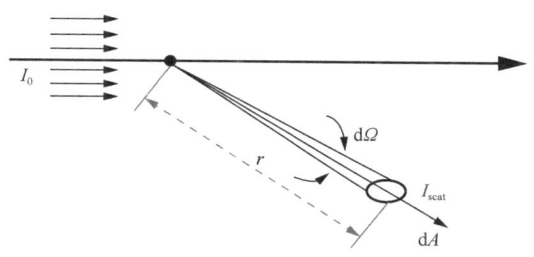

图 4.4 角散射辐射强度

利用微分散射截面，则到达 d$A$ 的总散射能量率为

$$\dot{E}_{\text{scat}} = I_0 \sigma'_{\text{scat}} \text{d}\Omega \tag{4.13}$$

式中，立体角 $\text{d}\Omega = \text{d}A / r^2$。虽然上述方程解释了由于光散射而引起的入射辐射再分配，但入射辐射也可能被粒子吸收。由于与单个粒子相互作用而从入射光束中吸收的入射总能量率可直接用消光截面 $\sigma_{\text{ext}}$ 来计算，即

$$\dot{E}_{\text{removed}} = I_0 \sigma_{\text{ext}} \tag{4.14}$$

消光截面表示因散射和吸收而从入射光束中损失的能量，因此消光截面可以表示为

$$\sigma_{\text{ext}} = \sigma_{\text{abs}} + \sigma_{\text{scat}} \tag{4.15}$$

式中，$\sigma_{\text{abs}}$、$\sigma_{\text{scat}}$ 分别为吸收散射截面和总散射截面。

根据米氏散射，用角强度函数 $i_1$ 和 $i_2$ 定义的微分散射截面为

$$\sigma'_{VV} = \frac{\lambda^2}{4\pi^2} i_1 \tag{4.16}$$

$$\sigma'_{HH} = \frac{\lambda^2}{4\pi^2} i_2 \tag{4.17}$$

对式（4.16）和式（4.17）进行平均以定义非偏振入射光的微分散射截面，从而得出

$$\sigma'_{\text{scat}} = \frac{\lambda^2}{8\pi^2} (i_1 + i_2) \tag{4.18}$$

式中，强度函数为

$$i_1 = \left| \sum_{n=1}^{\infty} \frac{2n+1}{n(n+1)} \left( a_n \pi_n(\cos\theta) + b_n \tau_n(\cos\theta) \right) \right|^2 \tag{4.19}$$

$$i_2 = \left| \sum_{n=1}^{\infty} \frac{2n+1}{n(n+1)} \left( a_n \tau_n(\cos\theta) + b_n \pi_n(\cos\theta) \right) \right|^2 \tag{4.20}$$

式（4.19）和式（4.20）中，角相关函数 $\pi_n$ 和 $\tau_n$ 用勒让德（Legendre）多项式表示为

$$\pi_n(\cos\theta) = \frac{\mathrm{P}_n^{(1)}(\cos\theta)}{\sin\theta} \tag{4.21}$$

$$\tau_n(\cos\theta) = \frac{\mathrm{dP}_n^{(1)}(\cos\theta)}{\mathrm{d}\theta} \tag{4.22}$$

式中，参数 $a_n$ 和 $b_n$ 的定义为

$$a_n = \frac{\Psi_n(\alpha)\Psi'_n(m\alpha) - m\Psi_n(m\alpha)\Psi'_n(\alpha)}{\xi_n(\alpha)\Psi'_n(m\alpha) - m\Psi_n(m\alpha)\xi'_n(\alpha)} \tag{4.23}$$

$$b_n = \frac{m\Psi_n(\alpha)\Psi'_n(m\alpha) - \Psi_n(m\alpha)\Psi'_n(\alpha)}{m\xi_n(\alpha)\Psi'_n(m\alpha) - \Psi_n(m\alpha)\xi'_n(\alpha)} \tag{4.24}$$

尺寸参数 $\alpha$ 的定义为

$$\alpha = \frac{2\pi r m_0}{\lambda_0} \tag{4.25}$$

其中，$\lambda_0$ 为入射光在真空中的波长；$r$ 为球形粒子半径；$m_0$ 为周围介质的折射率。$\Psi$ 和 $\xi$ 是根据第一类半整数阶柱贝塞尔函数 $J_{n+1/2}(z)$ 定义的，即

$$\Psi_n(z) = \left(\frac{\pi z}{2}\right)^{1/2} J_{n+1/2}(z) \tag{4.26}$$

$$\xi_n(z) = \left(\frac{\pi z}{2}\right)^{1/2} H_{n+1/2}(z) = \Psi_n(z) + i X_n(z) \tag{4.27}$$

式中，$H_{n+1/2}(z)$ 是第二类半整数阶柱汉克尔函数；参数 $X_n$ 是根据第二类半整数阶柱贝塞尔函数 $Y_{n+1/2}(z)$ 定义的，即

$$X_n(z) = -\left(\frac{\pi z}{2}\right)^{1/2} Y_{n+1/2}(z) \tag{4.28}$$

总消光和散射截面表示为

$$\sigma_{\text{ext}} = \frac{\lambda^2}{2\pi} \sum_{n=0}^{\infty} (2n+1) \text{Re}\{a_n + b_n\} \tag{4.29}$$

$$\sigma_{\text{scat}} = \frac{\lambda^2}{2\pi} \sum_{n=0}^{\infty} (2n+1) \left(|a_n|^2 + |b_n|^2\right) \tag{4.30}$$

### 4.1.4 海水对光的散射

海水的散射是由悬浮颗粒密度或折射率的变化引起的反射或折射，导致光束在原始路径上发生偏转，与光的波长关系不大，主要受水中粒子的影响。考虑散射功率的角分布有两个假设：①介质是各向同性的，即在给定的点上，它对光的影响在各个方向上是相同的，这是一个合理的假设，因为在自然水域中粒子被湍流随机定向；②光是非偏振的。如果这两个假设成立，那么散射过程是方位对称的。这意味着散射只取决于散射角 $\psi$，它是从未散射光

束的方向测量的。图 4.5 为用于定义体散射函数的几何图形，很显然 $0 \leqslant \psi \leqslant \pi$。

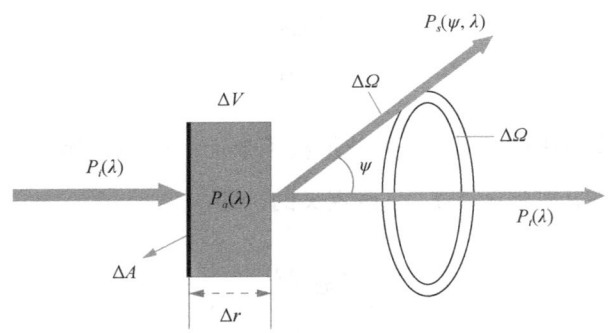

图 4.5　用于定义体散射函数的几何图形

在这两个假设下，$\beta(\psi,\lambda)$ 是入射功率散射到以 $\psi$ 为中心的立体角的部分，如图 4.5 所示。立体角 $\Delta\Omega$ 包括图中所示两个环内的所有方向，对应于散射角 $\psi$ 和 $\Delta\psi$ 之间的所有方向。单位距离和单位立体角的角散射 $\beta(\psi,\lambda)$ 可以表示为

$$\beta(\psi,\lambda) = \lim_{\Delta r \to 0}\lim_{\Delta\Omega \to 0}\frac{\Delta B(\lambda)}{\Delta r \Delta\Omega} = \lim_{\Delta r \to 0}\lim_{\Delta\Omega \to 0}\frac{P_s(\psi,\lambda)}{\Delta r \Delta\Omega P_i(\lambda)} \quad (\text{m}^{-1}\cdot\text{sr}^{-1}) \tag{4.31}$$

散射到给定立体角 $\Delta\Omega$ 内的光谱功率就是散射角 $\psi$ 的强度乘立体角，即 $P_s(\psi,\lambda) = I_s(\psi,\lambda)\Delta\Omega$。如果入射功率 $P_i(\lambda)$ 落在区域 $\Delta A$ 上，则相应的入射辐照度为 $E_i(\lambda) = P_i(\psi,\lambda)/\Delta A$，入射光束照射的水的体积为 $\Delta V = \Delta r \Delta A$，那么式（4.31）可以表示为

$$\beta(\psi,\lambda) = \lim_{\Delta V \to 0}\frac{I_s(\psi,\lambda)}{E_i(\lambda)\Delta V} \tag{4.32}$$

式中，$\beta(\psi,\lambda)$ 为体散射函数，对应单位体积水、单位入射辐照度及散射强度的物理理解，也可以理解为单位体积的微分散射。

在立体角所有方向上对 $\beta(\psi,\lambda)$ 进行积分，得到单位入射辐照度和单位体积水的总散射功率，也就是散射系数

$$b(\lambda) = \int \beta(\psi,\lambda)\mathrm{d}\Omega = 2\pi\int_0^\pi \beta(\psi,\lambda)\psi\mathrm{d}\psi \tag{4.33}$$

式（4.33）来源于假设，即散射光在入射方向上是方位对称的。这种积分通常分为前向散射 $0 \leqslant \psi \leqslant \pi/2$ 和后向散射 $\pi/2 \leqslant \psi \leqslant \pi$ 两部分。相应的前向散射系数和后向散射系数分别为

$$b_f(\lambda) = 2\pi \int_0^{\pi/2} \beta(\psi,\lambda)\sin\psi \mathrm{d}\psi$$
$$b_b(\lambda) = 2\pi \int_0^{\pi/2} \beta(\psi,\lambda)\sin\psi \mathrm{d}\psi \quad (4.34)$$

后向散射系数也可以定义为

$$B_b(\lambda) = \frac{b_b(\lambda)}{b(\lambda)} \quad (4.35)$$

这里给出了散射角大于 90° 的散射光的偏离,这个量是遥感的基本物理量,大部分从海洋向上的散射光来自最初向下入射的太阳光,但它是反向向上散射的。

体散射相位函数 $\tilde{\beta}$ 的定义为

$$\tilde{\beta}(\psi,\lambda) = \frac{\beta(\psi,\lambda)}{b(\lambda)} \quad (\mathrm{sr}^{-1}) \quad (4.36)$$

这里的相位角是入射到物体上的光和物体上反射的光之间的夹角,因此,体散射相位函数 $\tilde{\beta}$ 与电磁波的相位无关。将体散射函数 $\beta(\psi,\lambda)$ 表示为散射系数 $b(\lambda)$ 与体散射相位函数的乘积 $\tilde{\beta}$。体散射相位函数归一化条件为

$$2\pi \int_0^{\pi} \tilde{\beta}(\psi,\lambda)\sin\psi \mathrm{d}\psi = 1 \quad (4.37)$$

这种归一化意味着后向散射部分可以通过下式进行计算:

$$B_b(\lambda) = 2\pi \int_{\pi/2}^{\pi} \tilde{\beta}(\psi,\lambda)\sin\psi \mathrm{d}\psi \quad (4.38)$$

体散射相位函数的不对称参数 $g$ (或平均余弦) 是散射角 $\psi$ 所有散射方向余弦的平均值,即

$$g = \langle \cos\psi \rangle = 2\pi \int_0^{\pi} \tilde{\beta}(\psi)\cos\psi\sin\psi \mathrm{d}\psi \quad (4.39)$$

非对称参数是测量体散射相位函数形状的一种方便方法。例如对于小的 $\psi$,$\tilde{\beta}$ 非常大,则 $g$ 接近 1;如果 $\tilde{\beta}$ 关于 $\psi = 90°$ 左右对称,则 $g = 0$。海水的典型 $g$ 值为 $0.8 \sim 0.95$。

上面假设散射是方位对称的,所以体散射函数的方向或角度形状只取决于散射角 $\psi$。但在偏振光的情况下并非如此,即使介质是各向同性的,线偏振光在不同方位(相对于偏振面测量)的散射也会不同;如果介质中含有非随机取向的非球形粒子,即使是非偏振光也会在

不同的方位上产生不同的散射，大气是一种光学各向异性介质，散射不是方位对称的。

## 4.2 海水中光学特性的测量

### 4.2.1 吸收系数的测量

将光束衰减系数 $c(\lambda)$ 定义为

$$c(\lambda) = \frac{\mathrm{d}C(\lambda)}{\mathrm{d}r} \quad (\mathrm{m}^{-1}) \tag{4.40}$$

式中，$\mathrm{d}C(\lambda)$ 为光通过无限小厚度 $\mathrm{d}r$ 的薄片时吸收或散射的一部分功率，$\mathrm{d}C(\lambda) = \mathrm{d}A(\lambda) + \mathrm{d}B(\lambda)$。

图 4.6 为测量光束衰减的几何示意图，图中显示了一个有限厚度的水域，其入射功率为 $P_i$，透射功率为 $P_t$，为了简便，其中省略了波长参数。在水域内，入射功率在通过厚度为 $r$ 的水域后大小变为 $P$；水域厚度从 $r$ 变为 $r+\mathrm{d}r$，则入射功率从 $P$ 变为 $P+\mathrm{d}P$，因为传输功率随着厚度的增加而减小，因此 $\mathrm{d}P<0$。

用功率的变化表示衰减，可以将式（4.40）改写为

$$c = \frac{\mathrm{d}C}{\mathrm{d}r} = -\frac{\frac{\mathrm{d}P}{P}}{\mathrm{d}r} \tag{4.41}$$

$$c\mathrm{d}r = -\frac{\mathrm{d}P}{P} \tag{4.42}$$

式中，负号表示 $\mathrm{d}P$ 为负，而所有其他变量为正。

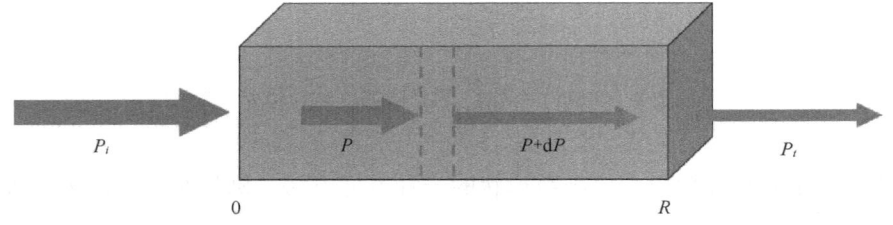

图 4.6　测量光束衰减的几何示意图

假设区域内的介质是均匀的，所以 $c$ 与 $r$ 无关。可以把等式从 $r=0$ 积分到 $r=R$，分别对应于功率 $P_i$ 和 $P_t$，即

$$\int_0^R c\mathrm{d}r = cR = -\int_{P_i}^{P_t} \frac{\mathrm{d}P}{P} = -\ln\frac{P_t}{P_i} \tag{4.43}$$

所以 $c$ 可以表示为

$$c = -\frac{1}{R}\ln\frac{P_t}{P_i} \tag{4.44}$$

式（4.44）根据测量得到的入射功率、透射功率及有限厚度给出了光束衰减系数，测量光束衰减系数 $c$ 的示意图如图 4.7 所示，图中，$P_s$ 表示分散到各个方向的功率。式（4.44）是测量光束衰减的关键，然而，在测量中还有与仪器设计相关的另外一些细节之处。在这一设计中假设入射光是完全准直的（所有光子都在完全相同的方向上移动），并且探测器忽略了所有散射光。在实际的仪器中，这两个要求都不能完全满足，即使是激光束也有一些发散。任何探测器都有一个有限的视场或接收角，例如，如果探测器的接收角为 1°，则探测器将监测散射 1° 以内和未散射的光，这种情况下对散射光的探测会使出射功率过大，从而使 $c$ 过小。这个误差的大小既取决于探测器的视场，也取决于水的体散射函数，它决定了有多少光经历了小于视场角的散射。因为体散射函数通常是未知的，特别是在非常小的散射角下，所以很难校正特定测量中的误差。

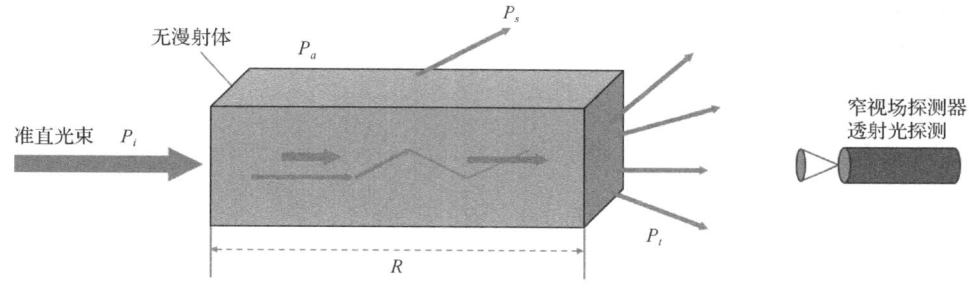

图 4.7　测量光束衰减系数 $c$ 的示意图

如果没有散射，那么用于测量光束衰减的仪器将给出吸收系数 $a$。因为在海水中始终存在一些散射，则需要修改图 4.7 中所示的测量设计。当测量 $a$ 时，由于散射而从光束中丢失的任何光都将归于因吸收而丢失的光，所以希望探测器收集尽可能多的散射光。由于大多数散射都是通过小角度进行的，因此一种常见的仪器设计是在测量室的末端使用尽可能大的探测器来收集前向散射光。图 4.8 所示为用于测量吸收系数 $a$ 的示意图，图中 $P_s$（大于接收角）表示散射到大于探测器视场的角度时所损失的功率。这种仪器通常设计为收集通过几十度角向前散射的光，可收集大部分散射光，如图 4.8 中的 $P_s$。

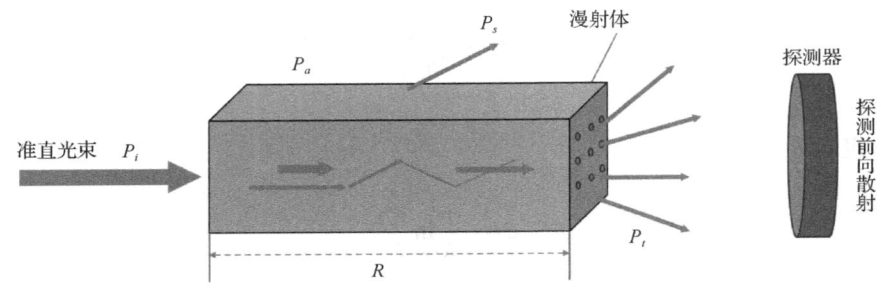

图 4.8 用于测量吸收系数 $a$ 的示意图

为了获得准确的吸收测量,有必要进行散射校正,即估算大于接收角的散射光 $P_s$,并在计算 $a$ 时考虑该损失,则计算 $a$ 的公式为

$$a = -\frac{1}{R}\ln\frac{P_t + P_s}{P_i} \tag{4.45}$$

在式(4.45)中,$P_t$ 包括未散射光和通过小于探测器视场角度散射光的光功率;$P_s$ 项加上了因散射角度大于视场角而导致的未测量的功率损失,估计 $P_s$ 的值是困难的,因为在大于仪器视场角度上的散射量通常取决于未知的体散射函数。一种考虑吸收测量中散射的方法是将整个测量室置于一个积分球内,积分球是一个空心球,其内部涂有高反射性白色材料,其在可见波长处的反射率大于 99%,是一个漫反射镜,球体的内表面将入射光反射到各个方向,经过多次反射后使内部光场均匀并且各向同性,因此,可以仅在球体内的一个位置测量功率,以计算球体内的总功率。

采用吸收率 $A$,式(4.45)可以表示为

$$a = -\frac{1}{R}\ln\frac{P_t + P_s}{P_i} - \frac{1}{R}\ln\frac{P_i - P_a}{P_i} = -\frac{1}{R}\ln(1-A) \tag{4.46}$$

因为,

$$\ln x = \lg x / \lg e \tag{4.47}$$

所以,式(4.46)又可以写为

$$a = -\frac{2.303}{R}\lg(1-A) = \frac{2.303}{R}D \tag{4.48}$$

式中,$D$ 为光密度或吸光度,$D = -\lg(1-A)$。分光光度计通常将其测量值输出为 $D$,从中可以根据样品的厚度 $R$ 计算得到 $a$。

## 4.2.2 散射系数的测量

通过收集积分球中的所有散射功率并利用下式,可得散射系数 $b$ 为

$$b = -\frac{1}{R}\ln\frac{P_s}{P_i} \tag{4.49}$$

还可以测量体散射函数,然后通过对体散射函数在所有散射角上的积分得到 $b$,散射系数 $b$ 通常通过测量光束衰减系数 $c$ 和吸收系数 $a$ 来获得,即

$$b = c - a \tag{4.50}$$

因此,这就需要很好地克服测量 $a$ 和 $c$ 的实际困难,从而获得有用的准确值。要获得 $a$ 和 $c$ 的准确值,就需要知道体散射函数以便对 $c$ 中的有限视场误差进行校正,并对 $a$ 的测量进行散射校正。由于体散射函数很少被测量,为了获得 $a$、$c$ 及 $b$ 的值,必须对散射进行假设,因此获得的散射系数值取决于所研究水中散射的先验假设。这在海洋光学中是可以接受的,因为在不依赖于对其他固有光学性质进行假设的前提下,很难设计仪器来对每个固有光学性质进行精确测量[52,53]。

## 4.2.3 体散射函数的测量

与光束衰减的测量一样,体散射函数的测量采用窄准直光束和窄视场探测器,探测器位于给定的散射角度观察入射光束,测量体散射函数的几何结构示意图如图 4.9 所示,入射光束和探测器有限视场的交叉定义了一定体积($\Delta V$)的水,光从入射方向 $\hat{\zeta}$ 散射到散射方向 $\hat{\zeta}'$。$\hat{\zeta}$ 和 $\hat{\zeta}'$ 之间的夹角 $\psi$ 定义为散射角,沿 $\hat{\zeta}$ 方向进入体积 $\Delta V$ 的入射功率为 $P_i$,在以 $\hat{\zeta}'$ 方向为中心的立体角 $\Delta\Omega$ 的探测器有限视场中,沿 $\Delta r$ 的路径长度产生的散射功率为 $P_s$。根据体散射的定义,给出测量体散射函数的公式为

$$\beta(\psi) = \frac{P_s(\psi)}{P_i \Delta r \Delta \Omega} \tag{4.51}$$

相当于:

$$\beta(\psi) = \frac{I_s(\psi)}{E_i \Delta V} \tag{4.52}$$

式（4.52）中也有隐含的假设，假设散射体积 $\Delta V$ 足够小，以致仅在该体积内发生单次散射，但散射体积 $\Delta V$ 也要足够大，以致包含散射粒子的代表性样本，必须修正从源到散射体再到传感器的整个路径上入射和散射光束的衰减，该路径假定已知光束衰减系数 $c$。

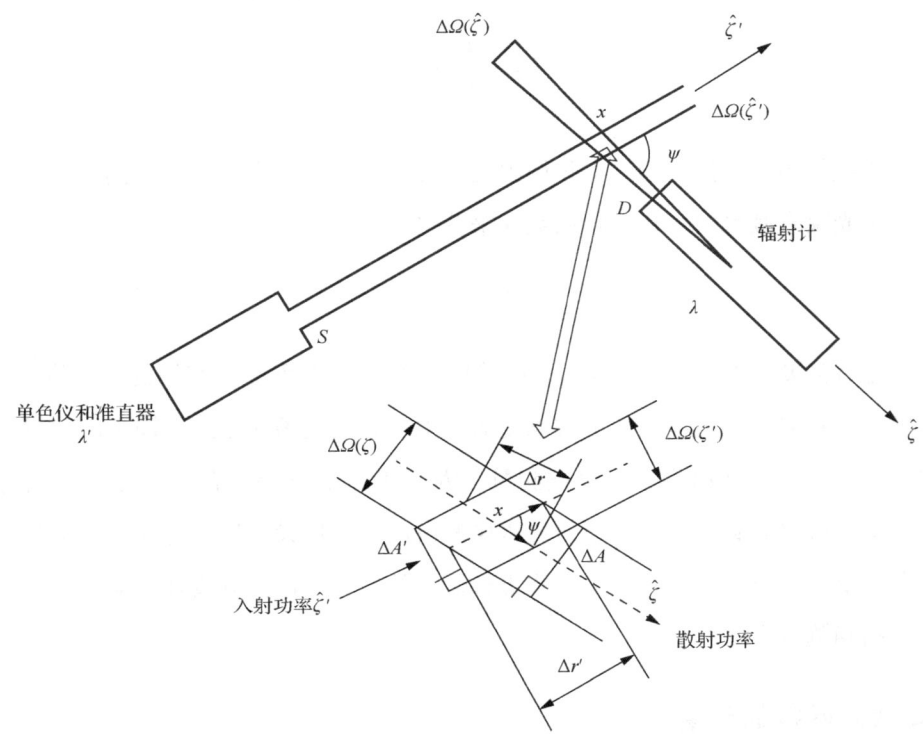

图 4.9　测量体散射函数的几何结构示意图

在海水中，吸收和散射总是很重要的。根据水的成分和波长，一个过程可以影响另一个过程，但两者都不能忽略。因此，一个固有光学性质不能独立于其他固有光学性质进行测量。

# 第 5 章 海洋智能感知与识别技术

本章将深入探讨海洋智能感知与识别技术，涵盖光学相机与水下成像模型、数字图像处理基础、机器学习与模式识别技术在水下图像处理中的应用，以及海洋水下目标的检测与识别。首先介绍水下光学成像的基本原理及其在复杂水下环境中的应用，随后讨论图像增强与分割等基本数字图像处理技术，探讨水下图像增强方法与模型，最后介绍基于光学与声学图像的目标检测与识别技术。通过本章的学习，读者将全面了解海洋智能感知与识别的关键技术及其实际应用。

## 5.1 水下成像模型及测距原理

水下成像技术是计算机视觉领域中一个极具挑战性和应用前景的研究方向。由于水下环境的特殊性，包括光线的吸收和散射、水体的动态变化以及生物和非生物体的复杂背景，使得水下成像技术在目标检测、识别和跟踪等方面面临许多独特的问题。这就要求我们不仅要深入理解光学相机在空气中的工作原理，还要研究其在水下环境中的成像特性和优化方法。掌握这些基础知识和模型，将为我们开发更为先进和有效的水下视觉系统奠定坚实的理论基础。

### 5.1.1 光学相机与水下成像模型

相机拍摄图像的过程实际就是一个光学成像的过程。小孔成像是一种基本的光学成像技术，当光线从一个物体表面的各个点发射出来并通过一个小孔时，由于小孔的限制，只有直线上的光线可以通过。这样，所有通过小孔的光线在小孔的另一侧会汇聚并形成一个颠倒的影像，如图 5.1 所示[54]。

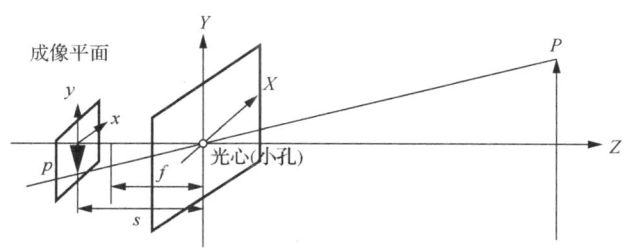

图 5.1 小孔成像模型图

相机的镜头是一组透镜,当平行于主光轴的光线穿过透镜时,会聚到一点上,这个点叫作焦点,焦点到透镜中心的距离叫作焦距 $f$。成像平面到光心的距离 $s$ 等于焦距 $f$,图 5.1 即为相机的成像模型。

相机成像的过程总共涉及四个坐标系,即世界坐标系、相机坐标系、图像坐标系和像素坐标系,坐标系之间关系如图 5.2 所示。

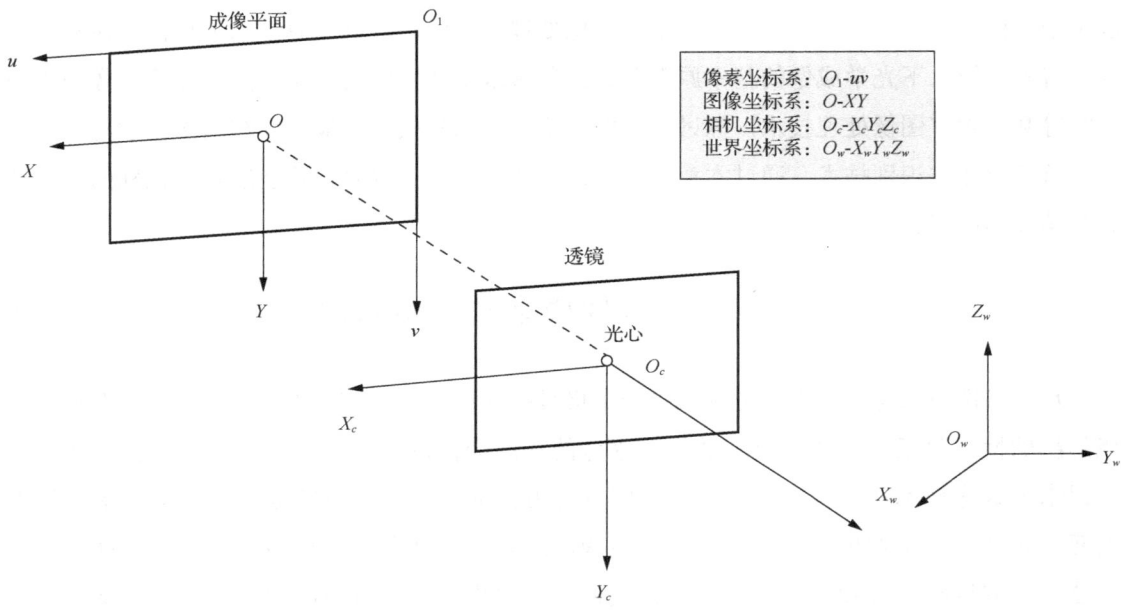

图 5.2  坐标系之间关系图

(1)世界坐标系($O_w$-$X_wY_wZ_w$)。世界坐标系是客观三维世界的绝对坐标系,是一个虚拟存在的坐标系,用于表述物体在真实世界中的几何关系,通常用笛卡儿坐标系来表示。

(2)相机坐标系($O_c$-$X_cY_cZ_c$)。相机坐标系是用于描述相机位置和方向的坐标系,通常以相机的光心作为坐标原点,$X$ 轴和 $Y$ 轴分别平行于图像坐标系的 $X$ 轴和 $Y$ 轴,相机的光轴为 $Z$ 轴。

(3)图像坐标系($O$-$XY$)。图像坐标系用于描述图像上的位置,以图像平面的中心为坐标原点,$X$ 轴和 $Y$ 轴分别平行于图像平面的两条垂直边。

(4)像素坐标系($O_1$-$uv$)。像素坐标系用于描述图像像素的排列情况,以图像平面的左上角顶点为原点,$X$ 轴和 $Y$ 轴分别平行于图像坐标系的 $X$ 轴和 $Y$ 轴。

相机成像模型可分为四个步骤,即刚体变换、透视投影和数字化图像,如图 5.3 所示。

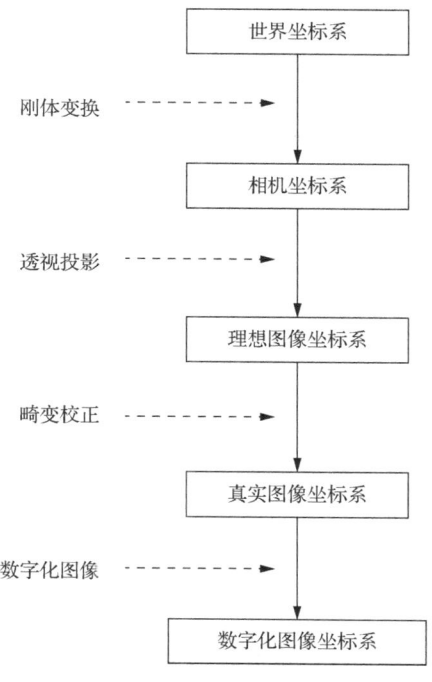

图 5.3 相机成像步骤

(1) 刚体变换。从世界坐标系到相机坐标系的转换公式为

$$\begin{bmatrix} X_c \\ Y_c \\ Z_c \end{bmatrix} = \boldsymbol{R} \begin{bmatrix} X_w \\ Y_w \\ Z_w \end{bmatrix} + \boldsymbol{T} \tag{5.1}$$

式中,$\boldsymbol{R}$ 为旋转矩阵;$\boldsymbol{T}$ 为偏移向量。为了方便矩阵运算,我们通常把式(5.1)写成齐次坐标的方式,如式(5.2)所示。

$$\begin{bmatrix} x_c \\ y_c \\ z_c \\ 1 \end{bmatrix} = \begin{bmatrix} \boldsymbol{R} & \boldsymbol{T} \\ 0_3^T & 1 \end{bmatrix} \begin{bmatrix} x_w \\ y_w \\ z_w \\ 1 \end{bmatrix} \tag{5.2}$$

(2) 透视投影。真实世界空间中的某点通过小孔会投影到相机的成像平面上,空间中任意一点 $p_c$ 与相机光心 $o_c$ 的连线与像面的交点 $p$ 即为点 $p_c$ 的投影,透视投影图如图 5.4 所示。

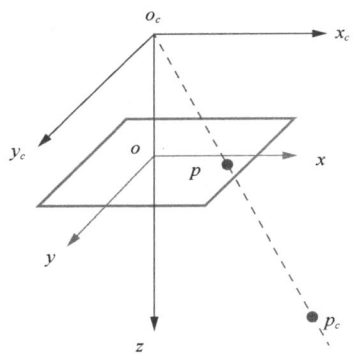

图 5.4 透视投影图

利用相似三角形知识,可得下述关系:

$$\frac{x}{x_c} = \frac{y}{y_c} = \frac{z}{z_c} = \frac{f}{s} \tag{5.3}$$

式中,$f$ 为焦距;$s$ 为光心到成像平面的距离。将上式写成矩阵形式为

$$s \cdot \begin{bmatrix} x \\ y \\ 1 \end{bmatrix} = \begin{bmatrix} f & 0 & 0 & 0 \\ 0 & f & 0 & 0 \\ 0 & 0 & 1 & 0 \end{bmatrix} \begin{bmatrix} x_c \\ y_c \\ z_c \\ 1 \end{bmatrix} \tag{5.4}$$

(3)数字化图像。像素坐标系和图像坐标系都是在成像平面上定义的,不同的地方在于二者的原点和度量单位。图像坐标系的原点是相机光轴与成像平面交汇的点,通常位于成像平面的中心,也称为主点。该坐标系的度量单位是 mm,属于物理度量单位。相比之下,像素坐标系以像素为单位,通常用行数和列数来描述。二者之间的关系如图 5.5 所示[55]。

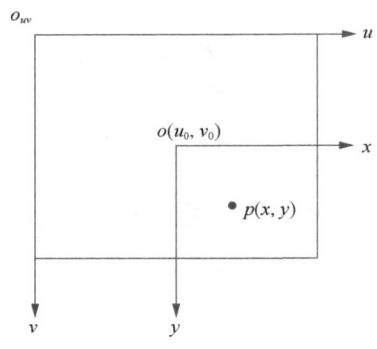

图 5.5 图像坐标系和像素坐标系之间关系

两个坐标系之间的转换公式为

$$\begin{cases} u = \dfrac{x}{\mathrm{d}x} + u_0 \\ v = \dfrac{y}{\mathrm{d}y} + v_0 \end{cases} \tag{5.5}$$

把式（5.5）化成矩阵形式：

$$\begin{bmatrix} u \\ v \\ 1 \end{bmatrix} = \begin{bmatrix} \dfrac{1}{\mathrm{d}x} & 0 & u_0 \\ 0 & \dfrac{1}{\mathrm{d}y} & v_0 \\ 0 & 0 & 1 \end{bmatrix} \begin{bmatrix} x \\ y \\ 1 \end{bmatrix} \tag{5.6}$$

以上就是在不考虑畸变的情况下，相机成像的基本步骤。称 $\begin{bmatrix} \dfrac{1}{\mathrm{d}x} & 0 & u_0 \\ 0 & \dfrac{1}{\mathrm{d}y} & v_0 \\ 0 & 0 & 1 \end{bmatrix} \begin{bmatrix} f & 0 & 0 & 0 \\ 0 & f & 0 & 0 \\ 0 & 0 & 1 & 0 \end{bmatrix}$ 为内参矩阵，其取决于相机的内部参数；称 $\begin{bmatrix} \boldsymbol{R} & \boldsymbol{T} \\ 0_3^\mathrm{T} & 1 \end{bmatrix}$ 为外参矩阵，其取决于相机坐标系和世界坐标系的位置。

## 5.1.2　水下成像模型

要了解水下成像模型，我们必须了解光在水介质中传播的基本物理原理。光与水之间的相互作用有吸收和散射两个过程。吸收是光在介质中传播时发生的功率损失，取决于介质的折射率；散射是指任何偏离直线传播路径的现象，可分为前向散射和后向散射两大类。

Jaffe 在 McGlamery 成像模型的基础上进行了改良，提出了一个模拟水下图像形成的仿真模型，即 Jaffe-McGlamery 水下成像模型[62]，如图 5.6 所示。该模型将水下图像表示为三个分量的线性叠加：①目标反射光经过水介质传播衰减后直接被成像系统所接收的直接传输光

分量 $E_d$；②目标反射光在达到成像系统前的传输过程中与水体中的悬浮颗粒发生小角度的散射而被成像系统所接收的前向散射光 $E_f$；③自然照射光源未达到目标场景时直接与水体中的悬浮物等发生大角度的散射从而到达成像系统的后向散射光 $E_b$。

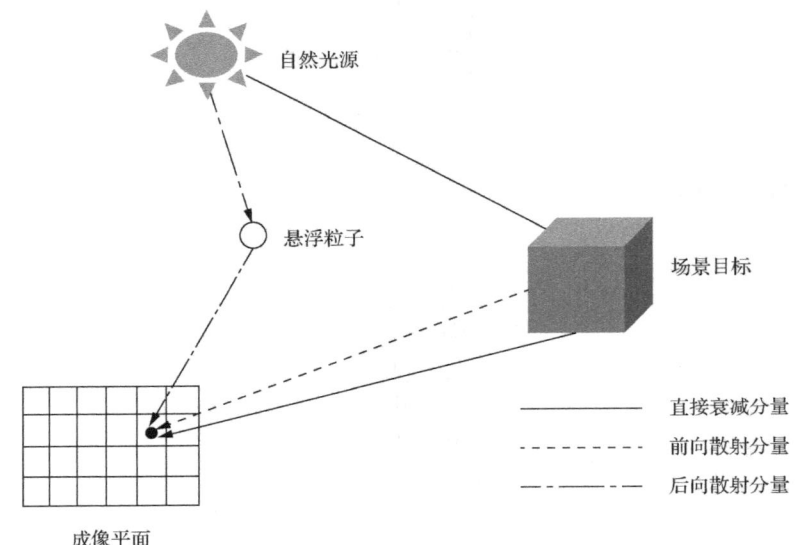

图 5.6 Jaffe-McGlamery 水下成像模型

将该模型用公式表达为

$$E_T(x,y) = E_d(x,y) + E_{fs}(x,y) + E_{bs}(x,y) \tag{5.7}$$

（1）直接传输光分量 $E_d$。为了计算出直接传输光分量 $E_d$，必须先计算出入射光到反射表面的辐照度。Jaffe-McGlamery 模型中光源被视为光束模式下的点源 $BP(\theta_s,\varphi_s)$，其是极角 $\theta_s$ 和 $\varphi_s$ 的函数，单位是 W/m²。入射光到反射场景上的辐照度定义为

$$E'_I(x',y',\theta_s,\varphi_s) = BP(\theta_s,\varphi_s)\cos\gamma\frac{\mathrm{e}^{-cR_s}}{R_s^2} \tag{5.8}$$

式中，$(x',y')$ 为在 $Z'=0$ 的坐标系表示下反射表面点的坐标；$\gamma$ 为入射光与反射表面点法线的夹角；$R_s$ 为光源和反射表面点之间的距离；$c$ 为水下衰减系数。

事实上，入射辐射量 $E_I$ 还与小角度前向散射分量造成的照明扩散，以及小角度前向散射分量相关，近似值可通过点散射函数 $g$ 的卷积求得。因此式（5.8）改进，有

$$E_I(x',y',0) = E'_I(x',y',0) \times g(x',y'|R_s,G,c,B) + E'_I(x',y',0) \tag{5.9}$$

式中，点扩散函数定义为

$$g(x',y'|R_s,G,c,B) = \big(\exp(-GR_s) - \exp(-cR_s)\big) F^{-1} \exp(-BR_s f) \tag{5.10}$$

式中，$G$ 为一个经验常数且要满足 $|G|<|c|$ 的数值关系；$B$ 为阻尼系数；$F^{-1}$ 为傅里叶逆变换；$f$ 为径向频率。

如图 5.7 所示，用一个平面反射图 $M(x',y')$ 来表示场景[62]。为了计算入射光到相机图像平面上的辐射度，还需要考虑相机的几何光学、介质在反射图和相机之间的衰减以及反射波的球面传播。考虑到这些因素，入射光到相机像面的辐照度可表示为

$$E_d(x,y) = E_I(x',y',0) \exp(-cR_c) \frac{M(x',y')}{4f_n} \cdot \cos^4 \theta T_l \left( \frac{R_c - F_l}{R_c} \right)^2 \tag{5.11}$$

式中，$\theta$ 为相机和反射表面点的连线与反射平面之间的角度；$R_c$ 为反射表面点到相机的距离；$F_l$ 为相机焦距且其频率系数为 $f_n$；$T_l$ 为镜头透射率。

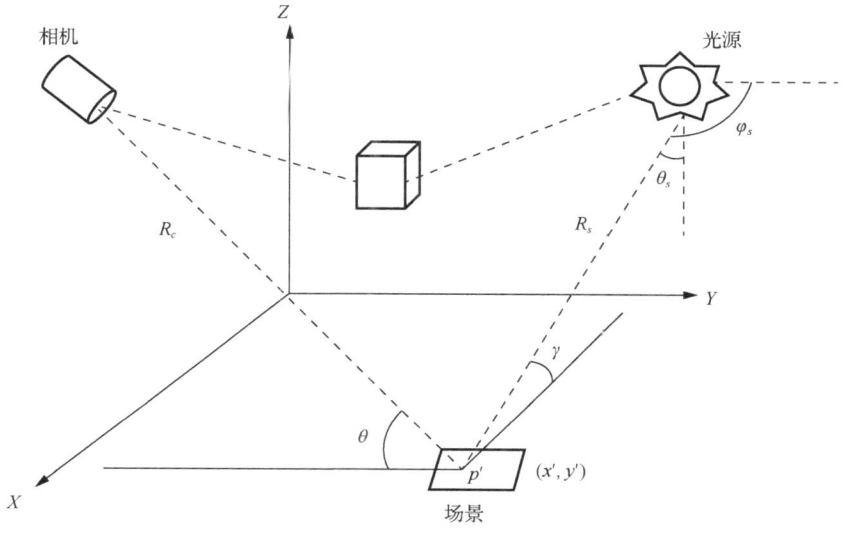

图 5.7 计算机模型的坐标系图

（2）前向散射光 $E_f$。前向散射光是由小角度散射光引起的，导致水下图像细节丢失和分辨率降低等问题。前向散射光分量可以通过卷积关系从直接传输光分量中计算得出

$$E_{fs}(x,y) = E_d(x,y,o) \times g(x,y \mid R_c, G, c, B) \tag{5.12}$$

（3）后向散射光 $E_b$。后向散射光是大角度的散射光，会造成水下图像出现噪声和朦胧的效果，同时也是水下图像质量下降的主要原因。后向散射光可以视为由后向散射光的直接分量与后向散射光的直接分量与点扩散函数的卷积分量组成，数学表达式为

$$E_{bs}(x,y) = E_{bs,d}(x,y) + E_{bs,d}(x,y) \times g(x,y \mid R_c, G, c, B) \tag{5.13}$$

通过上述分析，可以得到 Jaffe-McGlamery 水下成像模型数学表达式为

$$E_T(x,y) = E_d(x,y) + E_d(x,y) \times g(x,y) + E_{bs,d}(x,y) + E_{bs,d}(x,y) \times g(x,y) \tag{5.14}$$

### 5.1.3 水下相机标定

在水下使用相机时，它们通常被安装于水下机器人或置于防水密封的容器内，并在镜头前装配上透明且耐压的防水外壳，例如玻璃或亚克力材质，如图 5.8 所示。因此，不同于空气环境，水下相机的成像过程涉及多种介质，包括水、防水外壳和空气的复杂交互，并在水与壳、壳与空气的交界面处产生折射现象。多介质环境下的折射效应使得常规的透视成像模型无法有效地描述水下相机的成像过程。然而，无论环境如何变化，相机的内部和外部参数保持不变，所以水中的参数与空气中的参数是一致的。

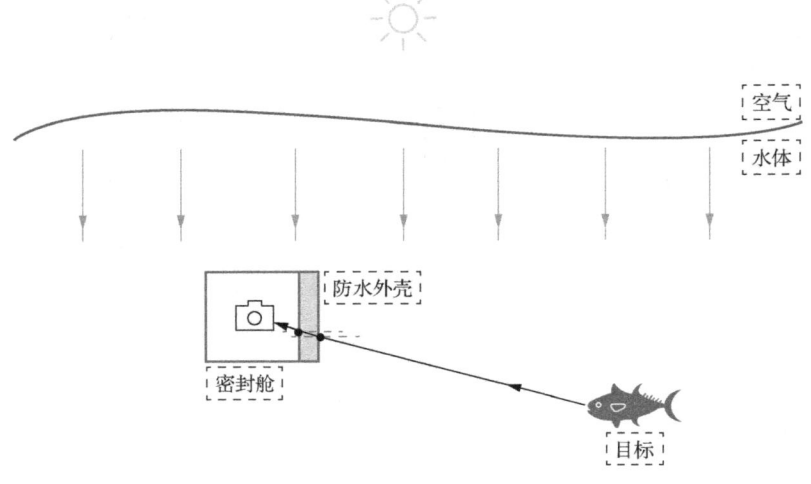

图 5.8 水下相机布置示意图

首先用张正友标定法在地面上完成相机的内部参数标定。张正友标定法的步骤如下：①打印一张棋盘格图案，并将其固定在坚硬的平面上，用作标定参考物；②调节相机与标定板之间的相对位置，从多个角度拍摄若干张标定板的照片；③从这些照片中识别并提取关键特征点，通常是棋盘格的角点；④采用最大似然估计法，初步计算出在理想无畸变状态下的相机五个内部参数和所有外部参数；⑤应用最小二乘法来计算实际存在的畸变参数，这主要涉及径向和切向畸变因素；⑥再次使用最大似然估计法，对所有参数进行优化，以提高测量的准确性和可靠性。

张正友标定法的具体原理如下。

首先定义空间物点 $P$ 和对应像点 $P_a(X_a, Y_a)$ 之间的关系为

$$P_a = HP \tag{5.15}$$

式中，$H$ 为单应性矩阵，表达式为

$$\boldsymbol{H} = \begin{bmatrix} h_1 & h_2 & h_3 \end{bmatrix} = s\boldsymbol{M}\begin{bmatrix} \boldsymbol{R} & \boldsymbol{t} \end{bmatrix} \tag{5.16}$$

其中，$s$ 为缩放因子；$M$ 为内部参数矩阵，$R$ 和 $t$ 为转换参数矩阵。式（5.16）又可化为

$$\begin{cases} \boldsymbol{r}_1 = \lambda \boldsymbol{M}^{-1} h_1 \\ \boldsymbol{r}_2 = \lambda \boldsymbol{M}^{-1} h_2 \\ \boldsymbol{t} = \lambda \boldsymbol{M}^{-1} h_3 \end{cases} \tag{5.17}$$

式中，$\lambda = 1/s$；$r_1$ 和 $r_2$ 为 $R$ 的列向量。正交约束为

$$\begin{bmatrix} \boldsymbol{v}_{12}^{\mathrm{T}} \\ (\boldsymbol{v}_{11} - \boldsymbol{v}_{22})^{\mathrm{T}} \end{bmatrix} b = \boldsymbol{0} \tag{5.18}$$

式中，

$$\boldsymbol{v}_{ij} = \begin{bmatrix} h_{i1}h_{j1} \\ h_{i1}h_{j2} + h_{i2}h_{j1} \\ h_{i2}h_{j2} \\ h_{i3}h_{j1} + h_{i1}h_{j3} \\ h_{i3}h_{j2} + h_{i2}h_{j3} \\ h_{i3}h_{j3} \end{bmatrix}, \boldsymbol{b} = \begin{bmatrix} B_{11} \\ B_{12} \\ B_{22} \\ B_{13} \\ B_{13} \\ B_{23} \\ B_{33} \end{bmatrix}, \boldsymbol{B} = \boldsymbol{M}^{-T}\boldsymbol{M}^{-1} = \begin{bmatrix} B_{11} & B_{12} & B_{13} \\ B_{12} & B_{22} & B_{23} \\ B_{13} & B_{23} & B_{33} \end{bmatrix} \tag{5.19}$$

接下来只需用采集好的若干棋盘格标定图像，就可以建立方程组来计算相机内部参数矩阵 $M$。

张正友标定法在估算畸变系数时只考虑了径向畸变和切向畸变，然而在水下环境中我们还需要考虑水下的折射畸变对相机模型的影响。因此，还需对畸变计算公式进行修正

$$\begin{bmatrix} x_c \\ y_c \end{bmatrix} = (1 + k_1 r^2 + k_2 r^4 + k_3 r^6) \begin{bmatrix} x_d \\ y_d \end{bmatrix} + \begin{bmatrix} 2p_1 x_d y_d + p_2(r^2 + 2x_d^2) \\ p_1(r^2 + 2y_d^2) + 2p_2 x_d y_d \end{bmatrix} + \begin{bmatrix} \Delta x \\ \Delta y \end{bmatrix} \quad (5.20)$$

式中，$(x_c, y_c)$ 为像点的正确位置；$(x_d, y_d)$ 为发生畸变时的像点位置；$(\Delta x, \Delta y)$ 为折射畸变修正项，通过最小二乘多项式拟合进行估算。

### 5.1.4 水下目标视差与深度测量

视差是指从两个不同位置观察同一物体时，物体在视野中的位置变化和差异。从两个观察点看目标时，两条视线之间的夹角称为视差角，而两点之间的距离称为视差基线。

双目立体视觉深度相机测距流程如下：①双目相机标定。首先，需要对双目相机进行标定，确定两个相机的内参数（如焦距、光心位置）和外参数（如相对位置和姿态），并计算单应性矩阵。②图像校正。根据标定结果，对双目相机获取的原始图像进行校正处理。这一步的目的是将校正后的两张图像变换到同一平面，并使它们互相平行，以便后续处理。③像素点匹配。对校正后的两张图像进行像素点匹配，通过寻找左右图像中对应的像素点对，建立起视差图。④深度计算。利用视差图，根据三角测量原理，计算每个像素点的深度信息，从而生成深度图。深度图中的每个像素值对应于场景中该点到相机的距离。

这个流程的核心在于准确的相机标定结果和有效的像素匹配算法，以确保深度信息的精确度和可靠性。

图 5.9 是一个理想状态下的双目视觉测距模型[63]，即两个相机位于同一平面，且相机焦距 $f$ 一致。$P_l(x_l, y_l)$ 和 $P_r(x_r, y_r)$ 分别为左右相机成像点，$P_r'(x_r', y_r')$ 为 $P_r(x_r, y_r)$ 映射到左相机的成像点，$B$ 为相机基线。由相似三角形定理可得

$$Z = \frac{fB}{d} \quad (5.21)$$

式中，$d = x_l - x_r'$ 表示视差匹配像素。$d$ 的求取就是双目测距中的核心问题，我们也把像素对匹配的方法称为立体匹配算法。

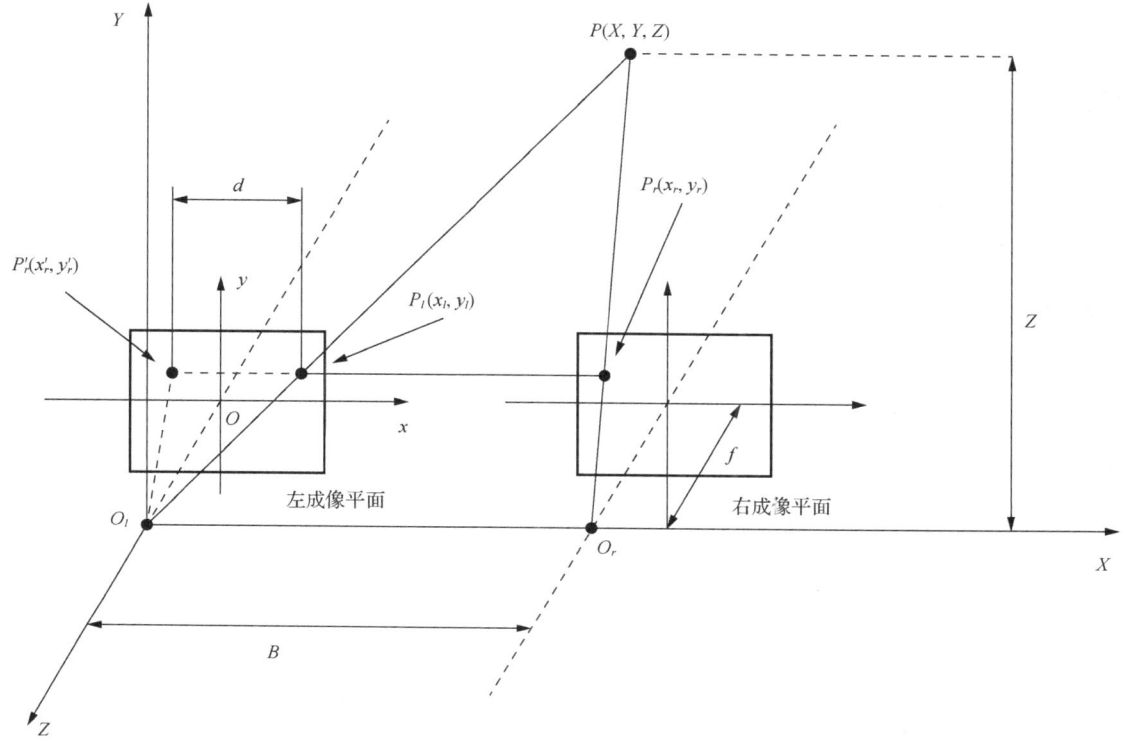

图 5.9 理想双目相机成像模型

事实上,在绝大多数场景中都是需要相机单独固定的,很难保证两个相机的光心完全保持水平。对于这种情况,我们只需对两张图片进行图像校正,即通过单应性变换将两张图片重新投影至同一平面且光轴相互平行即可,如图 5.10 所示。

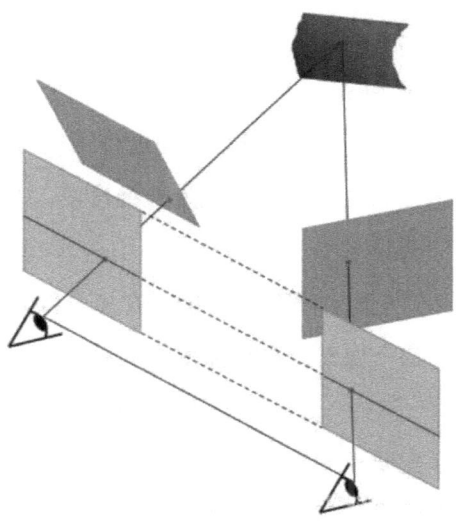

图 5.10 图像校正操作图

接下来我们介绍立体匹配算法部分,其目标是找出双目相机图像中相似度最高的像素对。立体匹配算法可以分为 4 个步骤:匹配代价计算、匹配代价聚合、视差计算和视差图优化。

(1)匹配代价计算:通过计算左右图像待匹配像素对间的灰度差异和几何距离等指标来判断像素点的相关性。匹配代价越小,说明两个像素点的相关性越大,匹配程度越高。不同的方法可能会使用不同的代价计算方式,如绝对差、平方差、梯度差等。

(2)匹配代价聚合:单个像素点的匹配代价难以准确反映其相关性,容易出现误判。代价聚合通过以待匹配像素为中心设置一个区域(如矩形或其他形状),计算该区域内所有像素的代价和。不同方法在代价聚合的区域大小和形状方面可能有所不同,这一步旨在减小噪声影响,提高匹配的鲁棒性。

(3)视差计算:根据代价聚合的结果矩阵,使用胜者全取(winner-takes-all,WTA)算法从候选视差值中选择代价最小的视差作为最终输出。这一步的目标是确定每个像素点的视差值,从而为后续的深度计算提供基础。

(4)视差图优化:通过优化算法修正视差图中的明显错误,使视差图更加精准。常见的方法包括左右一致性检查来去除错误视差,使用滤波方法(如中值滤波或双边滤波)平滑视差图。此外,一些图像约束方法,如亮度一致性约束和局部一致性约束,也被应用于提高视差图的质量。

在立体匹配过程中,有几个关键的约束条件需要注意,它们用于提高匹配的准确性和效率。这些约束条件包括以下几点。

(1)极线约束。在立体匹配中,由于左右摄像机的图像平面通常不能完全平行,导致点 $P$ 在左右平面的投影点分别为 $x_l$ 和 $x_r$。$P$、$x_l$ 和 $x_r$ 形成一个平面,称为极平面,而左右平面与基线相交的点称为极点($e_l$ 和 $e_r$)。极线约束通过校正使得点 $P$ 在左右摄像机平面的映射点 $x_l$ 和 $x_r$ 的纵坐标相同,进而将二维搜索简化为一维搜索,大大提高了匹配效率,对极几何如图 5.11 所示。

(2)唯一性约束。在立体匹配时,图像中可能存在多个像素值相同的情况。为了保证匹配的正确性,要求源图像上的每个像素点在目标图像上只能匹配到唯一的对应点,即每个像素点只具有一个视差值。

(3)相似性约束。立体匹配要求左右图像中对应的像素点应具有相似的颜色或灰度值,即空间中某一点的投影在左右图像中应保持相似的物理度量。例如,空间中的一个三角形顶点，其在图像中的投影也应是某三角形的顶点。

（4）视差连续性约束。由于被拍摄物体大部分表面是光滑的，相邻像素点的深度变化应是平滑的。在计算视差时，利用摄像机采集像素点的连续特性，假设相邻像素点的视差值也应具有连续性，但需注意不要超出图像边界。

（5）顺序一致性约束。当源图像上的像素点 $P_l$ 匹配到目标图像上的像素点 $P_r$ 时，如果 $P_l$ 的邻域像素点 $P_{l1}$ 匹配的像素点 $P_{r1}$ 与 $P_r$ 的位置变化较大，则认为匹配点不满足顺序一致性，匹配失败。这一约束确保了匹配结果的顺序一致性，从而提高匹配的可靠性。

这些约束条件共同作用，确保了立体匹配的准确性和效率，从而获得高质量的深度图。

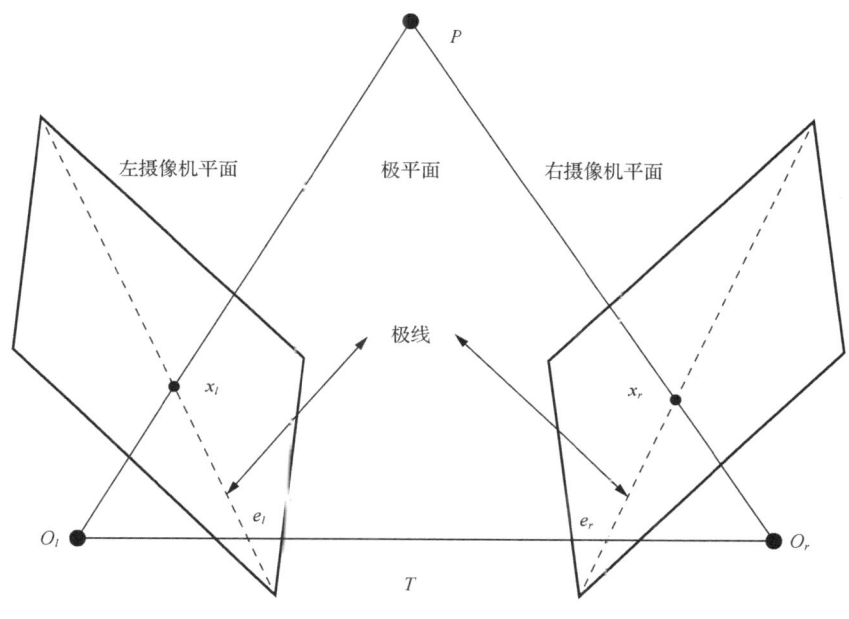

图 5.11　对极几何

## 5.2　水下图像处理基础

数字图像处理是计算机视觉领域的重要组成部分，涵盖了从图像获取、处理到理解的一系列技术和方法。它主要包括图象增强、恢复、分割、特征提取等方面的内容。通过数字图像处理，可以提高图像的质量，提取有用的信息，从而满足不同应用场景的需求，如医学成像、遥感、工业检测等。在这一节中，我们将深入探讨数字图像处理的基础理论和常用技术，首先来介绍灰度变换与图像增强的方法和应用。

### 5.2.1 灰度变换与图像增强

在数字图像处理中，灰度变换与图像增强是基础且关键的步骤，涵盖了从点运算到更复杂的直方图均衡化和卷积空间滤波等技术。点运算是一种简单而有效的处理方法，直接对每个像素进行变换，不考虑其邻域像素，这种方法适用于线性和非线性灰度变换。直方图均衡化通过重新分布图像灰度值，使得整体对比度得到显著提升，特别是在灰度分布不均的图像中效果明显。此外，卷积与空间滤波技术通过考虑像素的邻域信息，可以进行更加复杂的图像处理，如边缘检测、去噪和锐化等。这些技术共同构成了图像增强的基本方法，为后续的高级图像处理和分析提供了坚实的基础。

#### 5.2.1.1 点运算

点运算是所有图像处理技术中最简单的一种技术，是灰度变换中最基本的一种变换方式，指直接对图像中的单个像素进行操作，而与其他像素无关。我们定义变换函数 $T$ 来改变像素的灰度，灰度变换表达为

$$s = T(r) \tag{5.22}$$

式中，$r$ 为原始图像中像素的灰度值；$s$ 为处理后图像中对应像素的灰度值。

为了更好地理解灰度变换，接下来我们介绍常见的三种灰度变换函数：线性变换函数、对数变换函数和幂律变换函数。各函数输出、输入灰度值关系如图 5.12 所示。

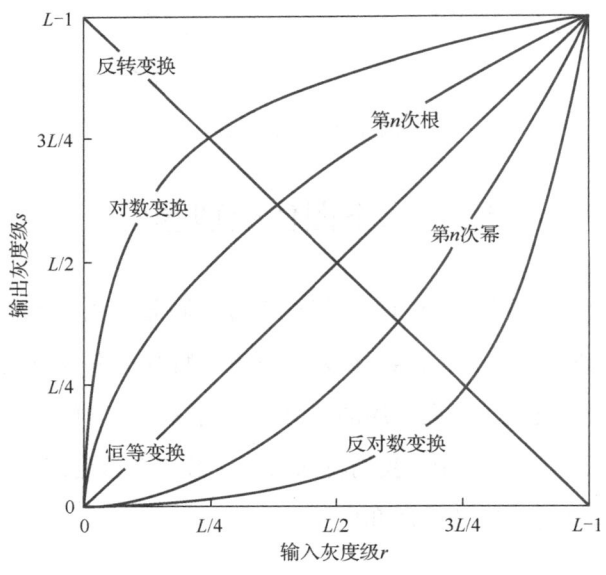

图 5.12 常见灰度变换函数

1. 线性变换

线性变换函数包含了反转和恒等变换函数。恒等变换函数指输出灰度值和输入灰度值相同,即输出图像和输入图像一样。我们主要来介绍一下反转变换。

我们定义灰度值的取值范围是 $[0, L-1]$,则用于图像反转的变换函数为

$$s = L - 1 - r \tag{5.23}$$

通过这种方法反转图像的灰度级,可以获得类似于照片底片的效果。例如,这种处理方式能够增强图像暗色区域中的白色或灰色细节,特别是在暗色区域面积较大时,这种增强效果更为显著。图 5.13 展示了一个例子。原始图像是一张乳房的 X 射线数字照片,其中显示了一个小病变。虽然两幅图像的内容在外观上无明显差异,但某些观察者发现使用反转图像能够更容易地分析乳腺组织的细节。

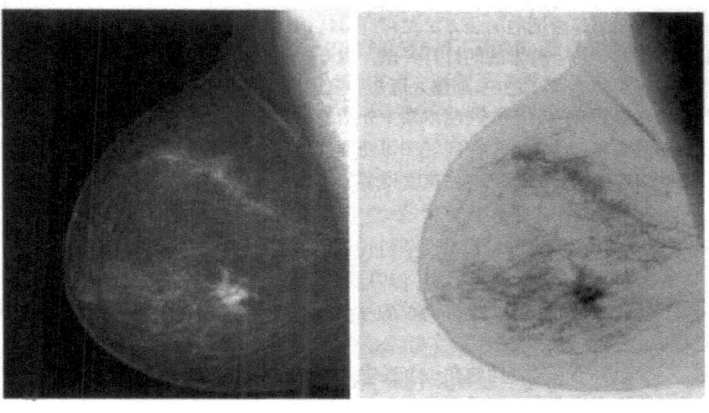

图 5.13 乳房的 X 射线数字照片及反转照片图

2. 对数变换

对数变换是一种对图像中每个像素值进行对数运算的处理方法。常见的是使用自然对数,即以 e 为底数,但也可以使用其他底数来进行变换。对数变换的一般公式为

$$s = c \ln(1 + r) \tag{5.24}$$

式中,$c$ 为一个常数,用来确保对数变换后的灰度值能映射到 $[0, L-1]$ 的范围内。如图 5.12 所示,对数曲线在低灰度值区域具有较大的斜率,而在高灰度值区域的斜率较小。这意味着对数变换可以扩展图像中低灰度值的部分,从而显示出更多的细节,同时压缩高灰度值的部

分，减少细节，增强图像暗部的对比度。通过图 5.12 我们也可以看出，区间 $[0, L/4]$ 的输入灰度值是如何映射到区间 $[0, 3L/4]$ 中的输出灰度值的。底数越大，对低灰度部分的增强效果越显著，同时对高灰度部分的压缩效果也更强。相反，如果需要突出图像的高灰度部分，可以使用指数函数（反对数函数）进行处理。图 5.14 展示了灰度级的傅里叶频谱及经过对数变换后的频谱图对比效果。

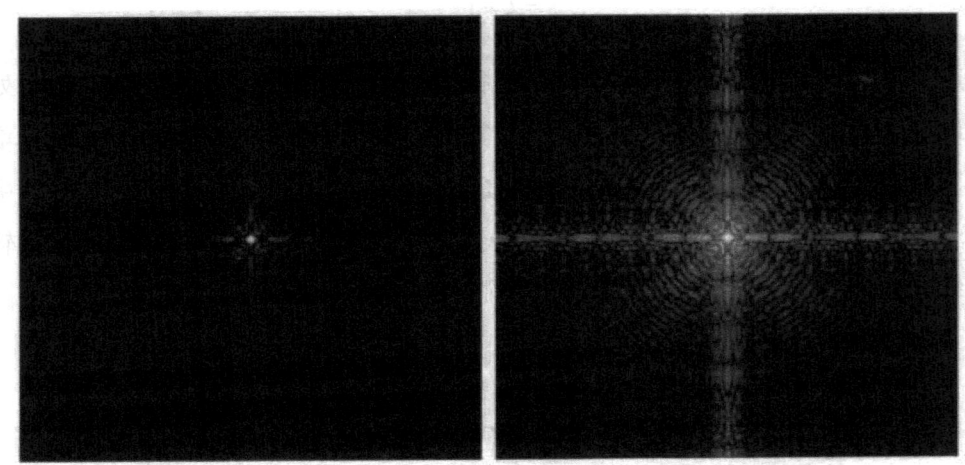

图 5.14　灰度级的傅里叶频谱及经过对数变换后的频谱图

3. 幂律变换

幂律变换指将原始图像的像素进行幂次方处理的过程，其基本表达形式为

$$s = cr^{\gamma} \tag{5.25}$$

式中，$c$ 和 $\gamma$ 为常数。幂律变换又称伽马变换。考虑到偏移，有时也会把式（5.24）写成 $s = c(r+\varepsilon)^{\gamma}$。当 $\gamma < 1$ 时，幂律变换将较窄范围的暗输入值映射为较宽范围的输出值，将高输入值映射为较窄范围的输出值。

当 $\gamma > 1$ 时效果则与 $\gamma < 1$ 刚好相反。当 $c = \gamma = 1$ 时，式（5.24）即为恒等变换。$\gamma$ 不同取值的效果图如图 5.15 所示。

由于人眼对亮度的感知与物理功率并不呈线性关系，而是遵循幂函数的关系，因此图像获取、打印和显示等设备的输入和输出响应通常是非线性的，并符合幂律关系。为了获得正确的输出结果，需要对这种幂律关系进行校正，我们把这个过程称为伽马校正。

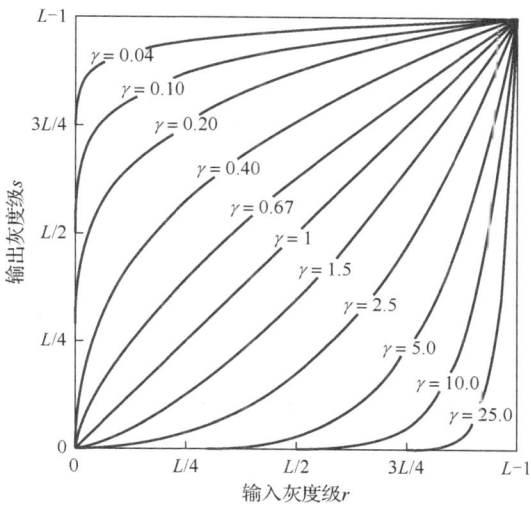

图 5.15 γ 不同取值的效果图

幂律变换主要应用在一些对比度较低的图像上面,通过幂律变换我们可以看出更多有关图像的细节,如图 5.16 所示。

(a) 原图像　　(b) $c=1, \gamma=3$　　(c) $c=1, \gamma=4$　　(d) $c=1, \gamma=5$

图 5.16 不同 γ 值下的幂律变换结果图

### 5.2.1.2 直方图均衡化与规定化

在灰度图像中,直方图反映了图像中不同灰度值的分布情况。通过改变图像直方图的办法来改变图像的灰度值,以达到图像增强的办法称为直方图变换,常见的直方图变换有直方图均衡化和直方图规定化。

我们假设图像的灰度值分为 $L$ 个等级,则直方图的定义为

$$h(r_k) = n_k, \ k = 0, 1, 2, \cdots, L-1 \tag{5.26}$$

式中,$r_k$ 为图像的第 $k$ 级灰度值;$n_k$ 是图像中具有灰度值 $k$ 的像素个数。

图 5.17（a）表示了一幅图像的灰度值分布图，其灰度统计直方图可表示为图 5.17（b），图 5.17（b）的横坐标表示不同的灰度值，纵坐标表示该灰度值像素出现的个数也称频率。

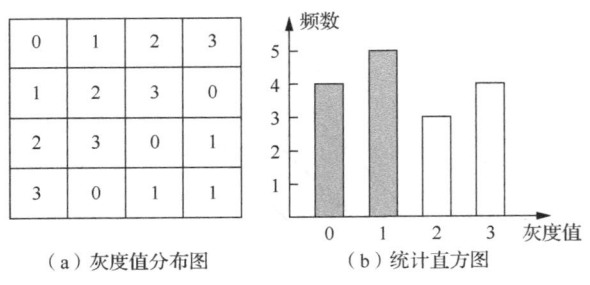

(a) 灰度值分布图　　　　(b) 统计直方图

图 5.17　图像灰度值分布图和其统计直方图

1. 直方图均衡化

直方图均衡化是一种在图像处理领域广泛应用的图像增强技术，尤其在提升动态范围受限的图像对比度方面具有显著效果。该技术的基本原理是通过对原始图像的直方图重新分布，使得其接近于均匀分布，从而扩展像素灰度值的范围。这一过程不仅提高了图像的整体对比度，还能够突出细节和纹理，使得图像更加清晰和易于分析，如图 5.18 所示。

(a) 原图　　　　　　　　　　　　　　(b) 直方图均衡化后的结果

图 5.18　直方图均衡化前后对比图

在对直方图进行处理时我们通常采取归一化直方图，目的在于将频率转化为数据更方便处理的概率，公式为

$$p_r(r_k) = \frac{n_k}{MN}, \quad k = 0,1,2,\cdots,L-1 \tag{5.27}$$

式中，$M$ 和 $N$ 分别为图像的行数和列数。

由于直方图均衡化是点运算,所以我们依然可以用 $s=T(r)$ 来表示这个过程,需要注意这里的变换函数需要满足以下两个条件:① $T(r)$ 在 $0 \leqslant r \leqslant L-1$ 区间内为单调递增函数;②对于 $0 \leqslant r \leqslant L-1$,一定有 $0 \leqslant s \leqslant L-1$。

上面第一个条件保证了变换操作不会更改图像的灰度值区间,第二个条件保证了图像原各灰度级在变换操作后仍然保持一样的排列次序。

要注意的是,在某些情况下我们需要进行反变换操作 $r=T^{-1}(s)$,这种情况下条件①要修改为: $T(r)$ 在 $0 \leqslant r \leqslant L-1$ 区间内为严格单调递增函数。修改之后保证了从 $s$ 返回到 $r$ 的映射是一对一的,避免出现歧义的情况。在这里我们引入一个变换函数,定义为

$$s = T(r) = (L-1)\int_0^r p_r(\omega)\mathrm{d}\omega \tag{5.28}$$

式中,$\omega$ 为一个积分变量;$\int_0^r p_r(\omega)\mathrm{d}\omega$ 为随机变量 $r$ 的累计分布函数。

现在来证明该变换函数是否满足均分分布。首先我们对变量 $r$ 进行求导:

$$\frac{\mathrm{d}s}{\mathrm{d}r} = \frac{\mathrm{d}T(r)}{\mathrm{d}r} = (L-1)\frac{\mathrm{d}}{\mathrm{d}r}\left(\int_0^r p_r(\omega)\mathrm{d}\omega\right) = (L-1)p_r(r) \tag{5.29}$$

由概率论可知,当 $T(r)$ 满足连续且可微时,有

$$p_s(s) = p_r(r)\left|\frac{\mathrm{d}r}{\mathrm{d}s}\right| \tag{5.30}$$

联合式(5.28)和式(5.29),计算 $s$ 的概率密度函数为

$$p_s(s) = p_r(r)\left|\frac{\mathrm{d}r}{\mathrm{d}s}\right| = p_r(r)\left|\frac{1}{(L-1)p_r(r)}\right| = \frac{1}{L-1}, \quad 0 \leqslant s \leqslant L-1 \tag{5.31}$$

式中,$p_s(s)$ 是一个均匀概率密度函数,也就是说,经过式(5.27)的变换操作,变量 $s$ 在其定义域内是均匀分布的。

事实上,我们处理的绝大多数数字图像的数据都是离散的,因此结合式(5.28)将变换函数改写为

$$s_k = T(r_k) = (L-1)\sum_{k=0}^{L-1} p_r(r_k), \quad k = 0, 1, 2, \cdots, L-1 \tag{5.32}$$

**例 5.1** 直方图均衡化计算实例。

假设有一幅 64×64、8 比特灰度图像，其原始图像直方图如图 5.19 所示。

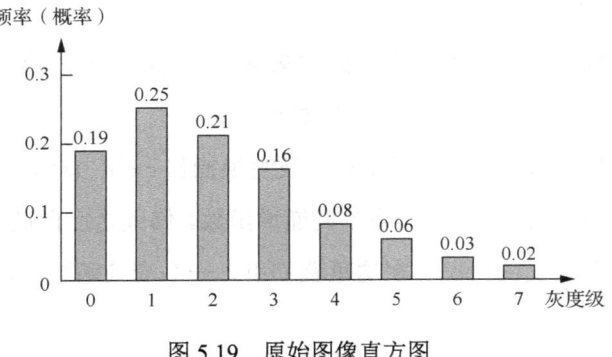

图 5.19 原始图像直方图

首先将直方图数据通过表格形式列出，如表 5.1 所示。

表 5.1 直方图数据

| 灰度级 $r_k$ | 像素数 $n_k$ | 概率 $p_r(r_k)$ |
| --- | --- | --- |
| 0 | 19 | 0.19 |
| 1 | 25 | 0.25 |
| 2 | 21 | 0.21 |
| 3 | 16 | 0.16 |
| 4 | 8 | 0.08 |
| 5 | 6 | 0.06 |
| 6 | 3 | 0.03 |
| 7 | 2 | 0.02 |

接着，通过式（5.31）计算变换后的像素值 $s_0=1.33, s_1=3.08, s_2=4.55, s_3=5.67, s_4=6.23, s_5=6.65, s_6=6.86, s_7=7.00$。要注意的是，像素的灰度值都是整数形式，因此我们需对计算结果进行四舍五入取整处理，处理后的像素值便是经过直方图均衡化后的新灰度值。变换结果及映射关系如表 5.2 所示。

表 5.2 直方图均衡化运算列表

| 灰度级 $r_k$ | 像素数 $n_k$ | 概率 $p_r(r_k)$ | 灰度级 $s_k$ | 映射关系 ($r_k \to s_k$) | 映射后概率 $p_s(s_k)$ |
| --- | --- | --- | --- | --- | --- |
| 0 | 19 | 0.19 | 1 | 0→1 | — |
| 1 | 25 | 0.25 | 3 | 1→3 | 0.19 |
| 2 | 21 | 0.21 | 5 | 2→5 | — |

续表

| 灰度级 $r_k$ | 像素数 $n_k$ | 概率 $p_r(r_k)$ | 灰度级 $s_k$ | 映射关系($r_k \to s_k$) | 映射后概率 $p_s(s_k)$ |
|---|---|---|---|---|---|
| 3 | 16 | 0.16 | 6 | 3,4→6 | 0.25 |
| 4 | 8 | 0.08 | 6 | | — |
| 5 | 6 | 0.06 | 7 | | 0.21 |
| 6 | 3 | 0.03 | 7 | 5,5,7→7 | 0.24 |
| 7 | 2 | 0.02 | 7 | | 0.11 |

均衡化后的直方图如图 5.20 所示。

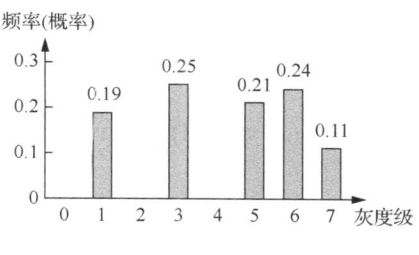

图 5.20 均衡化后图像直方图

2. 直方图规定化

直方图规定化，也称为直方图匹配，是一种能够将图像的灰度分布调整为预定形状的图像处理技术。不同于直方图均衡化，直方图规定化通过指定一个目标灰度直方图，使图像的灰度分布符合特定需求。这一过程需要事先确定目标直方图，从而计算出相应的变换函数。相比直方图均衡化，规定化方法更加灵活，因为它允许根据具体需求来增强图像中某个特定灰度范围的对比度。

通过恰当地选择目标直方图函数，直方图规定化能够有效地满足特定的图像处理要求，并在提升图像质量的同时保持图像的自然感觉，避免了过度增强可能带来的噪声问题。因此，在图像处理领域，直方图规定化作为一种灵活的图像增强技术，得到了广泛应用。

接下来我们来介绍下直方图规定化的数学公式推导过程。首先我们依然假设图像灰度值的定义域是一个连续域 $[0, L-1]$，原始图像的灰度值概率密度分布函数为 $p_r(r)$，目标图像的灰度值概率密度分布函数为 $p_s(s)$。

直方图规定化操作的目的在于将原始图像变换为目标图像，也就是需要建立 $p_r(r)$ 和 $p_s(s)$ 之间的数学关系。在已知目标图像灰度值的情况下，我们不妨将直方图均衡化后的图像作为中间媒介进行求解，求解框图如图 5.21 所示。

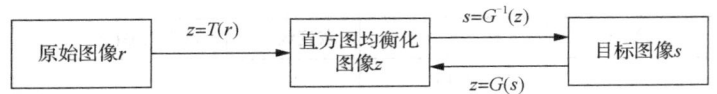

图 5.21 直方图规定化求解框图

对原始图像直方图均衡化处理过程为

$$z = T(r) = (L-1)\int_0^r p_r(\omega)\mathrm{d}\omega \tag{5.33}$$

对目标图像直方图均衡化处理过程为

$$z = G(s) = (L-1)\int_0^s p_s(v)\mathrm{d}v \tag{5.34}$$

均衡化图像到目标图像变换过程为

$$s = G^{-1}(z) = G^{-1}[T(r)] \tag{5.35}$$

有了上述变换公式后，我们就可以从原始图像变换成目标图像了。实际计算过程中，我们同样要注意对灰度值进行四舍五入取整处理。综上所述，数字图像离散灰度值的直方图规定化的过程如下。

（1）对原始图像进行均衡化操作，得到 $r$ 到 $z$ 的映射关系

$$z_k = T(r_k) = (L-1)\sum_{i=0}^k p_r(r_i) \tag{5.36}$$

（2）对目标图像进行均衡大操作，得到 $s$ 到 $z$ 的映射关系

$$z_k = G(s_k) = (L-1)\sum_{j=0}^k p_s(s_j) \tag{5.37}$$

（3）通过式（5.36）计算 $z$ 到 $s$ 的映射关系 $G^{-1}$。

（4）通过 $r$ 到 $z$ 的映射关系和 $z$ 到 $s$ 的映射关系，得到 $r$ 到 $s$ 的映射关系，以完成直方图均衡化操作。

**例 5.2** 直方图规定化计算实例。

继续以例 5.1 中的直方图为例，我们期望的图像直方图如表 5.3 所示。

表 5.3 规定化的直方图

| 灰度级 $z_k$ | 概率 $p_z(r_k)$ |
|---|---|
| 0 | 0.00 |
| 1 | 0.00 |
| 2 | 0.00 |
| 3 | 0.15 |
| 4 | 0.20 |
| 5 | 0.30 |
| 6 | 0.20 |
| 7 | 0.15 |

直方图规定化过程如下。

(1) 对原始图像进行直方图均衡化操作,映射关系如表 5.2 所示。

(2) 对目标图像同样进行直方图均衡化操作,结果为

$$z_0'=0.00,\ z_1'=0.00,\ z_2'=0.00,\ z_3'=1.05,\ z_4'=2.45,\ z_5'=4.55,\ z_6'=5.95,\ z_7'=7.00$$

对这些值取整之后,可得 $z_k$ 到 $s_k$ 的映射关系如表 5.4 所示。

表 5.4 $z_k$ 到 $s_k$ 的映射表

| 灰度级 $z_k$ | 映射关系($z_k \to s_k$) |
|---|---|
| 0 | |
| 1 | 0,1,2→0 |
| 2 | |
| 3 | 3→1 |
| 4 | 4→2 |
| 5 | 5→5 |
| 6 | 6→6 |
| 7 | 7→7 |

(3) 求逆映射。要注意的是,在表 5.4 中有多个 $z_k$ 指向 $s_k=0$,这种情况下我们取最小的 $z_k$ 作为映射。$s_k$ 到 $z_k$ 的映射关系如表 5.5 所示。

表 5.5 $s_k$ 到 $z_k$ 的映射表

| 灰度级 $s_k$ | 映射关系($s_k \to z_k$) |
|---|---|
| 0 | 0→0 |
| 1 | 1→3 |
| 2 | 2→4 |
| 5 | 5→5 |
| 6 | 6→6 |
| 7 | 7→7 |

（4）通过表 5.2 和表 5.5，我们可以得到从 $s_k$ 到 $r_k$ 的映射关系，如表 5.6 所示。

表 5.6  $r_k$ 到 $z_k$ 的映射表

| 灰度级 $s_k$ | 映射关系（$r_k \to z_k$） |
| --- | --- |
| 0 | 0→3 |
| 1 | 1→4 |
| 2 | 2→5 |
| 3 | 3→6 |
| 4 | 4→6 |
| 5 | 5→7 |
| 6 | 6→7 |
| 7 | 7→7 |

在计算机视觉领域，与灰度图像相比，RGB 图像包含三个独立的颜色通道，即红色、绿色和蓝色通道。因此，对 RGB 图像进行直方图规定化需要分别处理这三个通道。具体来说，我们首先将 RGB 图像的红色、绿色、蓝色三个通道分别分离出来，对每个通道单独进行直方图规定化处理，然后将处理后的三个通道重新合并，形成一张新的 RGB 图像。

在本例中，我们选择了一张夏日森林风景图作为输入图像，并使用一张秋日风景图作为直方图规定化的参考图像。通过代码运行的结果可以看出，经过直方图规定化处理后，输出图像的整体色调明显向参考图像的色调靠拢，使得输出图像呈现出一种秋日风景的视觉效果。图 5.22 展示了这个过程的结果，清楚地表明了输入图像的色彩是如何被调整以匹配参考图像的色调，从而实现色调的转换。

(a) 原图

(b) 参考图

(c) 直方图规定化得到的图

图 5.22　直方图规定化代码运行实例（扫封底二维码可见彩图）

## 5.2.1.3　卷积与空间滤波

在数字图像处理应用中，空间滤波是一种通过调整图像中的像素值以达到特定效果的技术。滤波的概念最早起源于信号处理，本意是指通过特定的算法或规定对输入信号进行处理，以达到去除噪声、提取特征或改善信号质量的目的。比如，高通滤波器只允许高频信号通过，通过阻止或者衰减低频信号，可以增强图像中的边缘和细节。

空间滤波的本质就是图像上的邻域计算，也就是输出图像的每个像素值都是由原始像素值及其所在邻域的像素值所决定的。根据滤波功能划分可以将空间滤波分为平滑滤波和锐化滤波。

平滑滤波可以减弱或消除图像中的高频分量，而对低频分量影响较小。高频分量通常对应于图像中的区域边缘等灰度值变化较大且迅速的部分，通过平滑滤波，这些高频分量被滤除，从而减少了局部灰度的起伏，使得图像变得更加平滑。在实际应用中，平滑滤波不仅能有效消除噪声（因为噪声通常具有较高的空间频率，且空间相关性较弱），还可以在提取较大目标之前，去除图像中过于细小的细节，或将目标内部的小间断连接起来，使得图像处理过程更加顺畅和准确。

锐化滤波可以减弱或消除图像中的低频分量，而对高频分量影响较小。低频分量通常对应于图像中灰度值变化缓慢的区域，因此与图像的整体特性，如整体对比度和平均灰度值等有关。通过锐化滤波，低频分量被滤除，图像的对比度增加，使边缘更加明显。在实际应用中，锐化滤波不仅可以增强被模糊的细节，还能突出目标的边缘，从而提高图像的清晰度和辨识度。

按照对像素执行的运算类别，可以把空间滤波器分为线性滤波器和非线性滤波器。接下来我们重点介绍一下线性空间滤波器。

1. 线性空间滤波器

线性空间滤波器的原理是定义一个滤波器核 $w$，使其与输入图像 $f$ 进行积和运算。滤波器核是一个矩阵（往往是一个奇数行列的方阵），其大小定义了滤波运算的邻域大小，其系数决定了滤波器的作用。除滤波器核外，还有一些术语如模板（template）和窗口（window）都是表达的一个意思。

以一个 3×3 大小滤波器核为例，说明一下线性空间滤波过程：假设往滤波器输入一张图像 $f$，我们取任意一点 $(x,y)$，在以 $(x,y)$ 为中心的 3×3 邻域中，将输入图像邻域中的灰度值与滤波器核对应位置的系数作乘积运算，并将所有的运算结果作累加，得到的最终数值就是输出图像点 $(x,y)$ 对应位置新的灰度值，如图 5.23 所示。

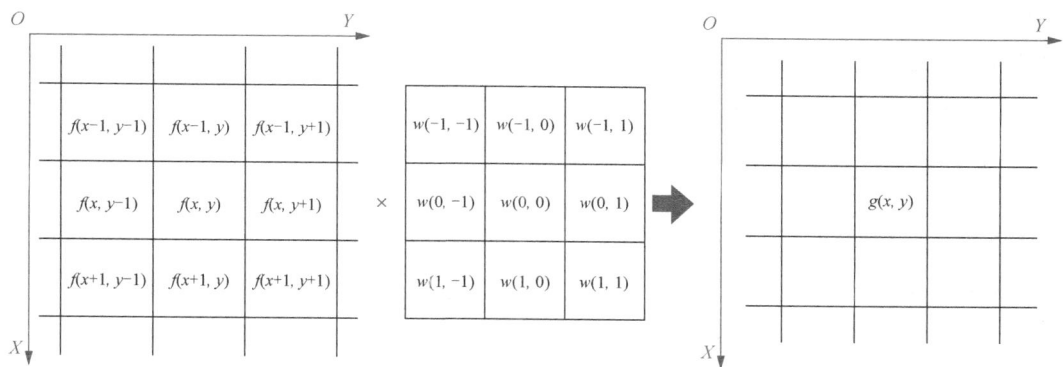

图 5.23 线性空间滤波过程示意图

将这个过程用数学公式表达

$$g(x,y) = w(-1,-1)f(x-1,y-1) + w(-1,0)f(x-1,y) + \cdots \\ + w(0,0)f(x,y) + \cdots + w(1,1)f(x+1,y+1) \tag{5.38}$$

当点 $(x,y)$ 发生变化时，核的中心也会随之逐个像素地移动，遍历整张图像后输出滤波后的图像 $g$。

要注意的是，为了完成遍历动作，我们必须始终保证核的中心是存在的，换句话说，滤波器核的行数和列数应该是基数。我们不妨给出以下假设：给定一张大小为 $M \times N$ 的图像，当滤波器核尺寸为 $m \times n$ 时，更为一般的线性空间滤波操作可以定义为

$$g(x,y) = \sum_{s=-a}^{a} \sum_{t=-b}^{b} w(s,t) f(x+s, y+t) \tag{5.39}$$

式中，$m = 2a+1, n = 2b+1$，且 $a$ 和 $b$ 为非负整数。

通过式（5.38）可以计算出输入图像 $f$ 经过空间线性滤波后的输出图像 $g$。事实上，计算过程中我们还要注意一个问题：当点 $(x,y)$ 位于图像边沿的时候，即其邻域有一部分位于图像外面时该如何解决？在实际应用中，我们可以采取以下措施：①0 填塞：将原图像之外的像素的值设置为 0。②常数填塞：将原图之外的像素的值设置为确定的边界值。③夹取填塞：不限定地复制边缘像素的值。④重复填塞：以环状形态环绕图像进行循环。⑤镜像填塞：像素围绕图像边界进行镜像反射。

线性滤波操作实际上是将每个输出像素表示为若干输入像素的加权和，这是一种算术运算，与线性概念相一致。然而，在许多实际应用中，通过相邻像素的非线性组合可以获得更

优的效果。例如，中值滤波通过对局部邻域内像素值进行排序并取中值，来有效去除图像中的脉冲噪声。这种基于逻辑关系运算的滤波方式属于非线性滤波。非线性滤波不属于我们讲解的重点，感兴趣的同学另作了解。

2. 卷积与空间相关

接下来我们介绍两个容易混淆的概念即卷积和相关。了解卷积和相关的联系与区别，是深入掌握线性空间滤波的关键。事实上，我们在前文所述的在滤波器核逐步移动的过程，将点 $(x,y)$ 邻域内和滤波器核对应的点一一相乘并相加的过程就是相关操作。卷积操作不一样的点在于，在相乘并相加之前需要对滤波器核进行一个反转操作（180°旋转）。我们来介绍一个实例方便更好地理解。如图 5.24 所示，我们的输入选择一个离散单位冲激，即仅包含唯一的 1，其余位置均为 0。正如我们在线性空间滤波器中介绍的一样，在对离散单位冲激进行卷积或者相关操作前，我们需要先对其边沿进行处理，这里我们采取 0 填塞的方案，在输入的外围填充一圈 0。

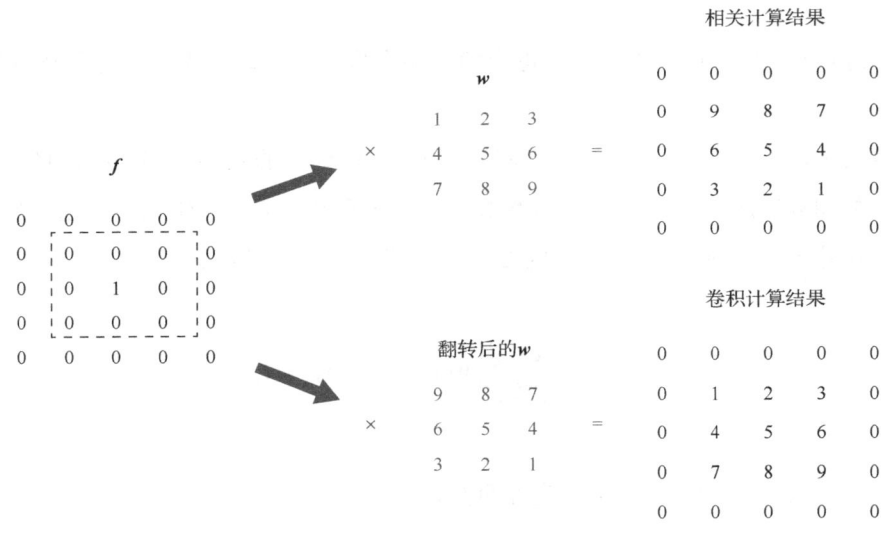

图 5.24　卷积和相关操作示例

计算结果来看，对于输入是离散单位冲激的情况，相关操作会在单位脉冲的位置得到一个翻转 180° 的 $w$ 副本，卷积操作则是在单位脉冲的位置得到一个和滤波器核完全一样的副本。实际上，将一个函数与一个冲激进行卷积，得到该函数在脉冲位置的一个副本是非常重要的结论。

通过这个示例，我们给出卷积的公式并和相关的公式进行对比，⊙ 表示相关，使用 ⊗ 表示卷积

$$(\boldsymbol{w} \odot \boldsymbol{f})(x,y) = \sum_{s=-a}^{a}\sum_{t=-b}^{b} w(s,t)f(x+s,y+t) \qquad (5.40)$$

$$(\boldsymbol{w} \otimes \boldsymbol{f})(x,y) = \sum_{s=-a}^{a}\sum_{t=-b}^{b} w(s,t)f(x-s,y-t) \qquad (5.41)$$

接下来我们介绍一些有关卷积操作独特的性质，首先是交换律

$$\boldsymbol{f} \otimes \boldsymbol{g} = \boldsymbol{g} \otimes \boldsymbol{f} \qquad (5.42)$$

其次是结合律

$$\boldsymbol{f} \otimes (\boldsymbol{g} \otimes \boldsymbol{h}) = (\boldsymbol{f} \otimes \boldsymbol{g}) \otimes \boldsymbol{h} \qquad (5.43)$$

卷积的交换律和结合律是非常重要的性质。在某些场景下，对图像的处理会分为多个阶段进行，每个阶段采用不同的滤波器核。比方说首先使用核 $w_1$ 对图像 $f$ 进行滤波，然后用核 $w_2$ 对前述结果进行处理，再使用核 $w_3$ 进一步滤波，如此反复，共由 $L$ 个阶段。得益于卷积的交换性，这种多阶段卷积可以简化为单一卷积操作 $\boldsymbol{w} \otimes \boldsymbol{f}$ 来完成，计算公式为

$$\boldsymbol{w} = \boldsymbol{w}_1 \otimes \boldsymbol{w}_2 \otimes \boldsymbol{w}_3 \otimes \cdots \otimes \boldsymbol{w}_L \qquad (5.44)$$

在实际应用中，卷积和相关这两个术语经常被混淆使用，尤其是在深度学习中的卷积神经网络，其实际操作往往是指相关运算。尽管在深度学习中，卷积核的参数是通过学习获得的，无论卷积还是相关操作都不影响结果，但在学习和研究过程中，我们必须明确二者的本质区别。

总之，理解卷积和相关的基本原理以及卷积的特殊性质，不仅有助于我们在理论上掌握线性空间滤波的知识，还能在实际应用中实现对图像的各种增强和处理，从而提高图像处理的效果和效率。

3. 可分离滤波器核

在概率论的学习中我们知道，一个二维函数 $G(x,y)$ 可以写成两个一维函数 $G_1(x)$ 和 $G_2(y)$ 的乘积，即 $G(x,y) = G_1(x)G_2(y)$。那么一个滤波器核是否也能分离呢？答案是肯定的。以一个 2×3 滤波器核 $\boldsymbol{w} = \begin{bmatrix} 1 & 1 & 1 \\ 1 & 1 & 1 \end{bmatrix}$ 为例，它可以表示为如下两个向量 $\boldsymbol{c} = \begin{bmatrix} 1 \\ 1 \end{bmatrix}$ 和 $\boldsymbol{r} = \begin{bmatrix} 1 \\ 1 \\ 1 \end{bmatrix}$ 的外积。

推广到更为一般的情况，即有以下结论：一个大小为 $m \times n$ 的可分离核，可表示为两个向量 $a$ 和 $b$ 的外积。数学公式表达为

$$w = ab^{\mathrm{T}} \tag{5.45}$$

式中，$a$ 和 $b$ 分别是大小为 $m \times 1$ 和 $n \times 1$ 的向量。如果 $w$ 是一个 $m \times m$ 的方阵核，则有

$$w = aa^{\mathrm{T}} \tag{5.46}$$

可分离核的重要性在于可以帮我们减少计算负担，如果存在一个核 $w$，它可以分解为两个更简单的核，即 $w = w_1 \otimes w_2$，那么在卷积与空间相关所提到的卷积的交换律和结合律可得

$$\begin{aligned} w \otimes f &= (w_1 \otimes w_2) \otimes f = (w_2 \otimes w_1) \otimes f \\ &= w_2 \otimes (w_1 \otimes f) = (w_1 \otimes f) \otimes w_2 \end{aligned} \tag{5.47}$$

核的大小越大，通过式（5.46）减少的计算负担就越多，如果是一个有数百个元素的核，执行时间甚至可以缩短 1/100，这在实际应用中是非常有意义的。

根据矩阵的相关知识，一个列向量和一个行向量相乘，其秩总是 1。恰巧可分离核的定义也是如此。因此，要想判断一个核是否为可分离卷积核，我们只需验证其秩是否为 1 即可。

卷积和空间滤波在计算机视觉领域具有重要的应用价值。通过对卷积核和滤波器的合理设计和应用，我们能够显著增强图像处理的效果和效率。卷积操作中的交换律和结合律使得复杂的多级卷积过程可以简化为单一卷积操作，大大降低了计算负担。同时，可分离滤波器核的使用进一步优化了计算过程，使得在实际应用中能够实现高效、精确的图像增强和特征提取。

理解卷积和相关操作的基本原理，以及卷积的特殊性质，不仅有助于我们在理论上掌握线性空间滤波的知识，还能在实际应用中实现对图像的各种增强和处理，从而提高图像处理的效果和效率。

### 5.2.2 图像分割

大多数图像分割算法都基于图像灰度值的两个基本性质，即不连续性和相似性。第一类方法根据灰度的突变（如边缘）将图像分割为多个区域；第二类方法根据一组预定义的准则将图像分割为多个区域，诸如阈值处理、区域生长、区域分离和聚合等方法都是这类例子。结合不同类别的分割方法，如边缘检测与阈值处理，可以提高分割性能。在本节中，我们将

讨论和说明这些方法，并证明综合运用不同种类的方法可以改善分割的性能。

### 5.2.2.1 边缘检测与霍夫变换

不同的滤波器模板得到的梯度是不同的，这就衍生出很多算子，如 Roberts（罗伯特）、Prewitt（普瑞维特）、Sobel（索贝尔）和 Laplacian（拉普拉斯）算子等。在本节我们重点介绍 Canny（坎尼）算子。Canny 算子通过多阶段处理流程，包括噪声抑制、梯度计算、非极大值抑制、双阈值检测和滞后阈值步骤，有效解决了传统边缘检测算法的问题。该算法在抑制噪声的同时，能够准确定位边缘位置，并连接断裂的边缘，生成完整且连续的边缘图像。

1. 边缘检测

边缘检测是图像分割的主要手段之一，即有效地抑制噪声和精确定位边缘位置。这一算法的核心思想是通过一系列精心设计的步骤来逐步提取和细化图像中的边缘信息。

Canny 算子使用高斯滤波器对图像进行平滑处理。这一步是为了减少图像中的噪声，因为噪声在边缘检测中往往会导致误检或漏检。高斯滤波器是一种线性滤波器，通过对图像中的每个像素点进行加权平均，实现图像的平滑效果。平滑后的图像会经过梯度计算。这里，Canny 算子使用一阶偏导数的有限差分来计算图像中每个像素点的梯度幅值和方向。梯度幅值表示了图像中灰度变化的速度，而梯度方向则指示了变化的方向。通过计算梯度，我们可以得到图像中潜在的边缘信息。Canny 算子采用非极大值抑制策略来进一步细化边缘。非极大值抑制的目的是保留局部梯度最大的点，而抑制非边缘点。通过比较每个像素点与其邻域内具有相同梯度方向的像素点的梯度强度，只有局部梯度最大的点才会被保留下来作为边缘候选点。Canny 算子使用双阈值策略来确定真正的边缘点。这里设定了两个阈值，即高阈值和低阈值。高于高阈值的点被认为是强边缘点，低于低阈值的点被认为是非边缘点，而介于两者之间的点则是弱边缘点。强边缘点被认为是确定的边缘，而弱边缘点则需要进一步判断。Canny 算子边缘检测的流程如图 5.25 所示。

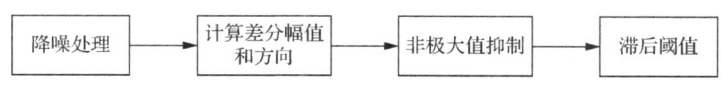

图 5.25　Canny 算子边缘检测流程

（1）降噪处理。在理想情况下，图像应该是无噪声且质量优秀的。然而，实际中由于采集设备和环境干扰等多种因素的影响，采集到的图像往往包含大量噪声信息。常见的噪声类型包括椒盐噪声和高斯噪声。Canny 算子是一种在抗噪声干扰和边缘精确定位之间寻求最佳折中方案的算法，通常通过高斯滤波器来去除噪声。一个常见的 $3\times3$ 卷积模板如下：

$$\begin{bmatrix} \dfrac{1}{16} & \dfrac{2}{16} & \dfrac{1}{16} \\ \dfrac{2}{16} & \dfrac{4}{16} & \dfrac{2}{16} \\ \dfrac{1}{16} & \dfrac{2}{16} & \dfrac{1}{16} \end{bmatrix}$$

高斯滤波器能够有效地滤除图像中的噪声，从而避免在后续的边缘检测过程中将噪声误识别为边缘。滤波核的大小需要谨慎选择，不能过大，否则会导致边缘信息过度平滑，从而影响边缘检测的准确性。通过合理选择滤波器的尺寸，可以在去除噪声的同时保留图像的边缘信息，确保 Canny 算子能够准确识别图像中的边缘。图 5.26 展示了一例高斯模糊处理对比效果图。

图 5.26　5×5 模板方差为 2 的高斯模糊结果

（2）计算差分幅值和方向。使用一阶有限差分计算梯度可以得到图像在 $X$ 和 $Y$ 方向上偏导数的两个矩阵，Canny 算子中使用的是 Sobel 算子作为梯度算子，当然还可以通过 Roberts、Prewitt 等一阶边缘检测算子作为梯度算子进行构造。下面以 Sobel 算子为例来计算梯度的幅值和方向。

$X$ 方向为

$$S_x = \begin{bmatrix} -1 & 0 & 1 \\ -2 & 0 & 2 \\ -1 & 0 & 1 \end{bmatrix}$$

$Y$ 方向为

$$S_y = \begin{bmatrix} -1 & -2 & -1 \\ 0 & 0 & 0 \\ 1 & 2 & 1 \end{bmatrix}$$

定义 $H(i,j)$ 为计算的图像

$$H(i,j) = \begin{bmatrix} A_0 & A_1 & A_2 \\ A_3 & C & A_5 \\ A_6 & A_7 & A_8 \end{bmatrix}$$

其中，$C$ 为要计算的梯度。

$X$ 方向的梯度可以表示为

$$G_x = 2 \times A_5 + A_2 + A_8 - (2 \times A_3 + A_0 + A_6)$$

$Y$ 方向的梯度可以表示为

$$G_y = 2 \times A_7 + A_6 + A_8 - (2 \times A_1 + A_0 + A_2)$$

则点 $C$ 的梯度幅值为

$$G_{C(i,j)} = \sqrt{G_x^2 + G_y^2} \tag{5.48}$$

点 $C$ 的梯度方向为

$$\theta = \arctan(G_y / G_x) \tag{5.49}$$

以图 5.26 中的鹦鹉图像为例，计算它各个方向上的梯度图，并进行叠加，得到可视化结果如图 5.27 所示。

  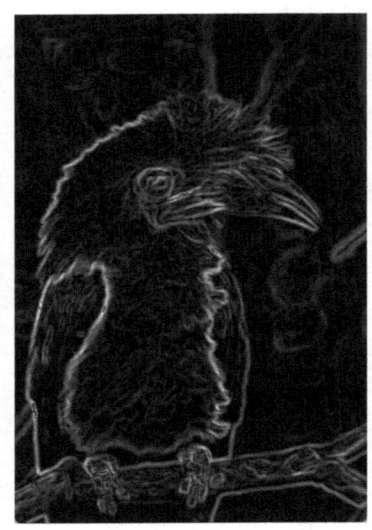

(a) $X$ 方向的梯度图　　　　(b) $Y$ 方向的梯度图　　　　(c) $X,Y$ 方向梯度相加图

图 5.27　各方向及叠加后的梯度图

（3）非极大值抑制。非极大值抑制的目的是排除那些不是真正边缘的像素点，从而保留更为准确的边缘信息。在处理图像时，非极大值抑制通过分析图像中每个像素点的梯度幅值和梯度方向，排除那些幅值较小的像素点。具体而言，如果一个像素点在其 8 邻域内的梯度幅值较大，意味着该点的变化更为明显，并且可能是边缘的一部分。结合该点的梯度方向，可以更精确地定位出边缘。

非极大值抑制有两个显著特点：首先，它比较当前像素点的梯度值与其梯度方向上相邻两侧像素点的梯度值，如果当前像素点的梯度值不是最大值，则将其抑制，即认为它不是边缘的一部分；其次，梯度方向总是垂直于边缘方向，这意味着在梯度方向上的变化最为显著。

**例 5.3**　非最大抑制计算实例。

以灰度值图 5.28 为例，说明一下非极大值抑制操作。

每个点的 $X$ 方向和 $Y$ 方向梯度矩阵可表示为

$$H(i,j)_{(G_x,G_y)} = \begin{bmatrix} (155,-93) & (120,-73) & (81,-47) \\ (150,-88) & (148,-86) & (108,-63) \\ (126,-74) & (157,-93) & (130,-84) \end{bmatrix}$$

梯度幅值矩阵为

$$H(i,j)_G = \begin{bmatrix} 248 & 193 & 128 \\ 238 & 234 & 171 \\ 200 & 250 & 214 \end{bmatrix}$$

梯度方向矩阵可表示为

$$H(i,j)_\theta = \begin{bmatrix} -31.0 & -31.1 & -30.1 \\ -30.4 & -30.2 & -30.3 \\ -30.4 & -30.6 & -32.9 \end{bmatrix}$$

| 143 | 164 | 178 | 187 | 193 |
| --- | --- | --- | --- | --- |
| 130 | 151 | 170 | 182 | 190 |
| 120 | 138 | 160 | 176 | 186 |
| 115 | 126 | 147 | 167 | 180 |
| 110 | 112 | 134 | 158 | 176 |

图 5.28　非极大抑制操作的灰度图示例

通过计算出来的梯度值、梯度方向可以粗略判断出中心点的边缘信息，由于中心点的梯度幅值并非都大于梯度方向的临近点，所以判断中心点并非边缘点。

事实上，梯度方向同时包含多个梯度值，因此在进行更进一步的非极大值抑制时，需要对梯度方向两边的梯度值进行线性插值。插值系数 $\beta$ 的设置要求是：越接近梯度方向的梯度值，其所占比例越大。这种插值方法可以更准确地计算出当前像素点是否为边缘点。

完成非极大值抑制后，我们会得到一个二值图像，其中非边缘点的灰度值均为 0，可能为边缘点的灰度值为 255。然而，这样的初步检测结果中仍然包含许多由噪声或其他因素造成的假边缘，因此需要进一步进行双阈值筛选处理。图 5.29 为在图 5.27 所示梯度图的基础上，进行非极大值抑制后的可视化结果。

图 5.29　非极大值抑制前后对比图

（4）滞后阈值。滞后阈值是 Canny 边缘检测算法中的一个关键步骤，通过设置高阈值和低阈值来筛选和保留图像中的真实边缘信息。具体而言，滞后阈值处理包括两个步骤。首先，设置一个高阈值和一个低阈值。梯度值大于高阈值的像素点被认为是强边缘点，直接保留；而梯度值介于高阈值和低阈值之间的像素点被认为是弱边缘点，弱边缘点只有在连接到强边缘点时才被保留，否则将被抑制。这种方法通过高阈值和低阈值的结合，确保了边缘的连续性和完整性，最终生成一个包含真实边缘信息的图像。这种处理不仅提高了边缘检测的精度，还减少了噪声的干扰，使得 Canny 边缘检测算法能够在各种复杂场景中有效应用，图 5.30 为一应用示例。

图 5.30　Canny 算子结果图

## 2. 霍夫变换

理想情况下，边缘检测应只需要边缘上的像素集合。在实际应用中，由于存在噪声、非均匀光照引起的边缘断裂及灰度值不连续等效应，这些像素很少能够完全用来表征边缘。因此，边缘检测后，我们通常还要执行连接算法，将边缘像素组合为有意义的边缘或者区域边界。

连接边缘的方法主要有两种类别：一种是局部办法，需要关于局部区域中边缘点的知识；另一种是全局方法，它处理的是整个边缘图形。第一种方法只适用于已知各个目标像素的情况，存在其局限性，而我们往往是在非结构化环境工作的。因此，本节我们重点介绍全局方法，接下来我们要讲的霍夫变换便是全局方法的代表方法之一。

霍夫变换是图像处理中的一种常用技术，主要用于识别图像中的基本几何形状，如直线、圆形和椭圆。它的核心理念是将形状检测从图像空间转移到参数空间，通过在参数空间检测峰值来实现形状识别。在图像空间中，形状是由多个点或像素构成的，而在参数空间中，形状则通过一组参数进行表示。例如，一条直线在图像空间中由多个点形成，但在参数空间中可以用两个参数，即斜率和截距来表示。

霍夫变换的实现步骤如下：首先，对图像进行边缘检测，生成包含形状边缘的二值图像；然后，对二值图像中的每个非零像素点（边缘点），将其映射到参数空间中的一条曲线上。由于一个形状通常由多个边缘点组成，这些点在参数空间中的曲线会相交于某些点或形成峰值。通过检测这些峰值，可以确定图像中形状的参数，实现形状识别。

霍夫变换的一个显著优势是其对噪声和遮挡的鲁棒性，使其在实际应用中表现出良好的可靠性。此外，霍夫变换通过将图像中的形状检测问题转化为参数空间中的峰值搜索问题，从而实现几何结构的识别，引入优化算法后，可显著提升检测的速度与精度。

尽管霍夫变换不直接进行边缘连接，但它能够识别由一系列边缘点组成的形状，从而为边缘连接提供有用的信息。因此，霍夫变换在某种程度上辅助了边缘连接的过程。

在边缘检测之后，霍夫变换用于重新连接那些可能被断开的边缘。这一过程并不复杂，通过计算像素的梯度方向（类似于 Canny 算子），沿着该方向寻找并重新连接可能中断的边缘点。

但是霍夫变换并非应用面很窄，例如，如果取样函数从一根直线方程 $L(x,y)$ 上取 $n$ 个点，这 $n$ 个点必定在图像上共线。但是如果要用计算机就这 $n$ 个点还原出 $L(x,y)$，或者说图像上有 $n$ 个共线点和 $m$ 个其他噪声点，要让计算机找到这条 $L(x,y)$，那么复杂度是 $O[(m+n)^3]$，对于拥有庞大像素的数字图像这个复杂度太高了，而霍夫变换就提供了一种可行的方案。我们令被采样的直线 $L(x,y): y = ax + b$，被采样后的集合为 $S$，任取集合中的两个点 $(x_i, y_i)$、$(x_j, y_j)$，其中 $i \neq j$。那么 $y_i = ax_i + b$ 和 $y_j = ax_j + b$ 这两个关系必然成立且线性无关，或者说，这两个以参数空间 $a$、$b$ 为变量的方程必然有一个焦点 $(a',b')$，我们就可以联立方程组求解 $(a',b')$，在现实中我们直接就可以联立方程组求解 $(a',b')$，该过程如图 5.31 所示。

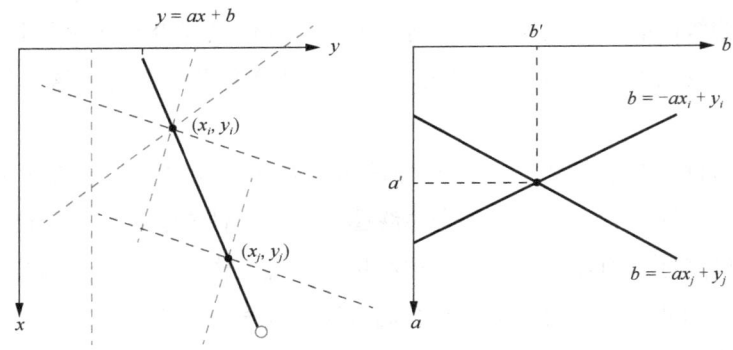

图 5.31　直线霍夫变换示意图

为了解决 90° 直线斜率 $a$ 无法有效表示的问题，我们将关于 $x$-$y$ 的直角坐标系换成如图 5.32（a）所示的 $\rho$-$\theta$ 对偶参数坐标系。由图 5.32（b）可知 $y=ax+b$ 可以转化为 $y\sin\theta + x\cos\theta = \rho$。而对于 $\rho$ 和 $\theta$ 的空间，共线的点同样会产生交点，不过会比原来的直角坐标系更明显，如图 5.32 所示。

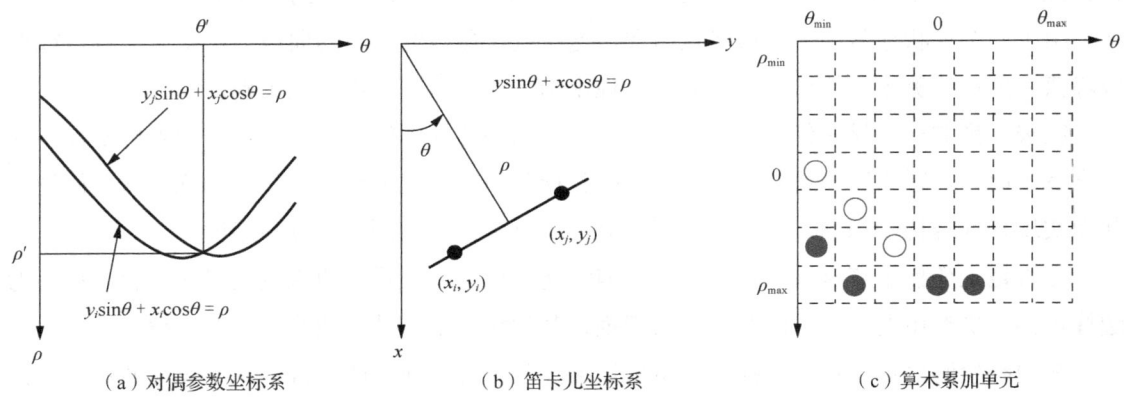

图 5.32　对偶参数标系下的霍夫变换示意图

最理想的情况下，只要找到了所有这样的采样点，就可以还原出矢量边缘。实际上，霍夫变换还可以寻找圆锥曲线，实际上，霍夫变换还可推广应用于圆锥曲线等更复杂几何形状的检测，其基本思想依然是将图像空间中的几何特征映射到参数空间中，通过对参数空间的采样与累积分析，识别出曲线的潜在位置。

### 5.2.2.2 基于阈值的图像分割

基于阈值的图像分割是一种简单而有效的图像处理技术，广泛应用于图像分析和计算机视觉中。其基本思想是通过设定一个或多个阈值，然后将图像的每个像素与这些阈值进行比较，将图像像素分类为不同的区域，从而实现图像的分割。

单阈值分割是最基本的形式，其过程包括：①选择一个合适的阈值 $T$；②遍历图像的每一个像素，根据该像素的灰度值 $f(x,y)$ 与阈值 $T$ 的比较结果，将像素归类为对象点或背景点。

分割后的图像 $g(x,y)$ 通过公式表达如下：

$$g(x,y)=\begin{cases}1, & \text{如果 } f(x,y)>T \\ 0, & \text{如果 } f(x,y)\leqslant T\end{cases} \tag{5.50}$$

当 $T$ 为常数时，我们将上述这种方法称为全局阈值处理；当 $T$ 是一个变量时，则称为可变阈值处理，此时点 $(x,y)$ 处的 $T$ 值取决于点 $(x,y)$ 邻域的性质；倘若点 $(x,y)$ 处的 $T$ 值取决于点 $(x,y)$ 本身，则称为自适应阈值处理。

通过上述分析，我们可以看出 $T$ 值选取的重要性。为了选择合适的阈值，我们往往会采用一些自动化的方法，如直方图分析及大津算法等方法。直方图分析通过图像灰度值的直方图来选择阈值，大津算法是一种基于类内方差最小化的阈值选择方法。接下来我们就详细介绍一下基于阈值的图像分割方法。

1. **全局阈值处理**

全局阈值处理的原理是基于整个图像的灰度直方图，通过选取一个统一的阈值将图像像素进行分类。在图像处理中，每个像素都有一个灰度值，该灰度值代表像素的亮度水平。全局阈值处理的目的是根据像素的灰度值将其分为两类，即目标对象（通常是物体）和背景。

选取阈值的一种方法是通过目视检查直方图。如图 5.33 所示，直方图中存在两个明显的波峰，我们可以轻松选取一个阈值 $T$ 来将它们分开。另一种选择阈值的方法是通过反复试验，尝试不同的阈值，直到观测者认为结果最佳。这种方法在交互式环境中特别有效。例如，用户可以使用图形控件（如滑动条）动态调整阈值，并立即查看分割效果，从而找到最佳的阈值。

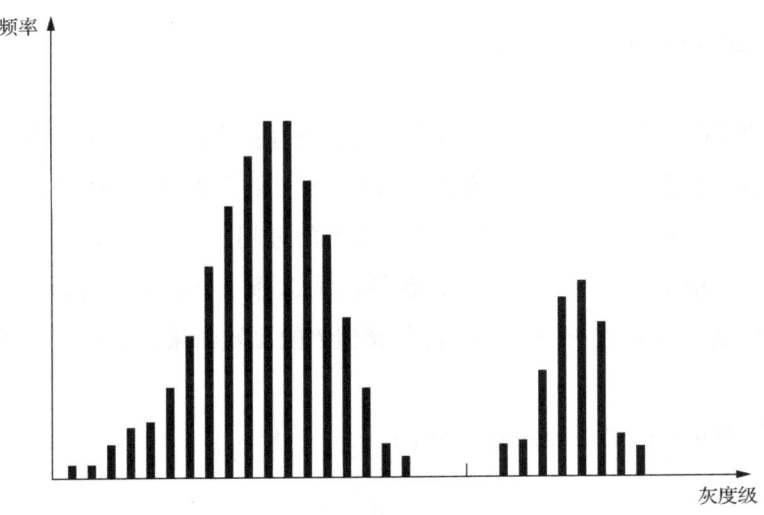

图 5.33 双波峰直方图

为了得到一个最佳阈值,可以通过以下迭代方法实现:①为 T 选一个初始估计值(建议初始估计值为图像中最大亮度值和最小亮度值的中间值);②使用 T 分割图像。这会产生两组像素,所有亮度值大于 T 的像素组成 $G_1$,所有亮度值小于等于 T 的像素组成 $G_2$;③分别计算 $G_1$ 和 $G_2$ 范围内像素的平均亮度值 $\mu_1$ 和 $\mu_2$;④计算一个新阈值 $T=\frac{1}{2}(\mu_1+\mu_2)$;⑤重复②到④,直到迭代过程中两个相连的 T 之间的差比设定阈值 $\Delta T$ 小为止。

2. 可变阈值处理

噪声和非均匀光照等因素对基于阈值的图像分割算法的性能起重要作用。我们说过,图像平滑和边缘信息的使用有助于阈值处理。然而,在使用全局阈值处理方法求解问题时,这类预处理要么不实用,要么无法改进阈值处理。这时,就要用到下面介绍的更复杂的可变阈值处理。

可变阈值处理的基本方法是根据图像中的每个点 $(x,y)$ 的一个邻域的一条或多条规定性质来计算阈值,其基本步骤如下:①计算图像中每个点的一个邻域内的像素的标准差和均值。我们令 $\sigma_{xy}$ 和 $m_{xy}$ 表示以点 $(x,y)$ 为中心的邻域 $S_{xy}$ 所包含的像素集合的标准差和均值。②设定可变阈值。基于局部图像性质的可变阈值的通用公式为

$$T_{xy}=a\sigma_{xy}+bm_{xy} \tag{5.51}$$

式中,$a$ 和 $b$ 是非负常数,且

$$T_{xy} = a\sigma_{xy} + bm_G \tag{5.52}$$

式中，$m_G$ 是全局图像均值。③判断是否满足阈值条件。$Q$ 是基于局部均值和标准差的一个谓词逻辑，公式为

$$Q(\sigma_{xy}, m_{xy}) = \begin{cases} 真, & f(x,y) > a\sigma_{xy} \text{ 且 } f(x,y) > bm_{xy} \\ 假, & 其他 \end{cases} \tag{5.53}$$

④根据 $Q$ 值进行二值化操作：

$$g(x,y) = \begin{cases} 1, & Q(局部参数)为真 \\ 0, & Q(局部参数)为假 \end{cases} \tag{5.54}$$

不同阈值处理效果对比如图 5.34 所示。

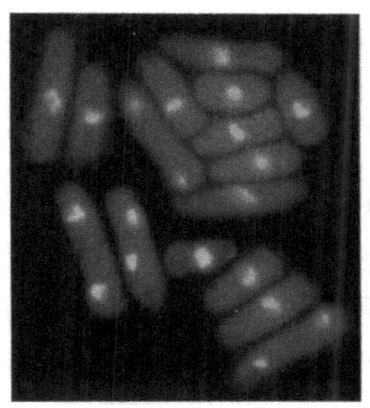
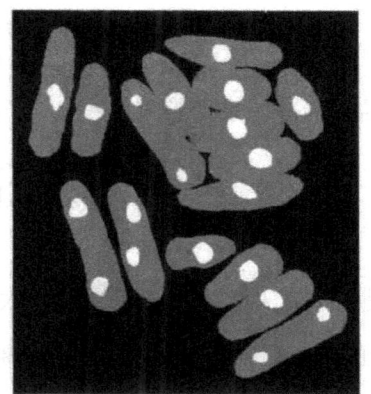

（a）酵母细胞图像　　　　　　　（b）双阈值处理分割结果

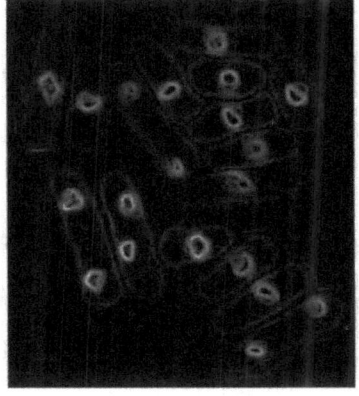
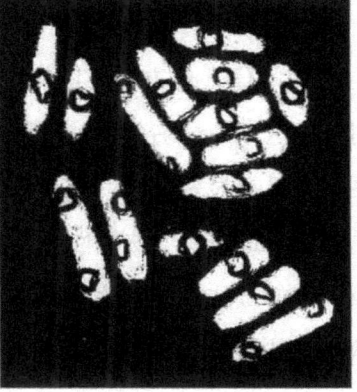

（c）局部标准差图像　　　　　　（d）局部阈值处理分割结果

图 5.34　针对酵母细胞图像不同阈值处理效果对比图

### 3. 自适应阈值处理

自适应阈值处理是一种动态调整阈值的方法,根据图像不同区域的特征来确定局部阈值,从而实现更加精确的图像分割。不同于全局阈值处理为整个图像设定一个固定阈值,自适应阈值处理针对每个像素点所在的邻域块计算出一个合适的阈值,适用于亮度不均或对比度变化较大的图像。

自适应阈值处理将图像划分为若干个局部块。这些局部块的大小可以根据实际需求调整,小的块能够更精细地捕捉局部变化,而大的块则能减少计算量并提高算法效率。每个局部块中的阈值计算基于该块内的像素统计特性,如灰度均值和方差。具体步骤如下:①图像分块。将图像划分为多个邻域块,每个块大小为 $m \times n$ 像素。②计算统计量。对每个邻域块,计算其像素的灰度均值 $\mu$ 和标准差 $\sigma$。③确定阈值。基于块的灰度均值和标准差,计算自适应阈值 $T(x,y)$。一种常见的方法是使用局部均值减去一个常数 $C$ 作为阈值:

$$T(x,y) = \mu - C \tag{5.55}$$

另一种方法是结合标准差来调整阈值:

$$T(x,y) = \mu \left(1 + k\left(\frac{\sigma}{R} - 1\right)\right) \tag{5.56}$$

式中,$k$ 和 $R$ 是常数,$R$ 代表动态范围的最大值。④像素分类,对每个像素 $f(x,y)$,与其所属邻域块的阈值 $T(x,y)$ 进行比较,分类为背景点或者目标点:

$$g(x,y) = \begin{cases} 1, & \text{如果 } f(x,y) > T \\ 0, & \text{如果 } f(x,y) \leqslant T \end{cases} \tag{5.57}$$

通过这种自适应阈值处理方法,图像中的各个区域可以根据其自身的特征灵活调整阈值,从而实现对不同区域的精确分割。这种方法在处理亮度不均、噪声干扰、背景变化或目标形状复杂等图像时具有显著优势。

值得注意的是,自适应阈值法的性能受到多个因素的影响,包括局部块的大小、统计量的选择以及阈值计算的方法等。因此,在实际应用中,需要根据具体问题和需求进行参数调整和优化,以获得最佳的分割效果。

基于阈值的图像分割方法具有计算简单、速度快的优点,适合实时处理和大规模图像处理。然而,该方法对噪声较为敏感,在噪声较大的图像中,分割效果可能不理想。此外,基于阈值的方法依赖于灰度值的分布,对于灰度值分布不均匀的图像,分割效果较差。

为了解决这些问题,可以结合其他图像处理技术,如平滑滤波和形态学操作,预处理图像以减少噪声和增强目标边界。此外,基于阈值的方法也可以与其他高级分割方法结合使用,以提高分割效果。

## 5.3 水下光学图像增强与复原

随着社会发展,人类对海洋资源的探索日益深入,这促使我们对水下环境进行更为详尽的研究和利用。然而,水下环境的复杂性导致获取清晰的水下图像变得异常困难。主要问题之一是水对不同波长的光的吸收率不同,导致水下图像常呈现出蓝绿色调,同时伴随着色偏和色彩不鲜明等问题。此外,水中光线传播距离短,受到水分子、悬浮颗粒、藻类、微生物等的散射和吸收作用,导致水下图像常常模糊不清,充满噪点。

为改善水下图像质量,研究人员提出了各种复原方法。传统方法包括调整像素值、动态像素延展、自适应分配以及图像融合等。然而,这些方法往往忽略了水下成像机制,导致过度增强或增强不足,并可能产生伪影。近年来,基于深度学习的方法得到了广泛应用。神经网络模型如 Swin-Transformer、ConvNext 等架构的提出,进一步提升了水下图像处理的效果。

然而,与其他视觉任务相比,现有的水下图像数据集数量相对较少,且难以获取与水下图像相对应的清晰目标图像。为解决数据稀缺问题,一些研究利用生成对抗网络和水下图像生成公式合成水下图像和清晰图像,用于有监督学习。此外,为避免使用成对的训练数据,一些方法采用了弱监督的水下图像修复网,如 UcycleGAN。这些方法为水下图像处理领域带来了新的思路和进展,但仍需进一步研究和改进,以应对水下环境复杂性带来的挑战。

### 5.3.1 暗通道先验图像去雾模型

首先定义任意一副图像 $J$,其暗通道 $J^{\text{dark}}$ 定义为

$$J^{\text{dark}}(\boldsymbol{x}) = \min_{\boldsymbol{y} \in \Omega(\boldsymbol{x})} \left( \min_{c \in \{r,g,b\}} (J^c(\boldsymbol{y})) \right) \tag{5.58}$$

式中,$J^c$ 表示图像 $J$ 的一个颜色通道;$\Omega(\boldsymbol{x})$ 表示以 $\boldsymbol{x}$ 为中心的局部区域。

通过观察大量图像我们发现，如果 $J$ 是无雾的室外图像，在绝大多数非天空的区域，$J^{\text{dark}}$ 的强度往往是趋于零的。暗通道中大约 75%的像素值为 0，90%的像素值低于 25，如图 5.35 所示。上述经观察得到的知识称为暗通道先验[56]，公式表达为

$$J^{\text{dark}} \to 0 \tag{5.59}$$

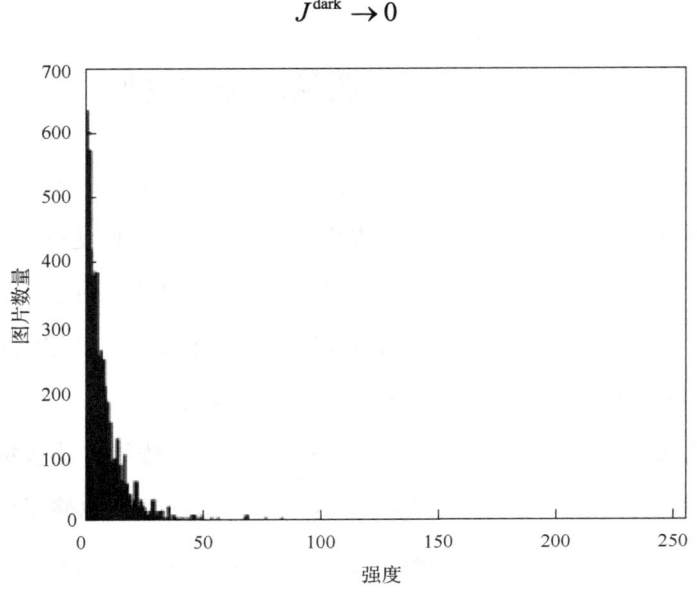

图 5.35　暗通道平均强度直方图

暗通道的低强度主要由以下几个因素导致：①城市中汽车、建筑物和窗户内部的阴影，或者树叶、树木和岩石等自然景观的阴影；②色彩鲜艳的各种物体或者表面，因在某个通道缺乏某种颜色导致暗通道的低强度；③深色的各种物体或者表面，例如灰暗色的树干和石头。

满足上述条件的物体或者景观在我们身边随处可见，因此暗通道先验可以被视作"定理"来看待。

基于这个先验，我们就可以推导有关暗通道先验去雾模型的相关原理了。我们首先来了解一个广泛用来描述雾生成的模型：

$$I(x) = J(x)t(x) + A(1-t(x)) \tag{5.60}$$

式中，$I(x)$ 为输入图像；$J(x)$ 为去雾处理后的图像；$A$ 为全球大气光成分；$t(x)$ 为透射率。

显然已知 $I(x)$ 来求取 $J(x)$ 是不够的，我们首先假设全球大气光成分 $A$ 是已知的，且局部区域 $\Omega(x)$ 内的 $t(x)$ 是一个常量 $\tilde{t}(x)$。我们处理式（5.60）得到

$$\frac{I^c(x)}{A^c} = t(x)\frac{J^c(x)}{A^c} + 1 - t(x) \tag{5.61}$$

式中，$c \in \{r,g,b\}$。

接着在局部区域对等式左右取最小值运算，得到

$$\min_{y \in \Omega(x)}\left(\frac{I^c(x)}{A^c}\right) = \tilde{t}(x)\min_{y \in \Omega(x)}\left(\frac{J^c(x)}{A^c}\right) + (1 - \tilde{t}(x)) \tag{5.62}$$

再对式（5.62）中的三个颜色通道进行最小值运算，得到

$$\min_{y \in \Omega(x)}\left(\min_c \frac{I^c(y)}{A^c}\right) = \tilde{t}(x)\min_{y \in \Omega(x)}\left(\min_c \frac{J^c(y)}{A^c}\right) + 1 - \tilde{t}(x) \tag{5.63}$$

由暗通道先验公式（5.59）可推出：

$$\min_{y \in \Omega(x)}\left(\min_c \frac{J^c(y)}{A^c}\right) = 0 \tag{5.64}$$

联合式（5.63）我们就可以估计出透射率 $\tilde{t}$：

$$\tilde{t}(x) = 1 - \min_{y \in \Omega(x)}\left(\min_c \frac{I^c(y)}{A^c}\right) \tag{5.65}$$

在前面提到暗通道先验对于天空区域不是一个好的先验。而在有雾图像中，天空的颜色通常与大气光成分 $A$ 相似，因此在天空区域有

$$\min_{y \in \Omega(x)}\left(\min_c \frac{I^c(y)}{A^c}\right) \to 1 \text{ 且 } \tilde{t}(x) \to 0 \tag{5.66}$$

实际上，即便是在晴朗的天气，大气中也并非没有任何颗粒。当我们观察远处的物体时，依然会有雾的存在，因为雾是我们感知深度的重要因素。如果图片处理过程中我们完全去除了雾，图像会失去自然感，因此我们需要为式（5.65）引入一个系数 $\omega(0 < \omega \leq 1)$，为

$$\tilde{t}(x) = 1 - \omega \min_{y \in \Omega(x)}\left(\min_c \frac{I^c(y)}{A^c}\right) \tag{5.67}$$

以上公式的推导过程都是建立在大气光成分 $A$ 已知的情况，可以使用暗通道来辅助估计大气光成分 $A$。具体步骤如下：①从暗通道中选取亮度在前 0.1% 的像素，这些像素即

为最不透明的雾霾像素；②在这些像素中，寻找在输入图像 $I$ 中对应亮度最大的像素值作为 $A$ 值。

至此，已经得到了 $I$、$t$、$A$ 的值。要注意的是，当某个局部区域的 $t$ 过小接近零的时候，经图片恢复操作后的 $J$ 很容易受到噪声的影响，因此还需为 $t$ 设定一个最小阈值 $t_0$，确保当 $t$ 值过小时用 $t_0$ 代替 $t$ 值。

最终，$J$ 的计算结果为

$$J(x) = \frac{I(x) - A}{\max(t(x), t_0)} + A \tag{5.68}$$

已知输入图像的情况下，我们就可以通过式（5.68）得到去雾处理后的图像，效果如图 5.36 所示。

（a）原输入图像

（b）去雾处理后图像

图 5.36 经过暗通道先验（dark channel prior，DCP）算法处理的图像对比图

## 5.3.2 基于暗通道先验的水下图像增强

由于水体对光的作用,水下图像往往会出现色偏现象,即水体对红光的高吸收效应导致图像整体呈现偏蓝或偏绿的色调。如果直接应用 DCP 算法来增强水下图像会遇到一些问题。水下环境中红色通道的值普遍很低,暗通道图像的亮度会非常低,甚至接近于零,如图 5.37(b)所示。这种情况下,DCP 算法无法有效地恢复出景深效应,因此难以对水下图像进行有效增强。

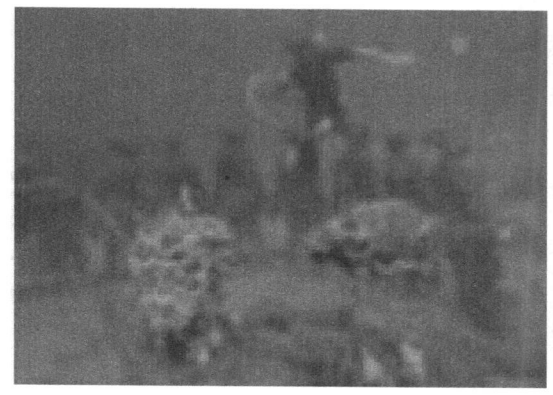

(a)水下图像　　　　　　　　　　(b)对应暗通道的最小值

图 5.37　水下图像与其对应暗通道的最小值

为了解决这个问题,可以考虑对 DCP 算法进行改进以适应水下图像的特性。我们接下来要讲的水下暗通道先验(underwater dark channel prior,UDCP)算法便是通过直接忽略红色通道,只使用蓝色和绿色通道来估计暗通道。这样可以避免由于红色通道衰减过快而导致的暗通道亮度过低的问题,从而提高水下图像增强的效果。

因此,重新定义暗通道为

$$J^{\text{dark}}(x) = \min_{y \in \Omega(x)} \left( \min_{c \in \{g,b\}} (J^c(y)) \right) \tag{5.69}$$

透射率的计算公式也更新为

$$\tilde{t}(x) = 1 - \omega \min_{y \in \Omega(x)} \left( \min_{c \in \{g,b\}} \frac{I^c(y)}{A^c} \right) \tag{5.70}$$

其余部分与 DCP 算法保持一致即可。UDCP 算法实验结果如图 5.38 所示。

(a) 原水下图像

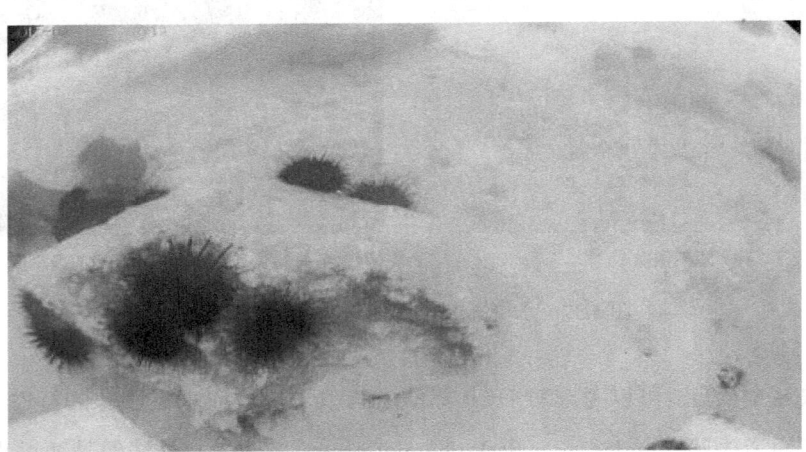

(b) 暗通道先验光强图

(c) 介质传输率图

（d）复原出来的水下图像

图 5.38　UDCP 算法结果示例

### 5.3.3　基于物理先验的深度特征融合水下图像复原

水下图像质量低主要体现在色偏和图像模糊两个方面，对于图像模糊的处理往往需要关注图像内物体的边缘细节，这是局部性的、像素级别的处理，而造成色偏的主要原因是水对于光的均匀吸收造成水下图像整体偏绿或偏蓝，这往往是全局性的，与物体所处的位置无关。

在这部分我们将主要介绍一种端到端结构的水下复原模型，主要包括编码器、空间信息提取、色彩信息提取、解码器和物理先验模块五个部分，整体流程图如图 5.39 所示。

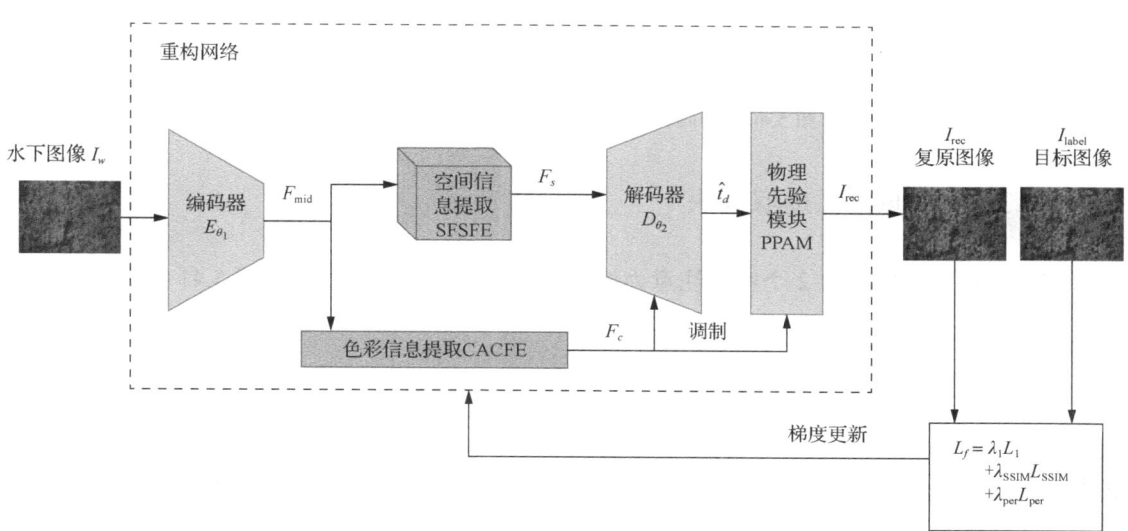

图 5.39　基于物理先验的深度特征融合水下图像恢复网络的整体流程图

### 5.3.3.1 编码器模块

图 5.40 详细地展示了编码器结构,其由 1 个卷积模块和 4 个残差模块组成。首先水下图像 $I_w$ 由一个卷积操作编码为一个水下特征向量 $F_w = \mathrm{Conv}(I_w) \in R^{32 \times 256 \times 256}$,得到的水下特征向量送入后续的残差模块,特征向量通道数由 32 逐渐增长至 512,其增长因子是 2,在通道数增长的同时,我们在每一个残差模块中,都对特征向量进行下采样,逐步提高神经网络的感受野,其下采样因子也为 2,经过四个残差结构后,可以得到中间特征向量 $F_{\mathrm{mid}} = E_{\theta_1}(I_w) \in R^{512 \times 16 \times 16}$。

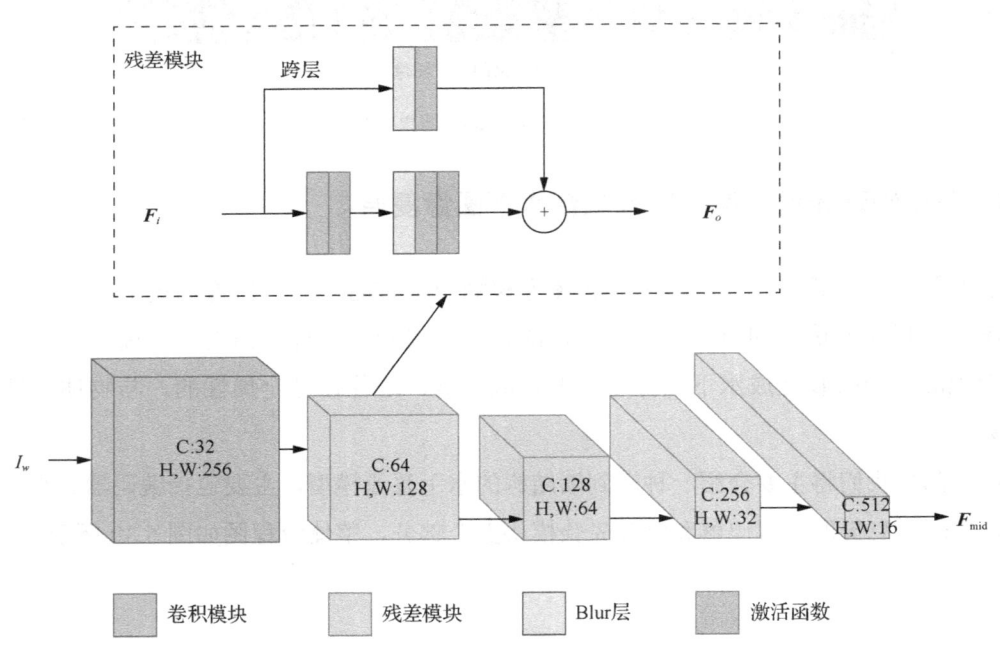

图 5.40 编码器结构(扫封底二维码可见彩图)

### 5.3.3.2 空间特征提取模块

空间特征提取模块由 2 个空间注意力模块组成,空间注意力模块如图 5.41 所示,其计算公式为

$$F_o = (\sigma(f^{7 \times 7}(\mathrm{cat}[F_{\mathrm{avg}}, F_{\mathrm{max}}])) \otimes F) \oplus F \tag{5.71}$$

式中,$F_o$ 为输出向量;$F = \mathrm{Conv}(F_i)$ 为输入特征经卷积操作后输出的特征图;$f^{7 \times 7}$ 为卷积核大小为 7 的卷积操作是图 5.42 中的第二个卷积操作;$F_{\mathrm{avg}} = \mathrm{Avgpool}(F)$、$F_{\mathrm{max}} = \mathrm{Maxpool}(F)$

分别为在通道方向上的平均池化和最大池化后得到的特征图；cat[$F_{avg}, F_{max}$] = $F_{cat}$ 表示特征图沿通道方向拼接。

图 5.41 中的 sig 表示 sigmoid 激活函数，⊕ 和 ⊗ 分别为像素级别的加法和乘法。第一个空间注意力模块不改变特征向量的通道数。第二个注意力模块中，在通道方向上进行压缩，最终输出的空间信息特征向量 $F_s \in R^{8 \times 16 \times 16}$。

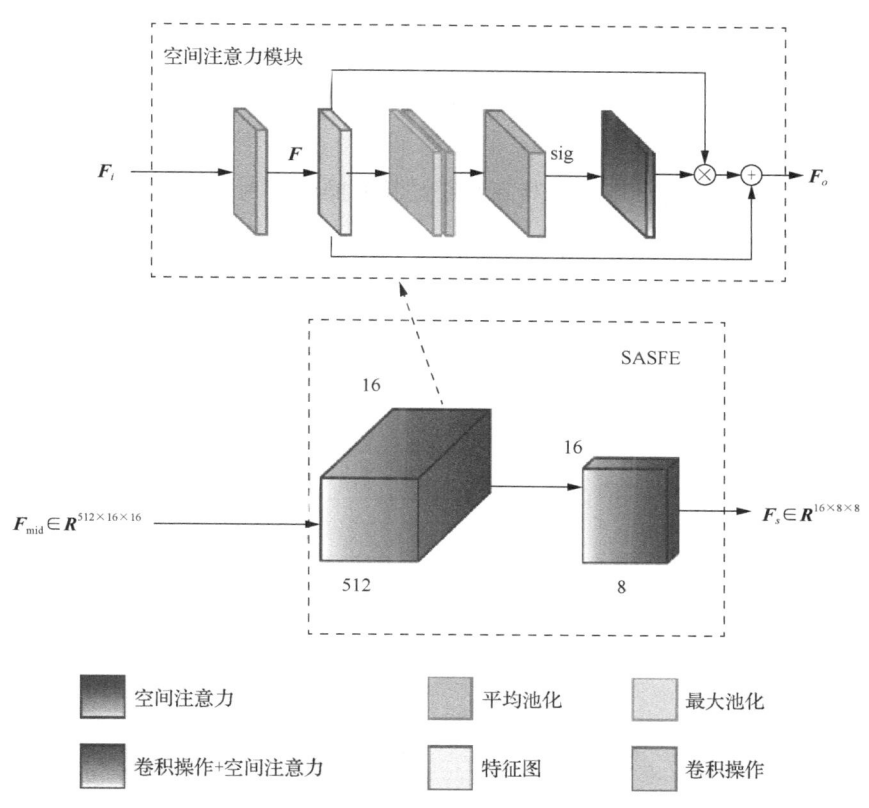

图 5.41 空间特征提取模块结构（扫封底二维码可见彩图）

### 5.3.3.3 色彩信息提取模块

通道注意力模块如图 5.42 所示。其输入特征是 $F_i \in R^{N \times H \times W}$ 的空间向量，其中 $F_i$ 是输入特征图，$H$ 和 $W$ 分别代表特征图的高和宽。我们首先使用全局平均池化，从而得到一个信息描述符 $Z \in R^{N \times 1}$，这是一个嵌入式的逐通道特征响应全局分布。第 $k$ 个 $z$ 可以表述为

$$z_k = \frac{1}{H \times W} \sum_{i}^{H} \sum_{j}^{W} F_k(i,j) \tag{5.72}$$

式中，$k \in [1, N]$，为了更好地利用通道之间的相互依赖性，使用自门控机制来生成每个通道

调制的权重集合

$$s = \sigma(W_2(\delta(W_1 z))) \tag{5.73}$$

式中，$\sigma$ 为 sigmoid 激活函数；$\delta$ 为 Relu 激活函数；$*$ 为卷积操作；$W_1$ 和 $W_2$ 分为 2 个卷积层的权重，其输出通道分别为 $N/r$ 和 $N$，其中 $r$ 等于 16，其目的是减少运算量，加快程序的运行速度。同时，为了避免梯度消失和保持原有特征的特性，该模块以残差的形式处理通道注意力的权重

$$\boldsymbol{F}_o = \mathrm{Conv}(\boldsymbol{F}_i \oplus \boldsymbol{F}_i \otimes \boldsymbol{S}) \tag{5.74}$$

式中，$\boldsymbol{F}_o \in \boldsymbol{R}^{c \times \frac{H}{2} \times \frac{W}{2}}$ 为输出特征向量，其高宽通过卷积操作变为原来的 1/2；$\oplus$ 和 $\otimes$ 分别为像素级别的加法和乘法。

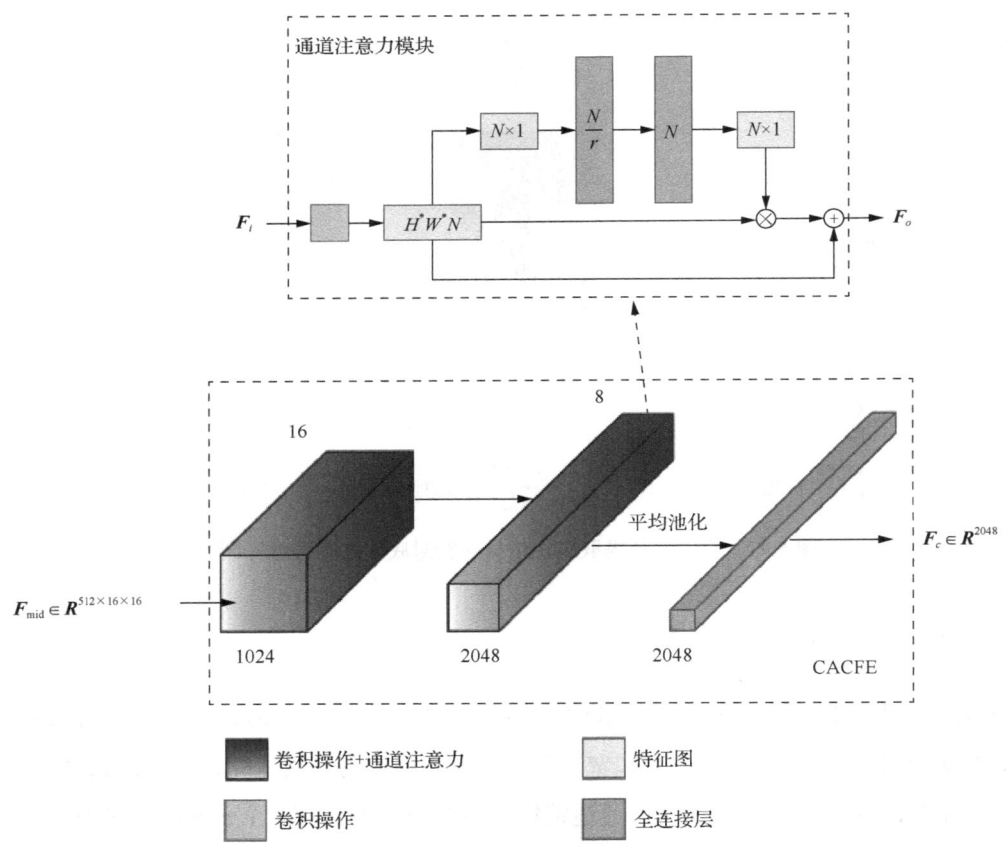

图 5.42　色彩信息提取模块（扫封底二维码可见彩图）

色彩信息提取模块由两个通道注意力模块依次串联组成，考虑到色彩信息与空间信息无关，因此中间特征向量每通过一个通道注意力模块其宽高都会缩减为原来的 1/2，在最后一

个全连接层前使用全局平均池化替代下采样以消除空间信息,最终输出色彩信息特征向量 $F_c \in R^{2048}$。

#### 5.3.3.4 解码器模块

如图 5.43 所示,解码器共由 9 个残差模块组成,前 4 个残差模块只进行通道方向上的扩展并不进行上采样操作,我们使用调制操作,将色彩信息逐步融入进特征向量中。简单来说,调制操作是将学习到的调制向量映射到特定层的平均值和方差上,调制操作的数学表达式为

$$w'_{ijk} = s_i \cdot w_{ijk} \tag{5.75}$$

式中,$w$ 和 $w'$ 分别为原始权重和调制权重;$\cdot$ 为元素相乘;$s_i$ 为通过全连接层所学到的与第 $i$ 个输入特征图相对应的比例,本章中为色彩信息;$j$ 和 $k$ 分别为特征图和卷积核的空间下标。经过调制和卷积操作后,输出向量的标准差为

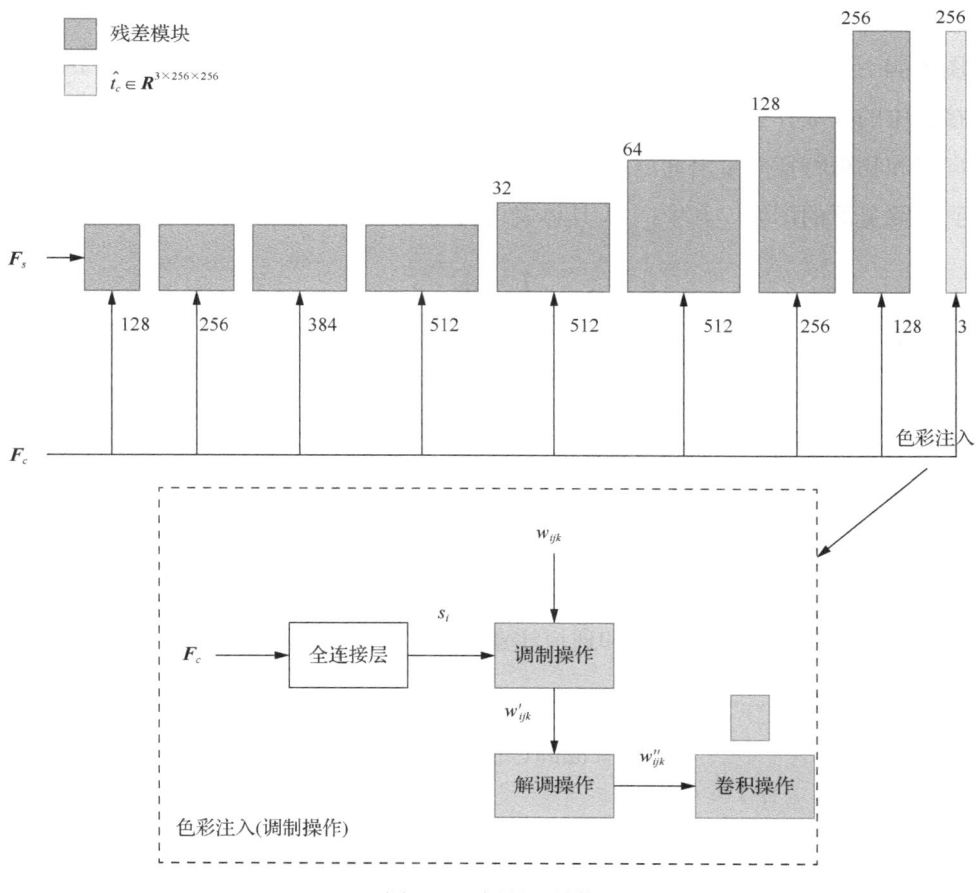

图 5.43 解码器结构

$$\sigma_j = \sqrt{\sum_{i,k} w_{ijk}'^2} \tag{5.76}$$

为了将输出特征图恢复为单位标准差,我们需要解调操作,即将上述标准差再次嵌入到卷积权重中:

$$w_{ijk}'' = \frac{w_{ijk}'}{\sqrt{\sum_{i,k} w_{ijk}'^2 + \varepsilon}} \tag{5.77}$$

式中,$\varepsilon$ 的作用是防止分母为 0。

后 5 个残差模块在通道方向上不断压缩,同时依旧使用 Blur 模糊操作对图像进行上采样,在最后的残差模块中,我们生成最终的特征图 $x \in \mathbf{R}^{128 \times 256 \times 256}$,最后分别使用一层卷积网络将该特征图转换为重构图像 $I_{rec} \in \mathbf{R}^{3 \times 256 \times 256}$ 和传输率特征图 $\hat{t}_c \in \mathbf{R}^{3 \times 256 \times 256}$。

#### 5.3.3.5 物理先验模块

如图 5.44 所示,将基于神经网络的复原图像称为生成特征向量 $\boldsymbol{F}_g$;同时利用 $\hat{t}_c$ 与 $\boldsymbol{F}_c$ 通过全连接层中的参数并生成一张基于物理先验的复原图像,称之为物理特征向量 $\boldsymbol{F}_p$。将生成的特征向量和物理特征向量沿通道堆叠后,利用混合注意力机制生成的权重图,经过卷积操作后得到最终复原的图像。其中,$\boldsymbol{F}_p$ 具体表达式为

$$F_p = \frac{I_w - A_c}{\max(\hat{t}_c, t_0)} + A_c \tag{5.78}$$

式中,$t_0 = 0.1$;$A_c = \mathrm{mlp}(\boldsymbol{F}_c) \in \boldsymbol{R}^3$ 为通过多层感知器(multi-layer perceptron,MLP)全连接层计算出的均匀背景光。

混合注意力流程如图 5.44 中所示,其具体数学表达式为

$$F_r = M_s(M_c(\boldsymbol{F}_{\mathrm{cat}})) \tag{5.79}$$

式中,$M_s$ 和 $M_c$ 分别为空间注意力和通道注意力。然后,将 $\boldsymbol{F}_g$ 与 $\boldsymbol{F}_p$ 结合生成最终的复原图像,具体数学表达式为

$$I_{rec} = \tanh(\mathrm{Conv}(\boldsymbol{F}_r) \oplus \boldsymbol{F}_{\mathrm{cat}}) \tag{5.80}$$

式中,$I_{rec}$ 为复原图像;$\boldsymbol{F}_{\mathrm{cat}} = \mathrm{concat}[\boldsymbol{F}_p, \boldsymbol{F}_g]$ 为将物理特征向量和生成特征向量沿通道方向堆叠后的堆叠特征图;Conv、$\oplus$ 分别为卷积操作、元素加法。

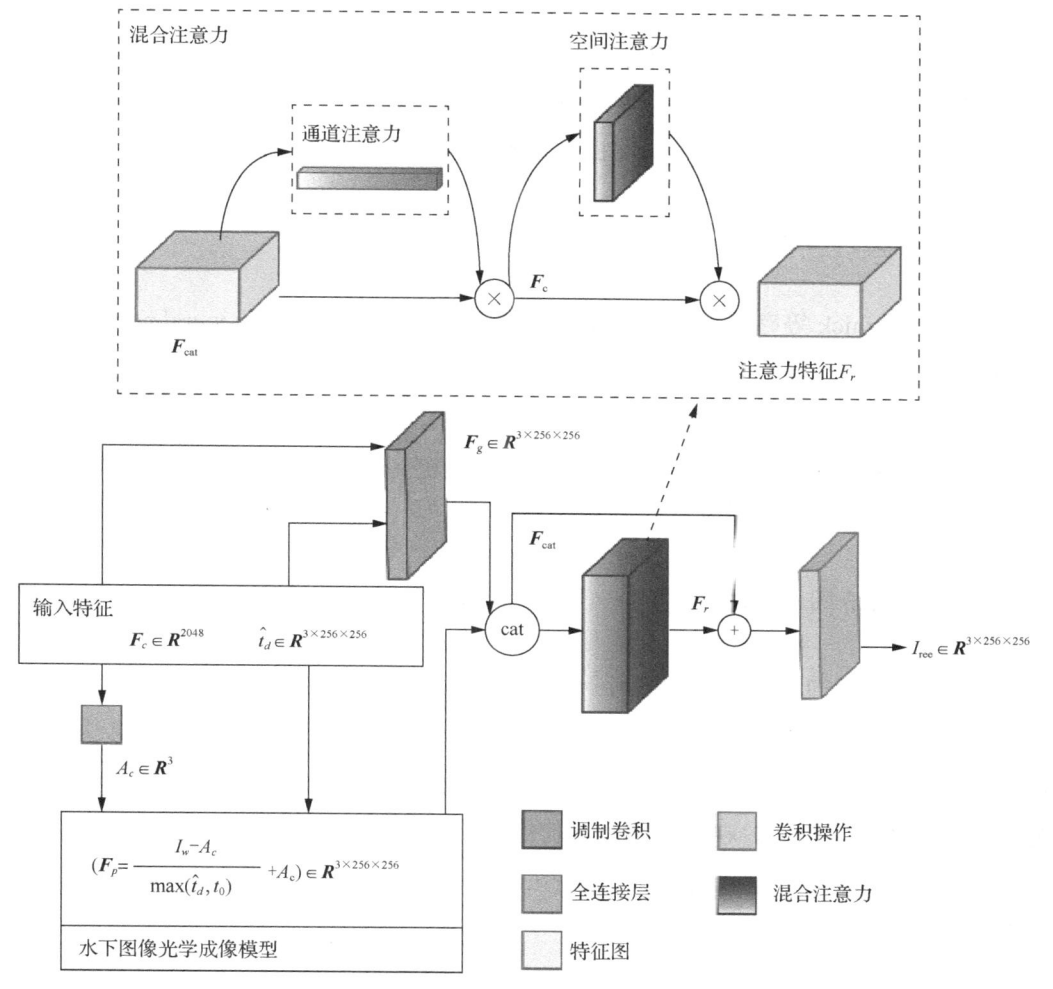

图 5.44 物理先验模块（扫封底二维码可见彩图）

## 5.4 水下光学图像的多目标检测与识别

目标检测是一项重要的计算机视觉任务，涉及在数字图像中检测特定类别的视觉对象实例。目标检测的目标是开发计算模型和技术，为计算机视觉应用提供最基本的任务：什么目标在什么地方？目标检测的两个最重要的指标是准确性（包括分类准确性和定位准确性）和检测速度。

目标检测是许多其他计算机视觉任务的基础，如实例分割、图像描述、目标跟踪等。近年来，深度学习技术的快速发展极大地推动了目标检测的进展，带来了显著的突破，并使其成为前所未有的研究热点。现在，目标检测已广泛应用于自动驾驶、视频监控、水下目标检测等领域。

由于不同的检测任务有完全不同的目标和限制，它们的难度也各不相同。除了其他计算机视觉任务中的一些常见挑战,如不同视角、照明外,水下目标检测的挑战还与水下图像的成像与水体对不同波长光的吸收和衰减、目标距离和光源的光谱分布相关。因此,水下图像存在低对比度、非均匀光照、模糊、亮斑和各种复杂因素导致的高噪声等特点。

### 5.4.1 基于深度神经网络的多目标检测基础

2014 年,Girshick 等率先提出了带有卷积神经网络(convolutional neural network,CNN)特征的区域(R-CNN)[57],将深度卷积网络引入了目标检测领域。从此,目标检测领域开始以前所未用的速度高速发展。在深度学习时代,目标检测技术可以按步骤分为两种检测模型:两阶段检测模型和一阶段检测模型,前者是一个由粗糙到精细的检测过程,而后者的框架则是一步到位式。

#### 5.4.1.1 两阶段检测模型

两阶段检测模型的思路在于先得到一组可能的矩形区域,再通过分类器检测目标类别。

R-CNN 是最早基于神经网络的目标检测模型之一,它首先通过选择性搜索算法提取大约 2000 个候选对象框,然后将每个候选对象框缩放为固定大小的图像,接着将这些图像输入到预先训练的 CNN 模型如 AlexNet 或视觉几何组(visual geometry group,VGG)神经网络提取特征,最后由支持向量机(support vector machine,SVM)分类器进行分类,其网络结构图如图 5.45 所示。

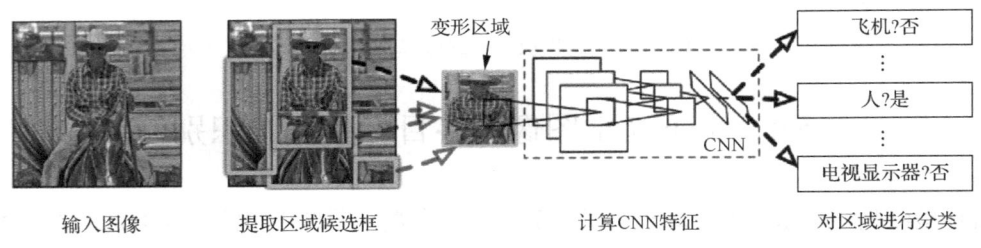

图 5.45 R-CNN 网络结构图

R-CNN 在 VOC07 数据集上取得了显著的性能提升,平均精确率均值(mean average precision,mAP)由传统方法 DPM-v5 的 33.7%大幅提升至 58.5%。R-CNN 的缺点也十分明显,即大量重叠候选框的冗余特征计算导致了极慢的检测速度。

针对 R-CNN 的缺点,R.Girshick 在 2015 年又提出了 Fast R-CNN 检测器[58]。从图 5.46 可以看出,Fast R-CNN 是一个带有共享主干和两个独立头部的深度神经网络,其首先对一整张图像进行特征提取,再根据候选区域与整体图像的坐标映射关系进行特征映射,以获取每一个候选区域的特征矩阵。在分类阶段，Fast R-CNN 用一些全连接层（fully connected layer，FC）取代了 SVM，这些全连接层同时计算目标概率预测和边界框参数的回归。

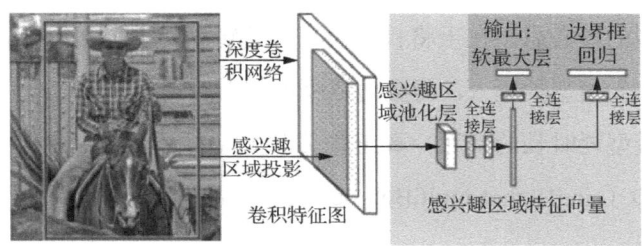

图 5.46　Fast R-CNN 网络结构图

在 VOC07 数据集上，Fast R-CNN 的 mAP 再次大幅提升至 70.0%，同时检测速度是 R-CNN 的 200 倍。然而，Fast R-CNN 提取候选区域的过程采取的仍然是选择性搜索算法，并未实现真正意义上端到端的训练模式。

稍后几个月，Ren 等提出了 Faster R-CNN 模型[59]。Faster R-CNN 的主要贡献在于用卷积区域提议网络（region proposal network，RPN）替换了相对较慢的选择性搜索网络，从而实现了更快的推理。Faster R-CNN 模型是第一个接近实时的深度学习目标检测器，在 VOC07 数据集上，其 mAP 达到了 73.2%。

Faster R-CNN 的检测步骤为：首先，将输入图像缩放至固定大小并输入特征提取网络以生成特征图；随后，RPN 网络根据特征图生成候选框并计算边界偏移量，从而获取精确的目标区域，同时剔除过小或超出图像边界的候选框；在完成目标定位后，将提取的目标区域与特征图一起输入全连接层和 softmax 层进行目标分类。Faster R-CNN 网络结构图如图 5.47 所示。

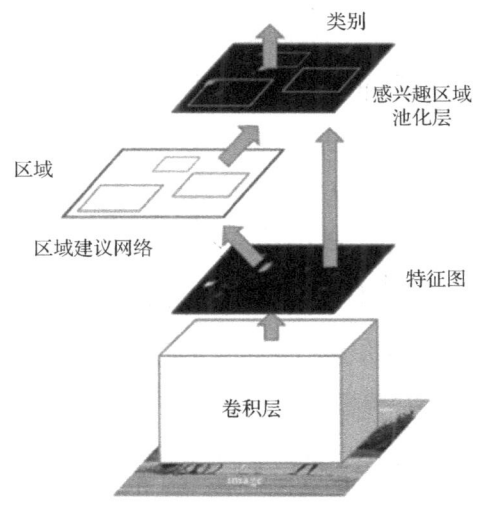

图 5.47　Faster R-CNN 网络结构图

### 5.4.1.2 一阶段检测模型

一阶段检测模型的核心思想在于将目标检测问题转变为一个回归问题，仅使用一个神经网络，将整张图片作为模型的输入，得到边界框的位置及所属类别。一阶段检测模型的出现解决了二阶段检测模型耗时长的问题，真正意义上实现了由端到端的目标检测任务。一阶段检测代表模型有 SSD（single shot multiBox detector）和 YOLO（you only look once）及后续 YOLO 各种改进版本。

SSD 由 Anguelov 等[60]在 2015 年提出，SSD 的主要特点是多尺度检测策略，从图 5.48 中可以看出，SSD 采用了多个不同尺寸的特征层，大尺寸的特征图用在浅层网络，此时的网络尚未过于抽象，保留了更多的细节信息，用于检测小目标。深层网络则使用小尺寸特征图，用于检测大目标。

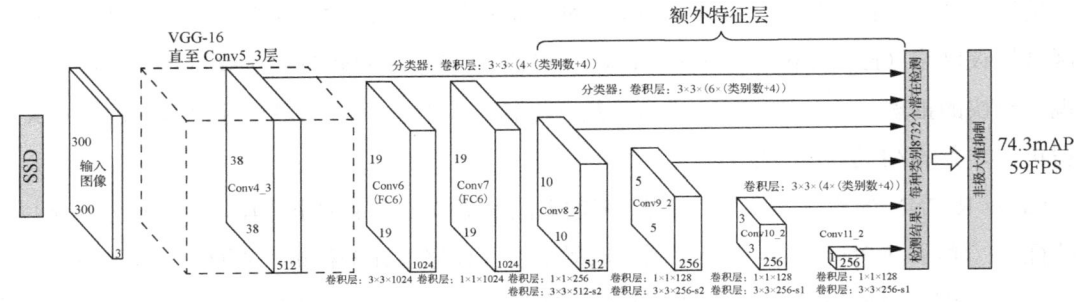

图 5.48 SSD 网络结构图

SSD 的提出显著提高了当时一阶段检测器的检测精度，特别是在检测一些小物体时。在 COCO 数据集上 SSD 的 mAP 达到 46.5%，快速版本的 SSD 速度可达每秒 59 帧。

YOLO 最早版本由 Redmon[61]在 2016 年提出。YOLOv1 的网络结构主要由输入层、卷积层、全连接层和输出层构成，如图 5.49 所示。输入层是输入图像经过数据增强后得到的固定大小的图像数据。YOLOv1 网络共有 24 个卷积层，卷积核的大小有 $3\times 3$ 和 $1\times 1$ 两种。卷积层主要用于提取输入层的特征信息，以便进行后续的分类和定位任务。全连接层用于计算回归框的坐标、置信度和分类概率。输出层最后输出一个 $7\times 7\times 30$ 维的张量，表示图像划分为 $7\times 7$ 的网格，每个网格分别预测两个边界框，每个边界框包含中心点横纵坐标、边界框的长和宽、置信度等五个参数，以及属于 20 个类别置信度的 20 个参数，所以每个网格共计 $5\times 2+20=30$ 个参数。

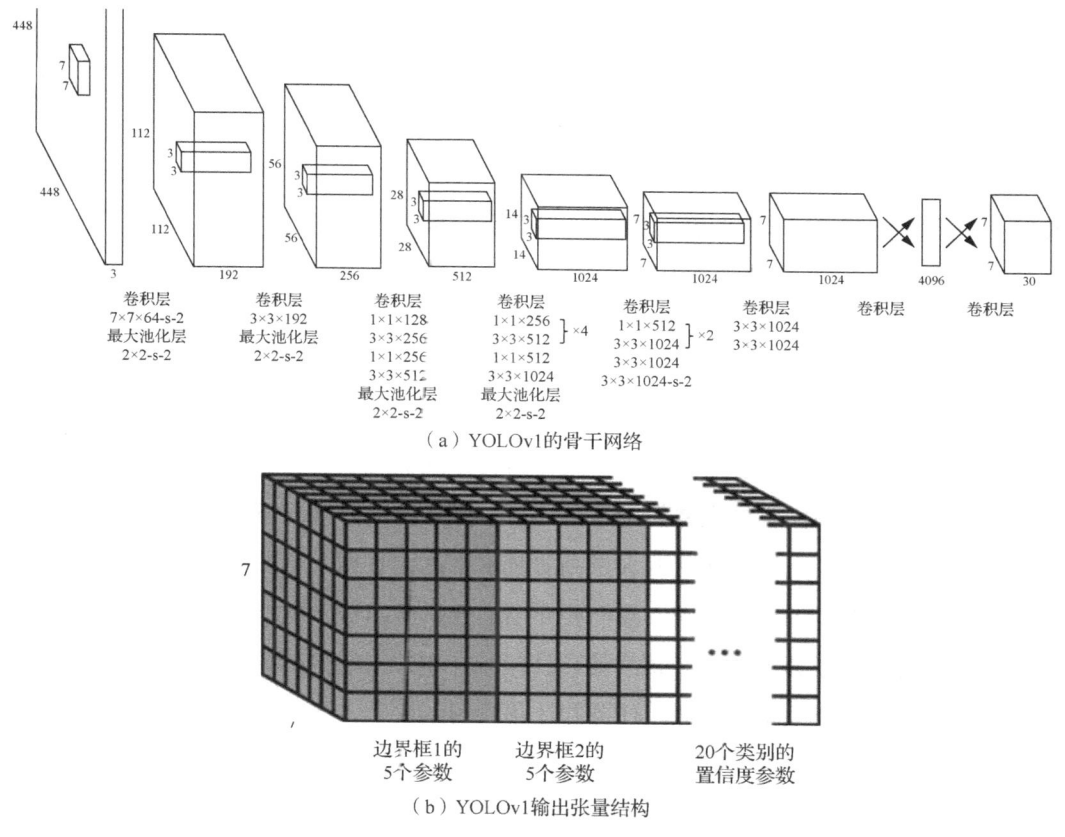

图 5.49 YOLOv1 网络结构图

从 VOC07 数据集测试结果来看，普通版 YOLOv1 的 mAP 在 63.4%左右，是同期实时目标检测模型中准确率最高的模型，同时可以达到每秒 45 帧的速度实时处理图像。快速版的 YOLOv1 速度甚至可以达到每秒 155 帧。

近年来，YOLO 家族不断涌现出各种改进版本，模型结构重参化和动态标签分配问题已成为训练过程和目标检测任务的重要优化方向。2022 年发布 YOLOv7 模型的 Bochkovskiy 等针对优化过程提出了一些新问题，并设计了解决这些问题的有效方法[62]。对于模型重参数化，YOLOv7 用梯度传播路径的概念分析了适用于不同网络层的模型重参数化策略，并提出了有计划的重参数化模型。针对使用动态标签分配技术时如何为不同分支的输出分配动态目标问题，YOLOv7 提出了一种新的由粗到细的引导式标签分配技术。YOLOv7 的主要贡献还有：①设计了几种可训练的 bag-of-freebies 方法，使得实时目标检测可以在不增加推理成本的情况下大大提高检测精度；②提出了实时目标检测器的"扩展"和"复合缩放"方法，可以有效地利用参数和计算；③提出的方法可以有效减少最先进实时目标检测器约 40%的参数和 50%的计算量，并具有更快的推理速度和更高的检测精度。

在COCO数据集的测试中，YOLOv7在5FPS到160FPS范围内的精准度和速度都超过了同期主流的物体检测器，在GPU V100上30FPS以上速度的所有目标检测模型中拥有最高的平均精度（average precision，AP）值56.8%。

### 5.4.2 基于迁移学习与模型精调的水下多目标检测与识别

目前，在水下自由环境中，基于视觉的多目标检测与识别主要面临两个问题。第一个问题是，由于光线在水中的衰减和散射，水下图像的质量会明显下降，这严重阻碍了对水下目标的特征学习和识别。另一个问题是，海底目标往往具有不可预知性，且在自动识别和学习过程中，已知标签的样本数量十分有限，这使得传统的训练和学习方法难以适用。

当前，水下环境中面临的主要问题是，如何在样本稀缺的情况下提高水下目标检测与识别的准确性。虽然我们无法直接获取大量高质量水下图像数据，但在地面环境等其他相关领域的数据集是非常多样的。接下来，我们要介绍的迁移学习技术就能够利用丰富的源域数据特征，来辅助目标域任务的学习，尤其是在目标域样本数据较少的情况下。

首先来介绍一些相关概念：域、任务和迁移学习。

#### 5.4.2.1 域（domain）

在迁移学习中，域$D$由特征空间$X$和该特征空间上的边缘概率分布$P(x)$组成，如式（5.81）所示。

$$D = \{X, P(x)\} \tag{5.81}$$

当两个域不同时，通常是指这两个域有着不同的特征空间，或者相同特征空间上的边缘概率分布不同。

#### 5.4.2.2 任务（task）

每个域$D$都有其特定任务$T$：

$$T = \{Y, f\} \tag{5.82}$$

式中，$Y$为标签类别空间；$f$为一种映射关系$X \to Y$，表示了每个实例样本和每个类标签的对应关系。

### 5.4.2.3 迁移学习

在了解域和任务的概念后,给定一个源域 $D_s$ 和对应任务 $T_s$、一个目标域 $D_t$ 和学习任务 $T_t$,迁移学习的定义为:把在 $D_s$ 中通过 $T_s$ 学习到的知识迁移到 $D_t$ 中,辅助提高 $T_t$ 模型远测性能的过程,称为迁移学习。

值得一提的是,迁移学习的过程 $D_s \neq D_t$、$T_s \neq T_t$ 至少有一项是成立的。若 $D_s = D_t$ 且 $T_s = T_t$,这样的学习过程就是传统的机器学习。

迁移学习在水下目标检测领域的应用,允许我们取一个在大规模数据集上训练成熟的模型,并将其适应于一个新的、相关但略有差异的数据集。这种做法不仅加快了在新数据集上的训练进度,还能在标注样本有限的情况下,保持甚至提升检测任务的效果。

这个过程包括几个关键步骤:①选择预训练模型。在多个预训练模型中挑选一个适合的基础模型,这些模型在类似任务上已经学习到了广泛应用的特征。②新数据集预处理。考虑到水下图像对红色波长的吸收导致的低质量问题,要首先对新数据集进行图像增强处理。③模型微调。在处理完的数据集上对选定的模型进行微调,这通常涉及对网络的不同层次进行冻结或训练,以适应新任务。④超参数调整。根据新数据集的特点,调整学习率、训练周期等超参数,以优化微调过程。⑤性能评估。通过准确度、召回率、交并比等指标来评估微调后模型的性能。

在水下光学多目标检测的实验中,目标类别为海参和贝壳,以代表不同形态和结构的水下生物,如图 5.50 所示。这两类目标在自然环境中有显著的特征差异,例如,海参通常呈长条状并具有柔软的表面,而贝壳则以坚硬的外壳和多种几何形状为特征。在实验中,我们将重点研究如何通过改进检测算法,提高对这两类目标的识别精度和鲁棒性,同时评估在复杂水下光学条件(如低光照、浑浊水域)下的检测性能。这些研究不仅有助于推动水下目标检测技术的发展,还能为海洋生态监测和资源评估提供技术支持。

(a)海参  (b)贝壳

图 5.50 水下图像多目标检测与识别的目标物体

首先在 VOC07 数据集上预训练 YOLOv5 目标检测模型，再对水下图像数据集通过改进暗通道先验（improved dark channel prior，IDCP）进行图像增强操作，最后通过模型微调在新数据集上完成训练，图 5.51 是检测结果。

（a）原水下图像

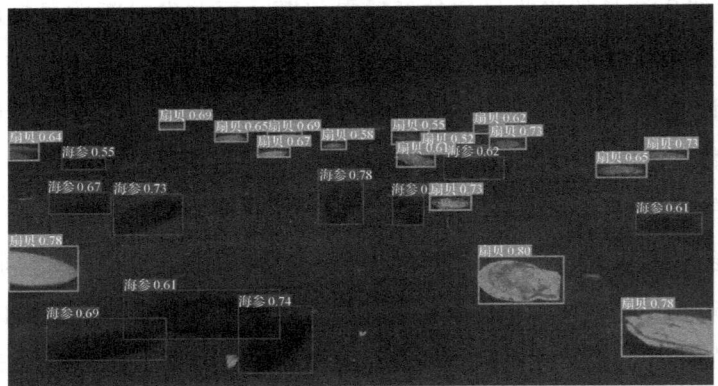

（b）原图像目标检测图

（c）复原水下图像

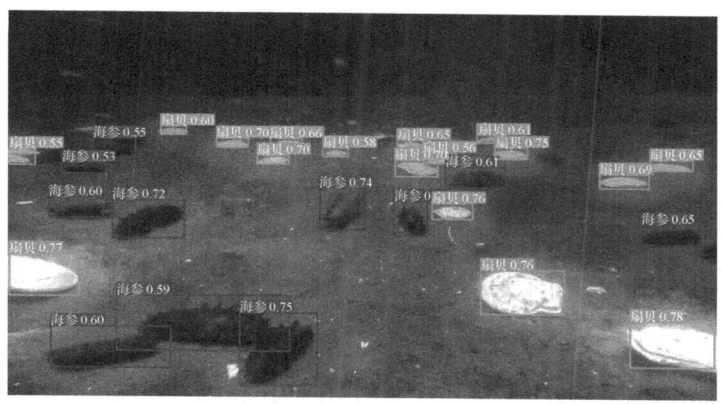

(d)复原图像目标检测图

图 5.51　水下图像多目标检测与识别结果图

通过实验我们可以看出，迁移学习对于水下多目标检测与识别的优点：①解决数据不足。在数据受限的新领域，迁移学习利用了丰富的源域知识，减轻了大量标记数据需求的压力。②增强模型泛化能力。由于预训练模型在更广泛的数据上进行训练，它们能更好地适应和泛化到新的数据集上。③提升训练效率。开始训练时使用预训练模型比从零开始更有效，可以显著缩短训练时间。

### 5.4.3　基于 Transformer 的水下多目标检测与识别

2017 年 Google 团队提出了 Transformer 模型结构，最早应用于自然语言处理领域，取得了非常成功的效果。Transformer 模型结构采用了一种独特的编码器-解码器（encoder-decoder）结构，这种结构完全基于注意力（attention）机制，而不使用传统的循环网络或卷积网络。

注意力机制可以看作是一个查询和一组键值对之间的映射，输出是计算得到的加权和，这种机制允许模型在不同位置间直接计算关系，而无须依赖于数据的顺序性。同时，由于 Transformer 不依赖于序列的递归处理，其结构允许在训练过程中实现更高的并行度。这意味着 Transformer 可以在使用现代多 GPU 系统时显著加速训练过程，相比于基于循环神经网络（recurrent neural network，RNN）和 CNN 的模型，Transformer 能在更短的时间内达到甚至超越之前方法的性能。

基于 Transformer 结构在自然语言处理（natural language processing，NLP）领域的成功应用，Facebook 团队于 2020 年提出了基于 Transformer 的端到端目标检测（detection transformer，DETR），网络结构图如图 5.52 所示，其中，FFN 为（前馈神经网络，feedforward neural network）。

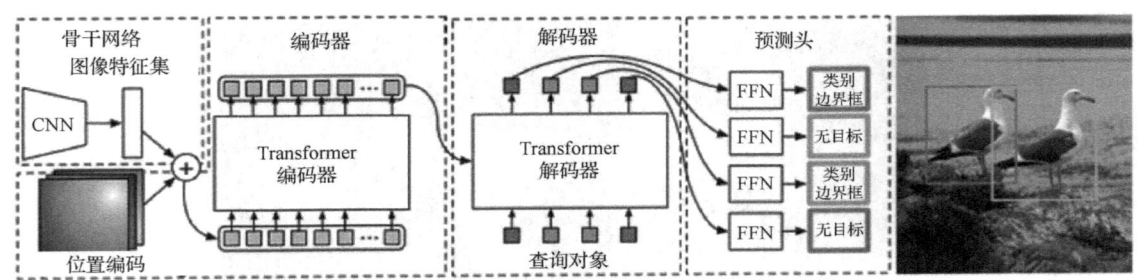

图 5.52　DETR 网络结构图

最开始的特征提取部分 DETR 采用经典的 ResNet 作为骨干网络，为了适应目标检测任务，DETR 在骨干网络的最后阶段增加扩张并去除某些卷积层的步长，提高了特征图的分辨率，使得模型能更好地处理小尺寸目标。

编码器（encoder）部分的功能是利用 Transformer 架构来处理从骨干网络中提取的图像特征。由于 Transformer 本身不具备捕捉输入数据顺序的能力，位置编码是必需的，以保持图像中空间关系的信息。这些编码被添加到每一个多头自注意力层的查询（queries）和键（keys）上。多头注意力机制允许编码器在处理输入特征时，能够考虑图像中不同部分之间的关系，这对于理解场景中各个对象的上下文非常重要。

解码器（decoder）接收编码器的输出以及一组固定的查询，这些查询在训练初期被初始化为零，并在解码过程中被更新。多头注意力机制可以有助于解码器理解不同查询之间的关系。解码器结合已接收的目标查询以及全局特征信息，将高维特征转换为目标的类别和边界框预测所需的输出格式。

预测头（prediction head）是解码器输出的关键部分，负责将解码器的特征表示转换为最终的检测结果，每个编码器的输出都连接一个预测头。预测头包括两部分，一部分用于预测每个目标的类别，另一部分用于预测每个目标的边界框。

不同于传统目标检测流程中的手动设计组件如锚框和非最大抑制，DETR 采用了二分匹配损失（bipartite matching loss），在训练过程中强制每个预测与一个真实框一一对应，可以直接从输入图像到最终的检测集合进行端到端的训练；DETR 还利用了 Transformer 的自注意力机制，能够处理输入图像中所有物体之间的全局关系，这有助于改进对大尺寸物体的检测性能，同时保持高效的计算性能；在预测速度方面，不同于以往基于递归的自回归模型，DETR 的解码器能够并行输出所有对象的预测结果，大大提升了检测速度和效率。在 COCO 数据集上，Transformer 的检测效果与 Faster R-CNN 相当，针对大目标的检测效果还高于 Faster R-CNN。图 5.53 是基于 Transformer 的水下多目标检测实验结果图。

（a）原始图像

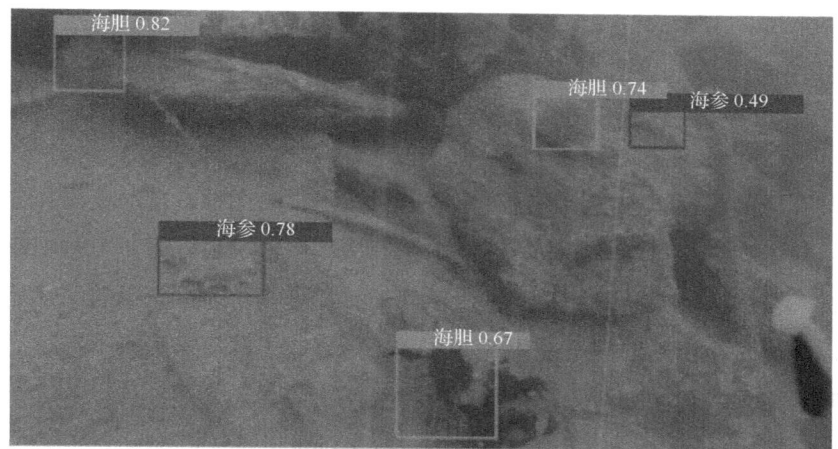

（b）YOLOv8检测结果

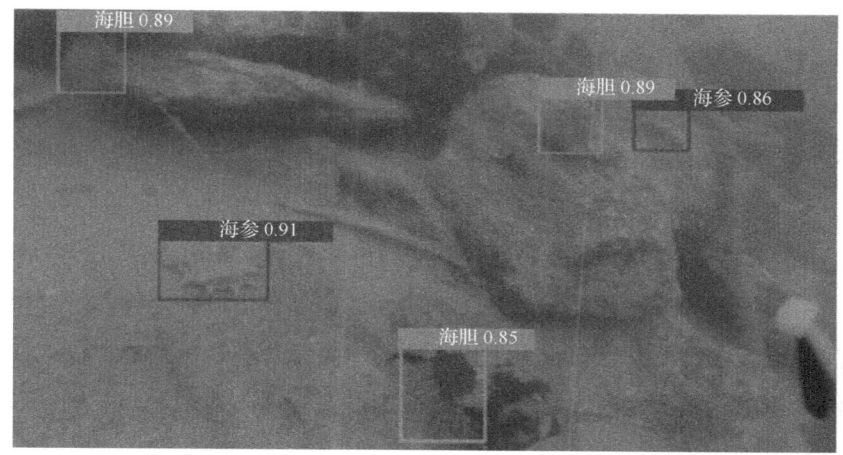

（c）基于轻量化门控卷积网络的实时Transformer检测结果

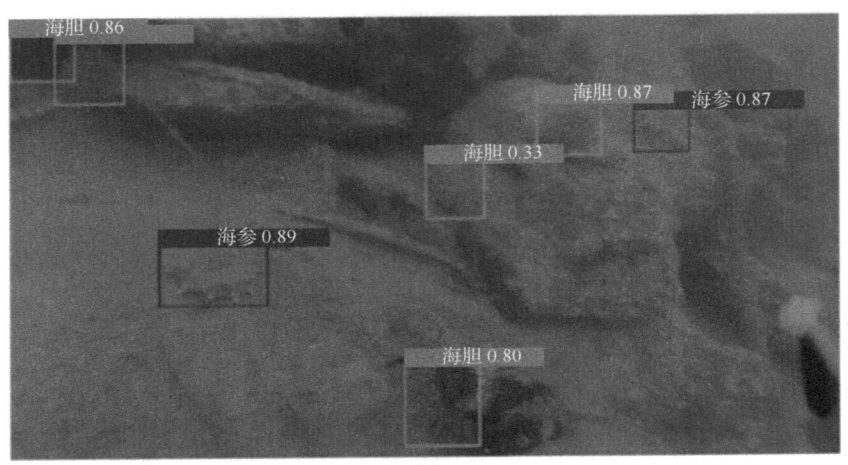

（d）RTDETR检测结果

图 5.53　基于 Transformer 的水下多目标检测与识别结果图

## 5.5　水下声呐图像的目标识别

水下声呐图像的目标识别是指通过处理和分析水下声呐图像，自动检测并分类水下目标的过程。这一技术在海洋科学、军事、海洋勘探等领域有着重要应用。声呐图像识别的关键步骤包括目标感兴趣区域的检测和基于深度学习的目标分类。通过先进的图像处理和机器学习技术，可以提高目标识别的准确性和效率，从而更好地了解和探索水下环境。以下将详细介绍主动声呐目标感兴趣区域检测和基于深度神经网络的主动声呐单目标分类识别。

### 5.5.1　主动声呐目标感兴趣区域检测

主动声呐技术在水下目标检测和识别中具有重要的应用。声呐系统通过发射声波，并接收从目标反射回来的回波信号来获取水下环境信息。主动声呐目标感兴趣区域（region of interest，ROI）检测是指在声呐图像中识别和提取可能包含目标的区域。这个过程是进一步分类和识别目标的重要前提。

主动声呐的工作原理基于声波的反射特性。当声波遇到水下物体时，会发生反射和散射，不同物体会产生不同的回波特征。通过分析这些回波信号，可以确定物体的位置和形状。声呐图像通过反映回波强度的灰度值，呈现出不同的水下环境和目标物体。在这种背景下，感兴趣区域检测显得尤为重要，因为它可以显著减少需要处理的数据量，并将计算资源集中在潜在目标上。

在进行主动声呐目标感兴趣区域检测之前，需要对声呐图像数据进行预处理。首先，将声呐数据格式转换为可视化的图像格式，以便处理和分析。接着对图像数据进行噪声滤除和增强处理。噪声滤除通常使用高斯滤波或中值滤波，以减少图像中的随机噪声，保留目标的有效信息。此外，图像增强技术如直方图均衡化也可以用于提高图像对比度，使得目标更加明显。

下面以一张预处理过后的图像图 5.54 为例，说明感兴趣区域检测步骤。

图 5.54　原始图像

首先需要对原始图像进行裁剪处理，声呐图像的下半部分是多余的，结果如图 5.55 所示。

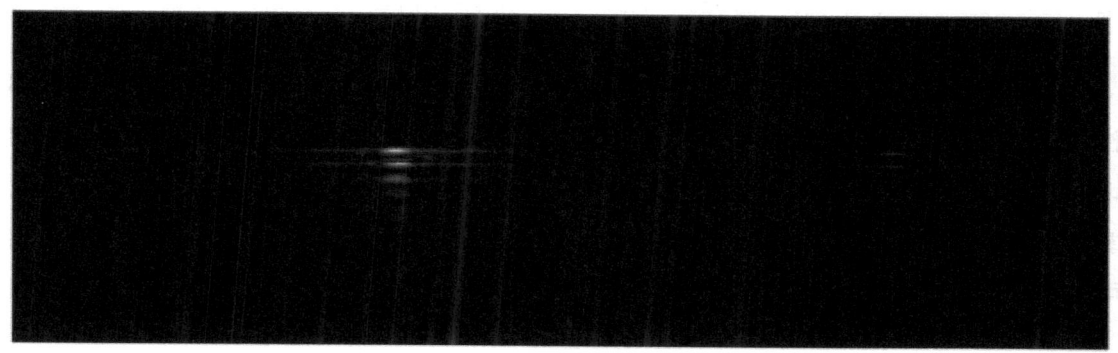

图 5.55　经裁剪处理后的图像

接着需要将灰度图像转换为二值图像，以便后续进行轮廓检测。二值化处理通过设定阈值，将灰度图像中的像素值分为目标和背景两类，从而简化了图像数据，如图 5.56 所示。

图 5.56 经二值化处理后的图像

完成二值化处理操作后，我们还需要进行形态学膨胀操作，其主要作用是将结构元素的中心移动到图像的每一个像素位置，并检查结构元素覆盖的区域是否包含前景像素。如果是，则将结构元素覆盖的所有像素设置为前景像素，如图 5.57 所示。

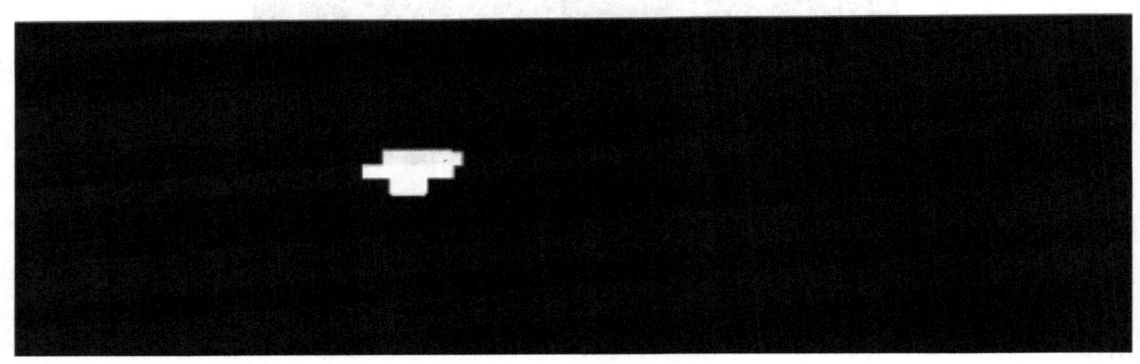

图 5.57 经形态学膨胀操作后的图像

二值图像经过上述处理后，我们就可以利用边缘检测算法（如 Canny 边缘检测）和轮廓检测算法提取图像中的目标轮廓了。Canny 边缘检测是一种多级边缘检测算法，它能够有效地检测出图像中的显著边缘特征，并且抑制噪声对检测结果的影响。然后，基于检测到的轮廓，提取每个轮廓对应的最小矩形区域作为感兴趣区域。这些区域包含了可能的目标，后续可以进行进一步的分类和识别，结果如图 5.58 所示。

图 5.58　执行轮廓检测操作后的图像

最后，需要重新调整下边界框的大小，将其定位到初始图像上进行裁剪即可，结果如图 5.59 所示。

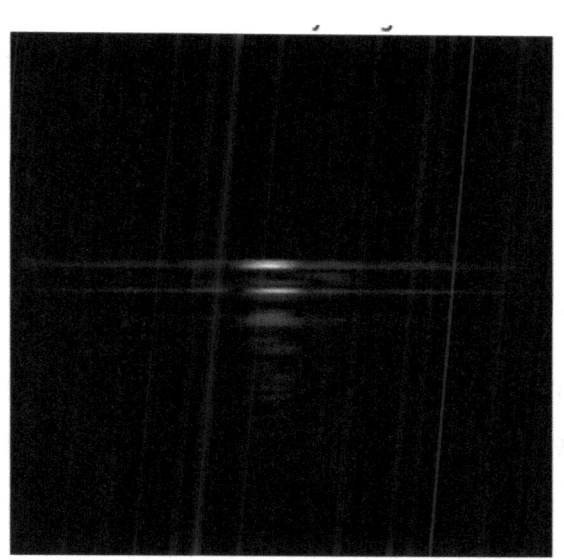

图 5.59　主动声呐目标感兴趣区域检测图

通过上述步骤，可以在声呐图像中成功检测并提取出感兴趣区域。这些区域包含了可能的目标，为进一步的目标分类和识别奠定了基础。主动声呐目标感兴趣区域检测是水下目标识别中的关键步骤，通过图像预处理、噪声滤除、二值化处理和轮廓检测等过程，可以有效提取出可能包含目标的区域，为后续的图像分类和识别提供了可靠的数据支持。这个过程不仅提高了目标检测的准确性，还显著减少了计算的复杂性，使得后续的处理更加高效。

在实际应用中，感兴趣区域检测不仅需要考虑算法的准确性，还需要考虑其计算效率和鲁棒性。为了提高检测的鲁棒性，可以结合多种检测方法，例如融合多尺度的边缘检测结果，或者使用基于统计特征的方法来增强检测的可靠性。此外，还可以引入机器学习算法，通过训练分类器来自动识别并提取感兴趣区域。机器学习算法如支持向量机（SVM）和随机森林（random forest）等，可以在训练数据中学习到不同类别目标的特征，从而在新的数据中有效地识别出感兴趣区域。

进一步地，近年来深度学习方法也逐渐应用到感兴趣区域的检测中。卷积神经网络（CNN）通过其多层卷积和池化操作，能够自动提取图像的高层特征并进行分类。这些方法不仅提高了检测的精度，还能够处理更加复杂的图像背景和多种类型的噪声。例如，使用预训练的深度学习模型进行迁移学习，可以在小规模的声呐图像数据集上实现高效的目标检测和识别。

总之，主动声呐目标感兴趣区域检测在现代水下探测系统中扮演着至关重要的角色。通过先进的图像处理技术和机器学习算法，能够在复杂的水下环境中实现高效、准确的目标检测。这为后续的目标分类和识别提供了坚实的基础，推动了水下探测技术的发展和应用。随着技术的不断进步，感兴趣区域的检测方法也在不断演进，进一步提高了水下目标检测的可靠性和精度。

## 5.5.2 基于深度神经网络的主动声呐单目标分类识别

在水下目标识别任务中，基于深度神经网络的主动声呐单目标分类识别技术具有显著的优势。深度神经网络（deep neural network，DNN）能够从大量数据中自动学习特征，并进行高精度的分类和识别。通过这种技术，可以有效地提高水下目标识别的准确性和效率。

深度神经网络通过多层非线性变换从输入数据中提取特征。常见的深度神经网络包括CNN和RNN。其中，CNN在图像处理领域表现尤为出色，其利用卷积层和池化层逐步提取图像的空间特征，并通过全连接层实现分类，适用于声呐图像的目标分类任务。

在开始分类识别之前，需要对声呐图像进行预处理。预处理步骤包括图像标准化、尺寸调整和数据增强。图像标准化是为了将像素值归一化到统一的范围，通常是0到1，这有助于加速神经网络的训练过程并提高模型的收敛性；尺寸调整是将所有输入图像调整为统一的大小，以便于批量处理和模型训练；数据增强则通过随机旋转、平移、缩放等方式生成更多的训练样本，防止过拟合并提高模型的泛化能力。

在建立深度神经网络模型时，需要设计合适的网络结构。典型的卷积神经网络包括输入层、若干个卷积层和降采样层、全连接层以及输出层。卷积层通过卷积操作提取声呐图像中的局部特征；池化层则通过降采样减少特征图的尺寸，保留重要特征并降低计算复杂度；全连接层将提取的特征进一步处理；输出层根据具体的分类任务输出目标类别。一个标准的卷积神经网络结构图如图 5.60 所示。

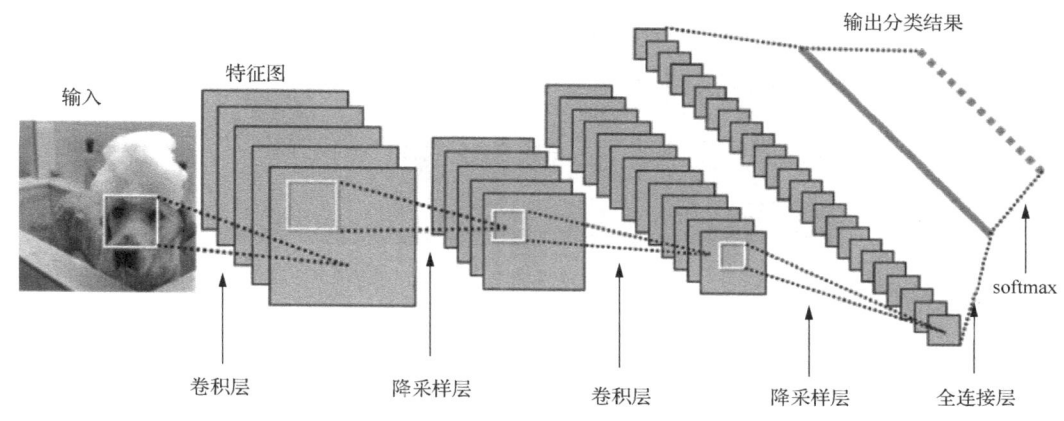

图 5.60　标准的卷积神经网络结构图

模型设计完成后，需要对神经网络进行训练。训练过程包括前向传播、损失计算、反向传播和参数更新。前向传播是将输入数据通过神经网络层层传递，计算输出结果；损失计算是根据预测结果和实际标签计算损失值；反向传播则通过梯度下降法调整网络参数，使得损失值逐步减少，从而提高模型的分类准确性。在训练过程中，可以使用交叉熵损失函数和 Adam 优化器来提高训练效果。

训练完成后，需要对模型进行评估和测试。评估过程通常在验证集上进行，通过计算分类准确率、召回率和精确率等指标来衡量模型的性能。为了确保模型的泛化能力，还需要在独立的测试集上进行测试，验证模型在实际应用中的表现。

为了进一步提高模型的性能，可以通过超参数优化、模型集成和迁移学习等方法进行优化。超参数优化是通过调整学习率、批量大小、网络深度等参数，找到最优的训练配置；模型集成则是将多个不同的模型结合起来，通过投票或加权平均的方式提高分类精度；迁移学习是利用在大规模数据集上预训练的模型，将其应用到特定的声呐图像分类任务中，通过微调提高模型的适应性。

基于深度神经网络的主动声呐单目标分类识别技术，通过对声呐图像进行深度特征提取和分类，不仅提高了目标识别的准确性和效率，还能够处理复杂的水下环境和多变的目标形态。这种技术在海洋科学、水下勘探、军事应用等领域具有广泛的应用前景，能够为水下目标检测和识别提供强有力的技术支持。水下声呐图像和识别结果如图 5.61 所示。

（a）原图像

（b）目标识别图

图 5.61　水下声呐图像和识别结果

　　水下声呐图像的目标识别技术在现代海洋科学和工程中扮演着越来越重要的角色。从主动声呐目标感兴趣区域检测到基于深度神经网络的单目标分类识别，每一步都依赖于先进的图像处理和机器学习技术，以实现高效和准确的目标检测和分类。这些技术不仅提高了海洋探测的精度和效率，也推动了相关领域的技术进步和应用创新。

　　通过对声呐图像的深入分析，我们能够更好地理解和探索水下环境，从而在海洋科学研究、资源勘探、环境保护和军事应用等领域取得重大突破。随着技术的持续进步，未来的水下声呐图像识别技术将变得更加智能化和高效化，不仅在现有领域中发挥更大作用，还将不断拓展新的应用场景，助力解决更多实际问题。

总的来说，水下声呐图像的目标识别不仅是科学技术的前沿研究领域，也是实现海洋资源可持续利用和保护的重要工具。通过不断的技术创新和应用推广，我们有望在这一领域取得更多令人瞩目的成果，为人类探索和利用海洋资源开辟新的路径。

# 参 考 文 献

[1] 张揽月，张明辉，陈文剑．振动与声基础[M]．2版．哈尔滨：哈尔滨工程大学出版社，2024．
[2] 何祚镛，赵玉芳．声学理论基础[M]．北京：国防工业出版社，1981．
[3] Kinsler L E, Frey A R. Fundamentals of Acoustics[M]. 3rd ed. Hoboken: John Wiley & Sons, 1982.
[4] Urick R J. Principles of Underwater Sound[M]. 3rd ed. New York: McGraw-Hill Book Company, 1983.
[5] 马特维柯，塔拉休克．水声设备作用距离[M]．《水声设备作用距离》翻译组，译．北京：国防工业出版社，1981．
[6] Etter P C．水声建模与仿真（第三版）[M]．蔡志明，等译．北京：电子工业出版社，2005．
[7] 马大猷，沈嚎．声学手册[M]．北京：科学出版社，1983．
[8] 汪德昭，尚尔昌．水声学[M]．北京：科学出版社，1981．
[9] 布列霍夫斯基赫．分层介质中的波（第二版）[M]．杨训仁，译．北京：科学出版社，1985．
[10] 汤渭霖．声呐目标回波的亮点模型[J]．声学学报，1994，19（2）：92-100．
[11] Jensen F B, Kuperman W A, Porter M B, et al. 计算海洋声学（第二版）[M]．周利生，王鲁军，杜栓平，译．北京：国防工业出版社，2017．
[12] 汤渭霖，范军，马忠成．水中目标声散射[M]．北京：科学出版社，2018．
[13] 布列霍夫斯基．海洋声学[M]．山东海洋学院海洋物理系，中国科学院声学研究所水声研究室，译．北京：科学出版社，1983．
[14] 刘伯胜，黄益旺，陈文剑，等．水声学原理[M]．3版．北京：科学出版社，2019．
[15] 田坦．声呐技术[M]．2版．哈尔滨：哈尔滨工程大学出版社，2010．
[16] 方尔正，黄志浩，桂晨阳．水面水下目标识别技术的现状与挑战[J]．国防科技工业，2020，（7）：66-68．
[17] 刘纪元．合成孔径声呐技术研究进展[J]．中国科学院院刊，2019，34（3）：283-288．
[18] 魏波，周天，李超，等．多波束声呐基阵一体化自校准方法[J]．哈尔滨工程大学学报，2019，40（4）：792-798．
[19] 李峻年，孟士超，佘亚军．主动声呐发射波形设计研究[J]．舰船科学技术，2014，36（4）：108-113．
[20] Liu M Y, Jin K, Song A P, et al.Doppler shift compensation algorithm based on inverse synthetic aperture ladar in binary phase-coded signal[J].Journal of Physics: Conference Series, 2023, 2525(1): 1-9.
[21] Poor H V.An Introduction to Signal Detection and Estimation[M]. New York: Springer, 1994.
[22] 李英祥，肖先赐．低信噪比下线性调频信号检测与参数估计[J]．系统工程与电子技术，2002，24（8）：43-45，64．
[23] 檀盼龙，吴小兵，张晓宇．基于声呐图像的水下目标识别研究综述[J]．数字海洋与水下攻防，2022，5（4）：342-353．
[24] 宋鑫．时延、相移波束形成技术研究[J]．信息技术，2005，29（9）：85-87．
[25] 曹军宏，刘莎，苏建业，等．浅海典型海域水下稳态电场特性分析[J]．舰船电子工程，2022，42（11）：190-193．
[26] 程锦房，张伽伟，姜润翔，等．水下电磁探测技术的发展现状[J]．数字海洋与水下攻防，2019，2（4）：45-49．
[27] 冷洁，苏建业，程辉辉，等．舰船水下电磁场测量中环境干扰误差量化分析[J]．舰船科学技术，2019，41（9）：122-125．
[28] 杨冲．水下航行器尾流的感应电磁场模型与仿真[J]．电子科技，2017，30（12）：89-91．
[29] 佚名．海洋环境和船舶水下电磁场测试技术[J]．军民两用技术与产品，2017，（23）：36．
[30] 张伽伟，熊露，姜润翔．浅海中水下航行器尾流感应电磁场建模与仿真[J]．系统工程与电子技术，2016，38（5）：1004-1009．
[31] 吕俊军，张琼，刘跃雷．海战场高灵敏度电磁场传感器研究动向与发展[J]．计算机测量与控制，2015，23（11）：3574-3576．
[32] 江立军．海洋环境水下电磁场基本特性及抑制方法研究[J]．装备环境工程，2014，11（3）：6-9．
[33] 吴亮，姜元军．海洋环境水下电磁场相关特性分析[J]．舰船电子工程，2013，33（12）：149-151．
[34] 吕俊军，陈凯，苏建业．海洋中的电磁场及其应用[M]．上海：上海科学技术出版社，2020．
[35] 曾凡辉．海洋学基础[M]．北京：石油工业出版社，2015．
[36] 林春生，龚沈光．舰船物理场[M]．2版．北京：兵器工业出版社，2007．
[37] 张自力．海洋电磁场的理论及应用研究[D]．北京：中国地质大学（北京），2009．
[38] 黄杏，张奇贤．浅海中电偶极子极低频磁场衰减特性研究[J]．国外电子测量技术，2013，32（7）：31-33，48．
[39] 龚沈光，卢新城．舰船电场特性初步分析[J]．海军工程大学学报，2008，20（2）：1-4，26．
[40] 牟兰．国外舰船电场特性研究及其在水雷战上的应用[J]．舰船科学技术，2012，39（9）：138-142．
[41] 杨国义．舰船水下电磁场国外研究现状[J]．舰船科学技术，2011，33（12）：138-143．

[42] Spinrad R W, Carder K L, Perry M J. Ocean Optics[M]. Oxford, U.K.: Clarendon, 1994.

[43] Zeng Z Q, Fu S, Zhang H H, et al. A survey of underwater optical wireless communications[J]. IEEE Communications Surveys & Tutorials, 2017, 19(1): 204-238.

[44] 赵鹏. 基于 Multi-hop 的 UOWC 通信系统性能研究[D]. 西安：西安电子科技大学，2021.

[45] Johnson L. The underwater optical channel[J/OL]. (2012-02-17)[2024-09-12]. https://www.researchgate.net/profile/Laura-Johnson-62/publication/280050464_The_Underwater_Optical_Channel/links/55a54e1808ae00cf99c95b68/The-Underwater-Optical-Channel.pdf.

[46] Toublanc D. Henyey-Greenstein and Mie phase functions in Monte Carlo radiative transfer computations[J]. Applied Optics, 1996, 35(18): 3270-3274.

[47] Haltrin V I. One-parameter two-term Henyey-Greenstein phase function for light scattering in seawater[J]. Applied Optics, 2002, 41(6): 1022-1028.

[48] Petzold T J. Volume Scattering Functions for Selected Ocean Waters[M]. San Diego: Scripps Institution of Oceanography, 1972.

[49] Kopilevich Y I, Kononenko M E, Zadorozhnaya E I. The effect of the forward-scattering index on the characteristics of a light beam in sea water[J]. Journal of Optical Technology, 2010, 77(10):598-601.

[50] Mobley C D. Light and Water: Radiative Transfer in Natural Waters[M]. San Diego: Academic, 1994.

[51] Bohren C F, Huffman D R. Absorption and Scattering of Light by Small Particles[M]. New York: Wiley, 1988.

[52] Chancey M A. Short range underwater optical communication links[D]. Raleigh: North Carolina State University, 2005.

[53] Bogucki D J, Domaradzki J A, Stramski D, et al. Comparison of near-forward light scattering on oceanic turbulence and particles[J]. Applied Optics, 1998, 37(21):4669-4677.

[54] Szelisk R. Computer Vision: Algorithms and Applications[M]. London: Springer, 2022.

[55] Gonzales R C, Woods R E. Digital Image Processing[M]. 5th ed. New York: Pearson, 2017.

[56] 章毓晋. 图像工程（上册）：图像处理[M]. 4 版. 北京：清华大学出版社，2018.

[57] He K M, Sun J, Tang X O. Single image haze removal using dark channel prior[C] // IEEE Conference on Computer Vision and Pattern Recognition. Miami: IEEE, 2009: 1956-1963.

[58] Girshick R, Donahue J, Darrell T, et al. Rich feature hierarchies for accurate object detection and semantic segmentation[C] // IEEE Conference on Computer Vision and Pattern Recognition. Columbus: IEEE, 2014: 580-587.

[59] Girshick R. Fast R-CNN[C] // IEEE International Conference on Computer Vision (ICCV). Piscataway: IEEE, 2015: 1440-1448.

[60] Liu W, Anguelov D, Erhan D, et al. Ssd: Single shot multibox detector[C]//European conference on computer vision. Cham: Springer International Publishing, 2016: 21-37.

[61] Redmon J, Divvala S, Girshick R, et al. You only look once: Unified, real-time object detection[C] // IEEE Conference on Computer Vision and Pattern Recognition (CVPR). Las Vegas: IEEE, 2016: 779-788.

[62] Wang C Y, Bochkovskiy A, Liao H Y M. YOLOv7: Trainable bag-of-freebies sets new state-of-the-Art for real-time object detectors[C]//IEEE/CVF Conference on Computer Vision and Pattern Recognition. Canada: Vancouver, 2023: 18-22.

[63] 丁亚慧. 基于成像模型的水下光学图像仿真研究与实现[D]. 大连：大连海事大学，2022.